「十三五」国家重点图书出版规划项目

A History of
Chinese Modern Architecture

中国现代建筑史

上

邹德侬　著
Written By ZOU Denong

中国建筑工业出版社
CHINA ARCHITECTURE & BUILDING PRESS

图书在版编目（CIP）数据

中国现代建筑史 = A History of Chinese Modern Architecture：上、下册 / 邹德侬著 . —北京：中国建筑工业出版社，2018.12
ISBN 978-7-112-22878-2

Ⅰ . ①中…　Ⅱ . ①邹…　Ⅲ . ①建筑史 – 中国 - 现代
Ⅳ . ① TU–092.7

中国版本图书馆 CIP 数据核字（2018）第 246325 号

本书引用了大量历史档案和正式发表的文献，以再现真实历史为主线，对近一个世纪中国现代建筑发展中的建筑现象、建筑事件、建筑作品、建筑理论和建筑人物进行了论述，特别注重对建筑作品的介绍，有的并附有多幅图片。作者访问过大量的建筑师，并现场参观作品。图片除了现场拍摄者外，均为作者、设计单位或资深研究人士提供。

本书有丰富的附录，向读者提供可靠的辅助史料。如大事年表、各届建筑学会理事会名单、获奖作品名单等。

全书正文约 40 万字，图片 1350 幅。

本书可供建筑工作者、大专院校建筑学及相关专业如规划、环艺以及美术、工艺美术等专业的学生和教师、建筑管理人员和主管建设的高级领导干部参阅。

策划编辑：王莉慧
责任编辑：李　鸽　陈小娟
书籍设计：付金红
责任校对：张　颖

中国现代建筑史
A History of Chinese Modern Architecture
邹德侬　著
Written by ZOU Denong
*

中国建筑工业出版社出版、发行（北京海淀三里河路 9 号）
各地新华书店、建筑书店经销
北京雅盈中佳图文设计公司制版
北京富诚彩色印刷有限公司印刷
*
开本：880 毫米 ×1230 毫米　1/16　印张：$51\frac{1}{4}$　字数：1206 千字
2020 年 12 月第一版　2020 年 12 月第一次印刷
定价：168.00 元（上、下册）
ISBN 978-7-112-22878-2
　　　（32301）

序

一个偶然的机会，让我闯入了中国现代建筑史研究领域，这是个看上去很熟悉，现实中却又很陌生的领域，如果参与进去，还要冒一点风险。

若从 1982 年立项布置调研算起，至今已有 39 年了。此刻，我十分怀念主持该项目时任建设部设计局长的龚德顺先生，怀念接待过我们采访的、开创中国现代建筑实践的先辈建筑师，衷心敬佩中华人民共和国成立后成长起来的、奋力拼搏的一代建筑师，羡慕改革开放之后培养的一代创新者，也非常神往当年跟窦以德先生一起全国调研，紧张又快乐的学习时光。这部历史是对那三代建筑师创作业绩的礼赞和纪念。

"无知者无畏"，我不知道这话是正话还是反话，但用于我最初参与中国现代建筑史研究工作的状态，再贴切不过了。1982 年，是我毕业 20 年，期间有 17 年在四方机车车辆厂（包括"文革"十年），干的是火车厢、火车头美工，也干了些工厂的建筑设计；1979 年返校后，正是在天津大学设计院做建筑设计的第三年。一看就知道，我是最不适合做中国现代建筑史的人选。如果我是龚总，也绝不会接受那时的我。

我从同窗好友翁如璧的父亲、元史大家、社科院学部委员翁独健老伯那里知道，"历史""历史家"和"古代修史传统"，是多么令人敬畏。所以我从不敢说，我是"搞历史的"。但是，我亲历过共和国成立后的各个时期，自信可以把握建筑进程的社会背景。鬼使神差，十来岁上中学时，还竟然读过《大众日报》上批判济南保险公司大楼的文章，每天上学都要路过这座大楼，想不通为什么说它是"资本主义"的建筑。这些互不沾边的事情，似乎也在暗指，我和中国现代建筑应该有点儿缘分，何况大学时很喜欢现代建筑史。

我们的工作起初带有官方背景，后来的研究又受国家多方资助，至今我对此心怀感激。龚总所主持的中国大百科全书之《建筑、园林、城市规划》卷条目和《中国现代建筑史纲》（后简称"史纲"），奠定了后来我和天津大学建筑学院的"流水的兵"——硕士和博士生们，独立研究的基础，完成了《中国现代美术全集·建筑艺术》（2、3、4、5卷）和这部《中国现代建筑史》的 2001 版，并有幸获得 2002 年教育部自然科学一等奖。回想起与生机勃勃的学子们一起工作的日子，心情愉快而又感慨，如今他们已经是天南地北的栋梁了。

《中国现代建筑史》（2001版）出版后的15年间（2002—2017年），由于各种需要，例如编写《中国建筑60年》等，为适应不同读者，我把基本结构作一些简化；去掉建筑实例表述中的主观评价；简练了文字等。但在本书中，却完全继承了2001版的基本结构，那是计划经济条件下自然形成的合理而详细的结构。同时，我也更加避免主动评论，历史著作不是发表作者评论的适当场所，作者的历史观，会在叙述中表露无遗。

让我试着列出，这部中国现代建筑史的几个可留意的要点。

我们试图把学界所习惯的中国建筑历史分期：1840—1949年的近代建筑史，与1949年至今的现代史，合并为1840年以来，或者1900年以来的现代（或近代）建筑史。我们在不同的场合下，对此作了论述[①]，并指导博士生研究生邓庆坦，完成博士论文《中国近、现代建筑历史整合的可行性研究》[②]。为表现这种联系，我把1949年以前的历史列为一章，极为简略地浓缩成与1949年之后紧密相连的历史背景，成为中华人民共和国成立前后不曾割断的历史纽带。我用这个折中的做法，等待有一天二者的正式合并。

1950年代初期，所出现的一段现代建筑潮流延续，留下了许多优秀中国现代建筑实例，就是上述割不断纽带的见证。可惜，被来自苏联的所谓"社会主义建筑理论"横加批判、割断了。一些被批判的作品，几十年间如石沉大海。早在《史纲》之中，就对此现象表示了"不公"，在这里，我们比较彻底地阐述了这一现象，指出这种延续的积极历史意义。

对于来自苏联的所谓"社会主义建筑理论"的根源，我们进行了深入发掘，并指出了它的基本内涵。斯大林提出的"社会主义现实主义的创作方法"和"社会主义内容，民族形式"的艺术创作方针，是所谓"社会主义建筑理论"的直接来源，它对我国建筑领域乃至艺术领域的影响，至今并没有彻底被发掘、清理。

进入20世纪，俄国也是激进的现代艺术发源地之一，"十月革命"前后，以构成主义为代表的雕塑和建筑实践，有广泛的影响。苏联专家在本土，曾经严厉批判"结构主义"（即"构成主义"）；到中国后，试图寻找中国的"结构主义"继续批判，并指杨廷宝的和平饭店等，就是结构主义建筑。书中，结合西方现代艺术史的史实，彻底澄清苏联专家在中国寻找并批判"结构主义"建筑的糊涂"公案"。

对"大跃进"和"文化大革命"这两个运动留下正面印象很少，那个时期的建筑成就，确实乏善可陈。可是，我们的研究，除了指出那些年"宏观"的非理性之外，

① 参见邹德侬，曾坚.论中国现代建筑起始期的确定 [J].建筑学报，1995（7）：52-54.
② 该论文已在中国建筑工业出版社出版，我为他写了前言。

对"微观"的一些建筑现象，作了正面观察。

"解放思想""技术革新""技术革命""大炼钢铁"，曾是"大跃进"时期的最响亮的口号，这些口号引出了许多非科学的荒谬事件。但参加运动的广大群众，确有很多有意义的创新。在建筑设计中，大量采用悬索、薄壳等新结构，探讨新结构条件下的建筑造型，乃至设计工具革新等。建国十周年的北京"十大建筑"，更是建筑师在几年创作徘徊之后，所出现多样并存的创作高潮。官方领导的建筑理论总结和经验探讨，有正面意义。

在长达十年的"文化大革命"特殊环境中，建筑创作环境虽然全面停滞，但有局部的发展。由于特定需要，许多建筑类型，如大型展馆、体育馆、外交建筑、交通建筑等，有明显的成就；虽然一些建筑体现了政治性，但也有的明显体现地域性甚至现代性，下放到各地的建筑师、对外交流较为活跃的广东地区，对此作出突出贡献。

地域性建筑，是中国建筑师的自觉追求，恰恰是官方无意识倡导的领域，在许多历史阶段，都有优秀地域建筑作品出现。改革开放以来，这种自觉性得到充分的发展，我们立足全国自 1949 年以来的进程，对此现象作了比较全面的总结。指出它是中国现代建筑发展中的亮点，是所谓"中国特色建筑"的主要组成部分，是绿色建筑不可或缺的因素，也是中国建筑创作多样化的体现。

在准备《中国现代建筑史》之前，我曾请教陈志华先生，在当时条件下如何把这本书写得有特点，陈先生说，要尽量地"全"。此后助长了我以史实为主的历史观。我想，在缺乏人物和故事的前提下，能把事件、背景特别是实例写得扎实些，也是一个特点。历史著作应当有史实、诠释和评论，或如常言道"史论不分家"，那都是指的评论必须以史实为根据，并不宜在史书中夹叙夹议。

在《史纲》完成之后，我曾说过它"见物不见人"，意思是，只写了建筑物，没写建筑师。这在当时几乎是惯例，记得龚总曾指示过，出现建筑师的名字，就到杨廷宝先生那一辈为止。在这一版，我们补充了 2000 年以来的建筑状况，有些资料还要近些，例如"绿色建筑"一节。叙事中，理所当然地带上了建筑师的个人资料，虽然简约，但叙事完整。

我曾说过，本书的基本依据，是住房和城乡建设部及建筑学会的档案，公开发表过的文献，在各大设计院、高等院校的座谈会记录，以及对建筑专家的访谈记录（其中录音 110 余小时）。所用部里和学会的档案，是阅读时手抄的。与此同时，还与各个设计单位，对资料和作者的确认。这是 1980 年代初至 1990 年代，在设计局支持下所能达到的不错结果。书中难以按今日的理想要求，来出现这些材料，但书中史料翔实，绝无臆造。

在这本著作里，我们大胆地加入改革开放以来，许多建筑理论工作的叙述。中国革命十分重视理论工作，建筑也应如此，尤其是在数量如此庞大的建筑实践面前。

其中的人选也许不周，但内容都经他们本人确认过。当然，限于篇幅，不能全面展开。对理论方面的总结，今后应当加强。

还值得称道的是，本书所用的照片。书中没有标注出处的照片，是《史纲》时期和随后的研究过程中，在现场拍摄的，当中有龚总提供的珍贵照片。其他照片，是设计单位和建筑师以及热心的友人，无私提供的，这些都标注在图说里，人们会发现，图片的主人往往就是建筑的设计者，这让我十分感激，至今仍让本书的页面生辉。

现在有越来越多的人关注和研究这段建筑史，让我非常兴奋。首先是，举足轻重的大设计院如北京市建筑设计研究院、中国建筑设计研究院等，有专门人员梳理和出版一些珍贵的资料，例如历史亲历者的回忆文集和各种图片、文献展览。由于他们曾经承担过这些万人瞩目的建筑项目，所以他们的工作具有特殊意义。还有一些有实力的高等院校的研究，以及个人的工作，都显出勃勃生机。相信这种趋势一定能持续发展下去，呈现多视角、多方法，更深入、更广泛的研究成果。

1982 年，在龚德顺先生[1]的指导下，我开始了学习中国现代建筑的过程。当时，同窦以德先生[2]一起，进行了全国性的访问和调查，得到了建筑界许多单位、前辈、同行朋友无保留的支持和指教。调研的条件虽然艰难，工作却很愉快。那次我们共同完成了《中国大百科全书》之《建筑、园林、城市规划》卷大型条目"中国现代建筑"，并写出了《中国现代建筑史纲》（后简称《史纲》）[3]。

自交出《史纲》书稿的那天起，我就开始考虑将来如何完成一部比较"结实"的《中国现代建筑史》，因为研究《史纲》之际，正值改革开放之初，工作气候、认知水准等诸多方面都有其局限性。《史纲》的主要缺憾，想来有如下几点：

一是见物不见人。当时的习惯是，在著作中很少出现建筑师的名字、身世和业绩。建筑创作活动以建筑师的活动为主体，建筑师的学习、生活和执业活动，理所当然是建筑历史的重要组成部分。如果没有对建筑师的记述，不但缺了史实，而且也少了几分生动。

二是见外不见内。许多建筑仅用照片介绍，先天不足。建筑空间和环境的关系，建筑诸要素的综合处理，也是应当注重的。再说，仅仅出示建筑外观，容易引起误导，好像建筑的发展，就是外观的演变似的。所以应该有必要的室内景观、平面甚至剖面共同表现。即便如此，也难以充分表达建筑的四维特性。

《史纲》完成之后，陈志华先生提过一个很好的意见，他说，在当时的条件下，写史宁可要全，能全面地把事实表达出来就是成绩。我以为，当代人写当代事，难免有个人的偏见，因此，观点反而显得并不十分重要，重要的是史实，因为后人弄清前人的史实，比当代人要困难得多，并不愁没有观点。史实的全面和正确应该是这部建筑史的第一要义。

我很推崇建筑史学家 L. BENEVOLO 先生的那部《西方现代建筑史》[4]，我常觉得中国应该有一部像那样充实的《中国现代建筑史》。但是，我肯定写不出那样

---

① 龚德顺，1923 年生于北京，1945 年毕业于天津工商学院，一直从事建筑设计工作。曾任建设部设计局局长，中国建筑学会秘书长、华森建筑与工程设计顾问公司总经理、总建筑师。
② 窦以德，1940 年生于天津，1964 年毕业于清华大学建筑系，一直从事建筑设计工作。1981 年获硕士学位，曾任建设部设计局技术处长，设计司副司长，中国建筑学会秘书长等。
③ 龚德顺，邹德侬，窦以德. 中国现代建筑史纲 [M]. 天津：天津科技出版社，1989.
④《History of Modern Architecture》，意大利建筑史学家 L.Benevolo 原著，中译本《西方现代建筑史》由邹德侬等翻译，天津科技出版社出版，1996 年 10 月。

一部书，绝不是自谦能力不如，而是条件不够，除了自身的条件之外，最基本的条件是有关档案难以查询。不过，对于这个课题的浓厚兴趣，促使我做这件自不量力的事。

1987年4月，在科技局和龚德顺先生以及彭一刚先生的支持下，我承担了建设部七·五计划重点科研项目："中国现代建筑理论与近代建筑史的研究"（编号"86-五-1"）其中子项"中国现代建筑理论研究"（1987—1990年完成），主要就我国现代建筑的理论问题作了极为初步的探讨，当时完成了一部"中国现代建筑发展中的理论问题"手稿，我留在手边做参考，它是我心中未来那本建筑史的一部分。1992年，我申请的国家自然科学基金项目"中国当代建筑史的研究"被批准立项，埋在心里的《中国现代建筑史》萌动、发芽了；4月，建设部下达了《关于转发"〈中国建筑艺术全集〉编辑工作会议纪要的通知"》，决定由我主编其中的《现代建筑卷》2、3、4，后来又增补了《居住建筑卷》，这就是1997年交稿的《中国现代美术全集·建筑艺术》2、3、4、5四集。这件工作，又给《中国现代建筑史》浇了水，施了肥。

1992年在北京卧佛寺开《中国建筑艺术全集》编辑工作会议的时候，齐康先生对这个项目十分关心，他认为历史一定要真实，最好作一些交流，了解各种意见。这个建议我牢记心头，并设想用"交流信箱"的方式，给一些对此有兴趣的专家发信，将他们的回信意见编辑起来相互交流，期望在大家比较繁忙的情况下互通信息，并设想在1994年召开一次让大家都觉得有收获的小规模的研讨会。不久，席卷全国的"建筑热"腾起，外出调研也显得十分不合时宜，受访单位忙得不可开交，我深为耽误了受访单位和建筑师的大好时光而内疚；"交流信箱"只出了两期就难以为继了；研讨会最终没有开成。此后，我就像小孩子拆坏了家里的闹钟一样，再也不敢提起此事。使我感到无限鼓舞的是，许多单位、专家和朋友始终给我以无私的支持，这是工作得以继续进行的动力和保证。

《史纲》问世已近10年，这期间，国家经历了由计划经济向市场经济转轨的过程。据此，建筑学界在这一过程中又发生了巨大的变化：比如，设计单位由收费的事业单位变为企业管理，随后又进一步企业化；建筑教育评估制度的实施，进而实行注册建筑师制度；投资的多渠道导致多种类的甲方，形成竞争激烈的建筑设计市场；国外建筑思潮对国内的进一步影响，以及新一波建筑创作的大浪潮……有迹象表明，随着20世纪末的临近中国建筑创作将发生具有历史意义的进步，对这个历史时期的论述也将有助于对未来的思考。

1993年开始，我和我的学生开始了第二次比较全面的建筑调查，足迹遍及自两广到黑龙江的许多地区。1995年，在学长黄为隽老师的带领下，我第一次踏上了梦寐向往的神奇土地——新疆，此后的调研，陆陆续续，直到1996年。此间，向各个设计单位和个人征求资料、邀请专家撰写各类"建筑综述"的工作同时进行，1997 年夏，我完成了《中国现代美术全集·建筑艺术》卷 2、3、4、5，正式开始撰写这部《中国现代建筑史》的文字工作。原来设想 1998 年暑假之后完工，由于中间插入硕士生"建筑理论与评论"的新课、山东艺术学院综合教学楼设计、迎接中华人民共和国成立 50 年和 UIA 大会的活动，再加上自己有意在书中加上世纪之末 1999 年的一些材料，所以，这部书稿一直写到 2000 年的年初。

应该就这部著作的内容和相关事务做如下说明。

一、首先我斗胆模糊了中国近代和现代建筑史的界限，试图冲破现行近代和现代建筑史以 1949 年明显划界的教学体系。[①] 对此，肯定会有不同的意见，我十分愿意聆听最尖锐的批评。

二、这部建筑史，反映了近十余年来我和我的研究生的初步研究成果，许多子课题研究，有力地支持了这部著作。例如：1950 年代至 1960 年代中国建筑思潮研究（刘珽）；1970 年代至 1980 年代中国建筑思潮研究（韩斌）；中国住宅建筑（路红）；外国建筑思潮以及对中国建筑的影响（刘丛红硕士和博士阶段的研究）；论优秀建筑（孙雨红）；澳门建筑（陈煜）；中国建筑师在海外的作品（李卓）；外国建筑师在中国的作品（柴晟）；近代建筑中的现代建筑（宗净）；印度的现代建筑（王宇慧、戴路）；1980 年代中国建筑的外来影响（张宏、孙明军）；中国地域性建筑（熊渠、杨崴）；中国的旅馆建筑（王宇石、柴培根）……题目很多不胜枚举。我的许多学生兢兢业业，取得了良好的成果，给我帮了忙。

三、由彭一刚老师主持，曾坚同志作为主要研究成员的博士点基金项目"中国当代建筑师的研究"，对于这部著作有直接的支持。我们的项目密切配合，有过良好的合作，他们的研究成果，在此也有所反映。

四、应该说，窦以德先生是撰写中国现代建筑史的最佳人选，他曾任建设部设计司的副司长，现任中国建筑学会秘书长，他对中国建筑创作的所有情况和问题了如指掌，他的位置、才能和精力的综合，注定会写出最吸引人的中国现代建筑史。在做"中国现代建筑理论研究"的时候，我请他写过一篇有关民族形式的论文以及"大事年表"（1949—1987 年），由于没有机会出版那部书稿，辜负了他支持的美意。这部著作的"大事年表"，就是以他的年表为基础编写的。我向他致敬。

五、本书中的图片，除了我们自己拍摄的之外，都是设计单位和作者提供的，有关图片的说明，也是设计单位和作者提供，其中的绝大多数作品，我们亲临现场做了体验，从这个意义上说，本书所用的都是第一手材料，这是我们的幸运，当然要对这些珍贵资料的提供者表示深深的感谢。

---

① 初步论证见本书第一章。

六、我要特别说一下特邀专家撰写各类"建筑综述"的事。我虽然长期工作在学校，从事一些理论研究，但建筑门类繁多，个人所学仅沧海之一粟，远不能把各类建筑说得清楚。我邀请的专家，都是在相关领域有很高造诣的学者型建筑师或建筑师学者。他们多数参加过大百科全书条目的撰写，十分熟悉相关的领域，这又是我的幸运之处。他们的论文，是时代的见证，对于我和后来的研究者，充满教益。

七、我想在这个序言里，郑重向给我提供图片和资料、撰写"综述"的兄弟单位和建筑师朋友致歉。在我编写《中国现代美术全集·建筑艺术》的过程中，非常认真地将所选项目的设计单位、建筑师、图片提供以及所知道的摄影者等基本资料一一注明，我所邀请的 15 篇论文，按早已决定的目录全部交稿。但是，有关编辑同志通知我，因为《中国现代美术全集》总编委会对全集的体例有严格的规定，各分册的篇幅多少，论文字数，图文比例等，均需大致相同，不可能将 15 篇论文全部放入同类几册书内，因而需作适当删节。由此，我只能遵循总编委会的要求，只盼望《中国现代建筑史》出来之后，向众多的供稿朋友当面说明个中原委。

八、1993 年，台湾学者吴光庭教授来访的时候，我邀请他为《中国现代美术全集·建筑艺术》和《中国现代建筑史》撰写台湾部分，他表示同意。吴教授是位著名的学者，学术上很活跃，经常来大陆参加学术会议并发表论文，我很敬仰他。以后我们之间陆续有些联系，但不便催促稿件，直到 1997 年《中国现代美术全集·建筑艺术》交稿的时候，我发信给他，他表示实在太忙，我望穿秋水也没有盼到他的大作。这是一件十分遗憾的事，对此我很难过。在写《史纲》的那段时间里，我们曾经盼望以后的中国现代建筑史中包括台湾。

演员们喜欢说"电影是遗憾的艺术"，其实，好多著作也都是"遗憾的艺术"。屈指算来，我的工作好像十年一个阶段，从四十四岁那年干到今年六十二岁，要交稿了，感到写出的东西依然充满了遗憾。我真诚希望各位读者对我们研究工作中的错误和不当，给予直接的批评、指正。我和我的年轻朋友们即将开始第三阶段的工作，我期望在有生之年能对这部历史再做一次订正，同时，也盼望有另外版本的中国现代建筑史出现。

鸣谢

应当感谢的单位和个人实在数不清，他们提供的帮助，永远不能忘怀。这将是一个很长的名单，但篇幅实在有限，只能出现其中的一部分。

首先应该感谢国家的支持，国家自然科学基金、建设部科技局、国家建委博士点基金、中国现代美术全集编委会等，在大约 20 年间先后对这个项目给予资助，对于"软科学"的资助，不只是钱的问题，还要有开放的观念，我深深体会到，国家对科技的关注，哪怕是比较边缘的项目。

彭一刚先生是我的启蒙老师之一，我 1979 年返校之后，他一直关心我各方面的进步，并给予一贯的帮助和鼓励。中国现代建筑研究的项目，一开始就在他的密切关注之下进行，不同阶段，提出过重要的意见，使我受益良多。他的治学榜样，给了我巨大的力量和鞭策，使我不敢懈怠；也十分感谢我的学长黄为隽老师，他学识广博、经验丰富、性格可亲，吸引我经常请他答疑。特别是他带我到他熟悉的新疆，并得到新疆建筑设计研究院王小东院长和孙国城大师为代表的新疆建筑师的热情指教，使我深受教益。

我要衷心感谢齐康老师，自 1983 年我和窦以德先生开始调研时，他就十分支持这项工作，并给予宝贵的指点。编写《中国现代美术全集·建筑艺术》的过程中，申请国家自然科学基金的过程中，他都给予扶持。同时我还无数次向他索取资料，他总是有求必应。齐康老师对我的鼓励，我当作鞭策永不忘怀。

我还要特别感谢吴良镛老师对我的支持和鼓励，在参加吴老师主持的 UIA 大会分题报告约两年的接触中，他提携和关爱后辈的精神，使我深受感动。他鼓励我的研究工作，解答相关问题，并慷慨提供作品的图片和文字资料。吴良镛、齐康和彭一刚三位都是崇高的院士，但在和他们的接触中，他们更是亲切的老师。

蔡德道先生是我十分崇敬和仰慕的学者型建筑师，1983 年对他的访问，使我受益良多。他的文章，我逢见必读，我曾请他和齐康老师作顾问指导。他的有关论文，他的具体意见，以及作为旅馆专家撰写的《旅馆建筑综述》，使我深受教育。

感谢莫伯治院士对我研究工作的支持，1993 年我去广州调研，承蒙他的允许，我与曾昭奋先生一同住在东方宾馆他和佘畯南院士工作的房间里，后来他又赠我《莫伯治集》，成为重要的参考文献。

深深怀念已经作古的资深院士佘畯南大师，1983 年对他的访问令我终生难忘，1993 年在广州时他又在电话中对我的工作加以鼓励。他在中国经济低潮中的作品，充满了热爱事业、热爱人民的真情。

清华大学关肇邺院士、李道增院士、汪国瑜教授、单德启教授、王炜钰教授、胡绍学院长以及刘鸿滨教授、徐伯安教授等，在百忙中提供了丰富的作品资料和高质量的论文。

东南大学钟训正院士、潘谷西教授、王国梁教授、吴明伟教授等，在百忙中提供了丰富的作品资料和高质量的论文。

同济大学戴复东院士自 1983 年就关注我们的研究工作，他的意见和作品使我得到深深的教益。特别是他提供了武汉东湖招待所的资料，估计那是仅存的了。感谢同济大学原建筑系主任卢济威教授，除了提供可贵的资料外，还帮助我邀请专家并给我以巨大的鼓励。感谢吴庐生教授、莫天伟教授、李铮生教授，在百忙中提供了丰富的作品资料和高质量的论文。

华南理工大学何镜堂院士以及他所领导的设计院和建筑系，对我的工作有重要的支持，他安排教师与我及时联系，不厌其烦地满足我提出的各种要求。

马国馨院士是与我同代的建筑大师，是青年建筑师的榜样。由于他特别平易近人，京津之间又路途较近，所以我经常给他"制造麻烦"，但他总是"有求必应"。他的帮助给我解决了许多疑难。

张锦秋院士对我的工作有巨大的支持，她也是"有求必应"，百忙中给我寄来中国建筑西北设计院的重要作品，并亲自撰写相关资料。西北院的教锦章和按志峰等高级建筑师，对此也付出了辛劳。

各个设计单位，是接受我们的直接访问和提供资料的主体，没有这些单位及其领导的慷慨援助，这部著作和《中国现代美术全集·建筑艺术》是不可能完成的，他们多次慷慨提供相关资料，有的是年代比较久远的珍贵资料；有的领导和建筑师放下工作，带领我们亲赴现场，我对他们的有力帮助表示诚挚的感谢。请允许我毫无次序地列出一个不完整的名单。

广州市建筑设计院郭明卓总建筑师、伍乐园高级建筑师等；

广东省建筑设计研究院周凝粹院长及其他领导、胡镇中总建筑师和《南方建筑》郑振纮主编、蔡晓宝等；

驻深圳的华森建筑与工程设计顾问公司领导和傅秀蓉总建筑师、张孚珮总建筑师等；

深圳大学建筑系主任许安之教授、梁鸿文教授等；

中国建筑西北设计院深圳分院孟子哲高级建筑师；

广西壮族自治区综合设计院领导和陈璜副总建筑师；

南宁市设计院裘惠杰总建筑师；

柳州市建筑设计院简炳矶院长；

桂林市设计院领导和谭志民总建筑师；

昆明市设计院领导及饶维纯高级建筑师、于冰高级建筑师；

贵州省建筑设计院罗德启院长；

汕头大学建筑系；

山东省建筑设计研究院杜申院长；

浙江省建筑设计院领导及唐葆亨总建筑师；

杭州市建筑设计院领导及程泰宁总建筑师。

上海市建筑设计研究院洪碧荣院长、魏敦山总建筑师、邢同和总建筑师。在1983年，尊敬的建筑界老前辈建筑师陈植先生接受过窦以德先生和我的访问，使我们深受教育。院领导组织了多次座谈会，十分感谢与会者的意见。

华东设计院领导以及蔡镇钰、林俊煌、项祖荃、张耀曾等各位总建筑师和副总建筑师，秦壅高级建筑师、田文之高级建筑师等。1983年的那次访问，院领导组织了多次座谈会，十分感谢与会者的意见。

苏州市设计院时匡高级建筑师；

江苏省建筑设计院的领导、赵复兴院长、姚宇澄总建筑师；

南京市建筑设计院；

北京园林局；

安徽省建筑设计院徐庆廷院长；

郑州工业大学建筑系顾馥宝、盛养源；

郑州市设计院胡诗仙；

河北省建筑设计院徐显棠总建筑师；

湖南大学建筑设计院陈院长、王绍周总建筑师、邹仲康院长、何锦秋高级建筑师；

中南建筑设计院领导、袁培煌总建筑师、杨云祥高级建筑师；

武汉市建筑设计院；

中国建筑西南设计院徐尚志总建筑师、田聘耕总建筑师、周方中总建筑师、黎佗芬总建筑师等；

四川省建筑设计院林开骏总建筑师；

重庆市建筑设计院尹淮院长、陈荣华总建筑师；

重庆建筑大学建筑与城市规划学院，尊敬的老前辈建筑师唐璞教授、前建筑系主任吴德基、张兴国院长；

北京市建筑设计研究院周治良院长、熊明院长、何玉茹、吴观张、王昌宁、刘力、柴裴文等总建筑师和副总建筑师；

建设部建筑设计院院长周庆林、崔恺、梁应添；

中房集团建筑事务所总经理、总建筑师布正伟；

天津市建筑设计院刘景梁院长、欧阳植；

天津房屋鉴定设计院；

中国航空工业规划设计研究院；

中国电子工程设计院黄星元总建筑师；

机械部设计研究院领导及费麟、黄锡璆总建筑师；

国防科工委工程设计总院；

北京有色冶金设计总院董方元总建筑师；

中国纺织工业设计院高级建筑师周启章；

唐山机车车辆工厂；

北京经济技术开发区领导马麟高级建筑师；

山西省建筑设计院院长颜纪臣；

陕西省建筑设计院顾宝和总建筑师；

甘肃省建筑设计研究院领导范玉庆、总建筑师曾昭奎、高级建筑师刘纯瀚、高级建筑师阳世镠；

中国建筑东北设计院张绍良高级建筑师；

哈尔滨建筑大学；

合肥市规划局劳诚局长；

杭州市园林局陈樟德总建筑师；

福建省建筑设计院院长黄汉民；

厦门市设计院；

新疆建筑设计研究院王小东院长、建筑大师孙国城总建筑师，高庆林、张胜仪、刘谓高级建筑师和建筑师蒋琰红；

喀什建筑设计院。

我还要感谢清华大学《世界建筑》杂志的贾东东女士，在我收集资料的过程中，她有力地帮助我联系北京和上海的许多单位和个人，她还慷慨地允许我使用她所收集的海外建筑师的图片和资料，解决了我的大问题。

我对老一辈建筑界业务领导怀有特别的尊敬，他们对我的教益难以忘怀。

原北京工业设计院（建设部建筑设计院前身）院长、建筑科学研究院院长袁镜身先生和蔼可亲，多次赠我图书资料，并一一解答我的问题。

尽管1999年我才第一次见到原建工部王弗先生，但他的著作和论文，是我必读的教材。他热情赠书，使我受益良深。

张钦楠先生是继龚德顺大师之后的建设部设计局局长，现中国建筑学会的副理事长，他是我最敬重的学者之一。我在撰写《世界建筑精品集·远东卷·中国部分》的时候，对我的工作有很好的指导。他的论文，我也是逢见必看，定有所得。

中国建筑工业出版社前副总编辑杨永生先生，是最关注中国当代建筑理论的出版专家，他多次给我创造机会进行研究工作。他赠我1956年的《建筑学报》，平日所赠有关著作不胜枚举。

我以十分崇敬的心情感激为本书撰写综述的专家，他们都是非常繁忙并身负重责的人，也是这段建筑历史的亲历者，他们的论文是本书的光荣。

设计单位的专家，不但有丰富的实践经验，同时具备深刻的理论造诣，这些论文是他们多年工作成果的积累。

撰写"室内设计"的专家是原建设部建筑设计院资深高级建筑师：曾坚，作为会长，他还在室内建筑师学会的会议上对此作出布置；

撰写"工业建筑"的专家是机械部设计院总建筑师：费麟，他和他的同事们不但热情地接待我们的访问，作为建筑师学会工业建筑学术委员会的领导，积极组织了相关资料的收集；

撰写"医院建筑"的专家是机械部设计院副总建筑师：杨锡璆，为此写过两个稿本；

撰写"商业建筑"的专家是中国建筑东北设计院前总建筑师：黄元浦，同时多次热心寄来有关会议的资料；

撰写"博览建筑"的专家是北京市建筑设计研究院总建筑师：柴裴义；

撰写"观演建筑"的专家是建设部建筑设计院副总建筑师：梁应添，他曾跟随林乐义总建筑师多年研究观演建筑；

撰写"办公建筑"的专家是北京市建筑设计研究院资深高级建筑师翁如璧女士，她的专著提出过许多新观念，她和梁应添都是我的亲密同窗。

高等院校的专家长期从事相关学科的科研和教学工作，同时也经常参加创作实践，特约撰写的这些论文反映了他们全面的学术结晶。所邀请的专家，其中许多是我的老师一辈，为此深表崇敬。

撰写"科教建筑"的专家是清华大学教授：刘鸿滨；

撰写"纪念建筑"的专家是清华大学教授：徐伯安；

撰写"景园建筑"的专家是同济大学教授：李铮生；

撰写"体育建筑"的专家是哈尔滨建筑大学教授：梅季魁；

撰写"交通建筑"的专家是东南大学教授：王国梁，当时他正被调往中国美术学院任职，在繁忙公务的间隙，写来全景式的论文；

撰写"香港建筑"的是青年专家清华大学副教授：吴耀东；

撰写"澳门建筑"的是澳门注册青年建筑师：谈斐和福建省建筑设计院青年建筑师：陈煜女士，她的硕士论文题目就是澳门建筑，国庆50周年之际还特约为《世界建筑》撰文。

可以看出，撰写建筑综述的是一个老中青"三结合"的理想名单。

还要感谢我的母亲巴淑璟女士和夫人刘永志女士，她们把自己的时间让给了我，负担了全部的家务。夫人在工作之余还替我审稿和整理资料，应该说，这著作所花的时间，有她们的一半。

目 录

上

册

概论：

国际现代建筑运动与中国现代建筑

一、国际现代建筑运动

现代建筑（Modern Architecture）是英国工业革命的重要产物之一。这个革命，在建筑中所产生的新性质，把建筑从手工业社会的"古代建筑"逐渐转化为工业社会的"现代建筑"。

一般地说，旧时代建筑转变为新时代建筑，要经过建筑整体中主要组成体系的大变革、大转化，其中起码应该包括：

（1）由建筑材料、结构和设备等构成的新建筑技术体系（Architectural Technology System）；

（2）由新生活方式带来更复杂的新建筑功能体系（Architectural Function System）；

（3）由工业化思想为主导的自由开放的新建筑思想体系（Architectural Thought System）；

（4）由建筑设计、建造、管理和法制组成的新建筑制度体系（Architectural System）。

这些新体系的形成，并非齐头并进，也非朝夕之间，而是在进程中相互促进，逐步形成"多位一体"的建筑整体。

（一）欧洲的现代艺术运动

欧洲是现代艺术运动的发源地，在工业革命带来的新科技、新思想、新生活的促动下，几乎所有的艺术门类，包括绘画、雕塑、建筑、实用美术和平面设计等，在各自领域先驱人物的开拓下，大约于19和20世纪相交的前后，自然地汇成以艺术创造为旗帜的现代艺术运动，现代建筑运动，是现代艺术运动的一支生力军。

大约开始于19世纪中叶英国的工艺美术运动（Arts and Crafts），是用新时尚来提升艺术质量的运动，继而在欧洲大陆发展起来的新艺术运动（Art Nouveau），是这个运动的继续深化。不过，运动找对了目标，却走反了方向。运动的先驱们，力图把艺术拉回中世纪田园牧歌里去提高艺术质量。有意义的是，在那个艺术家兼建筑师的时代，这个运动对冲破老学院派顽固的历史主义（Historicism）和风格化（Stylize）建筑的桎梏，作出了贡献。

（二）走向现代建筑

使建筑发生本质革命而转到现代方向，注定要发生在德国等新兴的工业化国家。由艺术家、企业家和官员联合组成的德意志制造联盟（Deutscher Werkbund），适时建造和展出的新建筑和产品；魏玛和德绍的包豪斯艺术教育和建筑创新的思想和实践；法国、美国等一些独立建筑师的活动等，在两次世界大战之间为造就现代建筑所作出的贡献，使欧美激动人心地"走向新建筑"（Vers Une Architecture），即现代建筑。

（三）国际现代建筑运动

二战后，各国在废墟上大规模重建，让现代建筑的理论和实践走出了它的发源地，大大扩展了现代建筑的传播，包括在新兴的独立国家。各国战后重建的伟大成就，让现代建筑到达了它"英雄时期"的顶峰，完成了国际性的现代建筑运动。

随着大规模建设带来越来越严峻的环境和文化问题；随着发达国家迅猛发展的信息技术成就；随着一代英雄式的建筑大师先后谢世，逐渐引发了对经典现代建筑的反思和质疑，以及对建筑未来的前瞻，乃至汇成修正经典现代建筑的浪潮。

1970年代以来，这些质疑似乎已经表明，现代建筑运动已是日薄西山了。有人开"药方"，有人树"旗帜"，例如吸取古典建筑要素的所谓"后现代主义建筑"（Post-modernism Architecture），让建筑解体又重构的所谓解构建筑（Deconstruction in Architecture）等。

这些举措对于解决建筑面临的环境和文化问题，似乎无济于事。人们在1980年代提出了建筑的"可持续发展""绿色建筑"以及建筑和城市发展的许多新概念。这些概念的提出，伴随着信息技术的大踏步前进，像是为解决问题提供了有希望的工具。

发达国家似乎正在从工业建筑走向信息社会，建筑是不是又走到了自身体系再变革的大门口？

二、现代建筑运动与中国现代建筑

中国没有经过工业革命的进程，更不是现代建筑的发源地。打开中国建筑的画卷，就会清楚看到她与国际现代建筑运动似断还连的画面。画面中，有欧洲时兴的历史主义、新艺术运动等前现代建筑（Per-modern Architecture），走在现代建筑半路上的装饰艺术（Art Deco）建筑，到了家的经典现代建筑，以及对现代建筑的反思和建筑可持续发展的潮流。

（一）被动输入后的主动发展

西方现代建筑输入中国，是一段令国人痛楚的历史，发达的帝国主义列强，用炮舰打开落后中国的大门之后，展开掠夺性的经济活动，兴建门类齐全、风格各异的建筑，成为中国大地现代建筑的起源。由于发展的不平衡，在大城市用钢筋混凝土和玻璃盖起高楼的同时，在广大中小城镇和乡村，依然延续着数千年以来的"秦砖汉瓦"。

建筑的被动输入，饱含被掠夺的屈辱，同时也成为外来新文化的重要媒介，甚至成为先进事物的载体。发源于西方的先进现代建筑技术和思想，如同它们发明的电灯、电话、电影、汽车、飞机……一样，也成为中国进入现代社会的初始标志和促进因素。

随着时代的发展，中国社会越来越主动地引进、吸收国际上优秀的科技成果和思想成果，包括建筑师主动引进、吸收国际上包括现代建筑在内的优秀建筑成果。这样，被动输入的西方现代建筑，经过中国建筑师结合国情的主动发展，就完全转化为中国的现代建筑，而且，理应是国际现代建筑运动的组成部分。

（二）工业化与非工业化共存

中国现代建筑经过了初始期以后，工业化的建筑设计思想也成为该时期中国建筑活动的主流，非工业化设计思想为基础的非"摩登"建筑乃至历史主义建筑，是它的支流。非工业化思想的存在，是针对工业化带来的问题而产生的，已经不是当年工艺美术运动劝说人们回归田园牧歌的迂腐之见了。它业已成为工业化思想的积极补充，升华为现代意识的一个组成部分。

即便有一些穿着旧衣服的历史主义建筑出台，它们实际上都在广泛地运用着现代建筑体系的成果，特别是技术体系和功能体系的成果。这个支流，可以满足特定条件下的文化需求和怀旧情思，却始终只能作为支流存在，现代建筑主流可以容它共处。

在中国，工业化和非工业化共存还有一层意义，那就是传统建筑体系和现代建筑体系的共存可以互补。中国广大中小城镇和农村，有时不得不采用传统的方式来建设住宅和公共建筑。这种城乡建筑分离的现象，还可能要持续一个相当长的时期。

（三）社会政治环境与现代建筑

如果说中华人民共和国成立之前建筑的"现代"和"传统"之争，具有某种程度的民族复兴含义；那么，在 1949 年之后的中国建筑，除了继承这一含义之外，加入了浓厚的意识形态和强烈的政治因素。

二战后，世界形成两大阵营对垒的形势下，新生的共和国只能选择站在苏联领导的社会主义阵营。[①] 其结果是，获得了苏联对中国所需的经济和政治支持，同时也引入了斯大林主义以国际、国内阶级斗争为核心的所谓"社会主义文艺理论"，其中包括了"社会主义建筑理论"。

在这个大背景下：中国建筑全面排斥发源自欧美资本主义国家的经典现代建筑，把它视为建筑领域阶级斗争的"靶子"；学术性的建筑理论，矛头经常指向抽象的"敌人"——"帝国主义"和"资本主义"，学术理论转化为特定政治理论；反映现代建筑思想和方法的建筑师和建筑，经常受到批判，特别在频繁的政治运动中。

这一切，大大地扼制了对现代建筑运动的正面认识，不利于探索中国现代建筑的进程。

---

① 中共中央党史研究室. 中国共产党的九十年——社会主义和建设时期 [M]. 北京：中共党史出版社，党建读物出版社，2016：365.

（四）中国现代建筑与国际现代建筑运动隔而不绝

1950 年代初，早已经熟悉现代建筑原则的多数建筑师们，自发地延续了现代建筑的思想和实践，出现过共和国成立之后第一批优秀现代建筑作品；

1956 年反对"复古主义"大屋顶之后，出现了一些结合中国国情且具有一定现代精神的建筑作品。

1958 年，在"大跃进"的政治性经济运动中，中国建筑师响应了"技术革新""技术革命"的"号召"，探索了建筑创作的新途径，且有独特的优秀作品问世。

1960 年代起，中国建筑师在长期"短缺经济"条件下，探索了对资金、材料等的节约措施，恰巧，这也是现代建筑重点关注的原则之一。

"文化大革命"十年里，在所谓"促生产"的"革命"间隙里，中国建筑也有对现代精神的不懈追求。如大跨度的场馆、高层宾馆等，均反映出现代建筑的技术和艺术特征。在特殊地域如广州等南方地区，不但有许多地域性建筑，而且反映出对现代结构和新功能的追求。

1980 年代之初的改革开放，建筑师结合当时国情，重新在中国现代建筑之路上起步，出现一些有中国特色和现代意义的建筑作品。而后，在经典现代建筑原则的基础上，参照各国的新经验，出现了一些有意义的现代建筑作品。

1999 年在北京召开的国际建协（UIA）第 20 次代表大会，是中国现代建筑重新融入多元国际建筑的象征。

这一切表明，现代建筑的简约性、经济性以及工业化等原则，符合中国国情，现代建筑在中国，绝不是学派之争，更不是所谓建筑的阶级斗争，而是发展需要。所以，在与国际现代建筑运动及其成就隔绝的 30 年间，实际是隔而不绝。

（五）建筑中的国家性和国际性

国家性建筑（National Architecture，也可以说是"民族性建筑"）是一个国家根据自身条件所发展的、具有特殊意义的建筑，常说的"民族风格"建筑，就是其一。国际性建筑（International Architecture）是可以，或者已经被国际广泛吸收的、具有普遍意义的某种国家性建筑。例如，19 世纪法国人开创的钢筋混凝土建筑，被世界各国吸收，成为国际性建筑。

"国家性建筑"和"国际性建筑"并不表明谁先进谁落后，它们的关系，是特殊性和普遍性之间的关系。不过，国家性建筑的确有两种情况，一种是可以被国际吸收，能转化为国际性建筑；另一种基本上不可能被国际上普及或广泛吸收，但可以被国际赞赏，以自己独特的魅力，自立于世界建筑之林。就像我们十分欣赏少数民族服饰，但在日常生活中却不穿戴它，所谓"越是民族的就越是世界的"，此之谓也。如此说来，这两种建筑，都有机会、有途径走向世界。

如果在这种国际性建筑和国家性建筑框架里看待中国现代建筑，就可以更加客观地看待中国现代建筑被动输入的过去和主动创造的未来。

三、中国现代建筑的语境

中国现代建筑史，学科较新，学术用语及其内涵难能共识，在不同语境中容易产生歧义。

例如，现代建筑的"现代"一词，通常既有"现在这个时代"的时限含义，又有"摩登建筑"（Modern Architecture）即"新建筑"的属性含义，这两种含义之间的"滑变"，经常使得建筑时限和性质之间产生困扰。

有必要对一些基本用语及其含义作些限定，以便设定一个基本语言环境，在课题的讨论中，以自圆其说。这虽然是非常个人的语境，但离共识并不远。

（一）现代建筑和当代建筑

从词义上说，英语 Modern（现代）和 Contemporary（当代）这两个词并无多少区别，有时是混用的。而在建筑学著作里，现代建筑（Modern Architecture）特指西方现代建筑运动以来的"新建筑"，具有特定的历史含义。

当代建筑（Contemporary Architecture）是指"目前"或"最近时期"的建筑，只是难以追究"当代建筑"和"现代建筑"之间的严格时间界限，因为时间在流逝，界限在推移，只好维持界限的模糊状态。

（二）近代建筑和现代建筑

中华人民共和国成立后，中国通史受苏联史学的影响，有划分"近代"和"现代"历史阶段之分，建筑史也沿用此例。而在西方建筑史里不作划分，统称"现代建筑"（Modern Architecture），日本均谓之"近代建筑"。这里仍遵循国内"近代"和"现代"历史分段的惯例。

建筑史实表明，中国建筑的"近代"和"现代"是不可分的。因此我们极力主张，在不太遥远的未来，把"近代"和"现代"合二为一，还历史的完整面貌。

（三）现代建筑运动、经典现代建筑、前现代建筑、现代主义和现代性

现代建筑运动：在西方的现代艺术史著作里，现代运动（Modern Movement）经常指现代建筑运动。这里我们加以区别，设定"现代运动"的内容更为广泛，包括现代艺术（Modern Art），而"现代建筑运动"专用于建筑领域。

经典现代建筑（Classical Modern Architecture）：从 19 与 20 世纪之交发源到两次世界大战之间成熟的现代建筑及其理论，称为"经典现代建筑"。而此前以新艺术运动等为主导的建筑探新活动，称之为"前现代建筑"（Per-modern Architecture）。

现代主义（Modernism）：在教学和研究工作中，我们曾尽量避免"现代主义"一词，这是因为：

（1）"现代主义"一词所适用范围过于宽泛，不但在建筑领域里使用，而且在文学、艺术等领域里也使用，不同的环境，与建筑领域时有歧义。

（2）传统意义上的"主义"，一般应有纲领或主张，有领袖，乃至组织，哪怕是松散的。事实是，现代建筑是个集合体，一个运动。在许多国家，有许多群体和个体，在不尽相同的条件下，以趋同的思想和方法进行工作。

（3）不少论者用"方盒子""光秃秃""冷冰冰"或"千篇一律"之类的形式特征来形容"现代主义"建筑，不但失之偏颇，且有悖于现代建筑运动的内在特征。有的论者也常把"国际风格建筑"（International Style Architecture）与现代主义混为一谈。

"现代建筑运动"一词，宏观概括了发源于欧美的现代建筑集合，在基本相同的建筑原则下，不同地域的建筑师，各有各的创造。

现代性（Modernity）：此语来自西方，传入我国近20年左右。"现代性"一语在西方的运用，可上溯到文艺复兴，而且，不同的论者其定义也相距甚远。进入中国，论者必然各有各的理解和定义。虽然我们尽量避免使用，但还是以自己的方式加以理解，顾名思义：建筑的现代性是进入现代社会后，建筑所产生的新特性。

（四）建筑风格和所谓风格化

建筑风格（Architectural Style）：指建筑作品所表现出来的独特形式，它是由建筑师相对稳定的"内在"（如建筑观、思想或方法）所表现出来的相对稳定的建筑外在（形式或表现）。

所谓风格化（大体相当Stylize的含义），是指现代建筑发源之前，老学院派按照历史主义的建筑风格，把建筑炮制成不同风格的"套子"，以满足业主像选帽子一样，选择不同建筑样式。

"风格"一词是中国现代建筑活动中使用频率最高的词汇之一，长期提倡或追求某种风格的现象，是值得中国社会认真检讨得失的建筑话题。

以上这些用语，实际上也是本书的几个关键词，在讨论中国现代建筑的全过程中，我们会较为稳定地使用以上用语及其含义。

四、中国现代建筑师

（一）建筑师生存环境相对艰难

新型建筑体系是由外国输入的，外国建筑师很早就在中国开展业务，正在成长的中国建筑师，难以与外国建筑师抗衡。正如所见，在上海、广州、天津和武汉这样的大城市，外国资本的建造活动和外国建筑师的建筑设计占绝对优先地位，中国建筑师在夹缝中艰难生存。

（二）经济因素的持续困扰

没有得到充分发展的近代民族经济，大大地制约了民国时期的建筑活动。新中国成立之后，虽然有过几次发展的高潮，但从总体而言，国家经济起伏跌宕，多次陷入周期性"调整"的困境之中，直至 1980 年代。

经济的欠发达，导致资金长期短缺，技术相对落后，因缺乏钢材、水泥和木材等基本建筑材料，经常要求材料代用，建筑造价更是一降再降，中国建筑师面临少有的严苛建筑设计条件。以住宅设计为例，每人居住面积 4 平方米的设计指标，延续了 30 余年，住宅造价曾由新中国初期的每平方米近 100 元，长期压缩至 50 元以下。

（三）特有的群体思维特征

1."中庸"和"辩证"的设计思想方法

"中庸"曾深深影响中国知识分子的思维模式。新中国成立之后长期的思想改造活动，这一思想又被辩证法所强化。这两种思想方法，以既要这样又要那样的兼容状态为最高境界。这种思维模式，能帮助建筑师设计出周到而实用的作品，却难以创造出有鲜明个性的作品。

2.传统情结和文化使命感

苦难和屈辱的中国近代史，令中国知识分子具有振兴中华的情怀，许多人往往以传统建筑文化作为出发点，期望作品带有文化使命感，有时，也会成为建筑创作难以负担的压力。

3.封闭环境中自发探索现代建筑

新中国成立之后，中国建筑师与外界的接触，仅限于苏联和东欧的社会主义国家，1950 年代成长起来的建筑师，绝少有去现代建筑发源地求学的经历。中国建筑师依靠早先的积累和绝少新资讯，结合国情探索自己的现代建筑之路。

4.形象思维重于建筑理论的思辨

重视知识、技巧的具体落实与运用，是我国建筑师的主要思想方法之一。能从环境或从功能、历史、文化出发，创造出完美的建筑形象，但缺乏上升为建筑思想，发展为建筑理论系统的动因。

5.高超的设计技艺和多元的折中

我国第一代留学生集中于学院派大本营美国宾夕法尼亚大学，学生大都能够以优异的成绩完成学业，有的在学期间就获得重要的奖项。归国之后，激烈的竞争环境和应对领导或业主的要求，促成了创作的折中倾向。许多建筑师能设计出典型的现代建筑，同时又能设计出地道的大屋顶建筑。

（四）独特的建筑政治现象

在中国现代建筑中，政治思想因素影响之大，持续时间之长，在国外少见。主流建筑所推动的建筑思想，如民国时期"中国固有之形式"，共和国初期的"民族形式"和 1970 年代遍及各个领域的"阶级斗争要天天讲"等，事实上形成了一种支配建筑活动的"建筑政治"。建筑中的"政治挂帅"，造成了建筑理论和政治理论交叉，学术思想和政治思想交叉，以及设计业务和政治运动交叉，建筑活动基本上成为历次政治运动的重要话题。

（五）集体创作和长官抉择

计划经济时期的集体创作环境，往往使得"综合"或"合作"的作品失去了鲜明的个性。而长官的直接干预和拍板的机制，限制了更为专业的眼光，加上一些似是而非的"理念"或商业语言，令作品难以具有创造性突破。最终作品成为大家都能接受的方案，却难以出现公认的优秀作品。

（六）建筑创作广有成就的地域品格

中国的疆域广大，南北气候反差鲜明，东西地貌差异显著。各地民间建筑形成了不同的地域特点，成为官方倡导的主流建筑以外的民间建筑海洋。在中国现代建筑的发展过程中，地域建筑是广有成就的重要方面。特别是中华人民共和国成立之后，当传统的官式建筑和外来建筑式样受到种种批评的时候，建筑师往往在地域建筑里寻求新的灵感。这里确实也是一个广阔的天地，从某种意义上说，地域性建筑乃是共和国成立以来最有活力和成就的建筑创作领域。

向外看，中国现代建筑师是国际现代建筑运动影响下的群体；向内看，他们扎根于中国的土地上，走着艰难曲折的路。

五、中国现代建筑史的起始与分期

我们的研究表明，中国现代建筑在 1949 年前就已经产生了，这里简单地对起始与分期问题作些思考。

（一）历史起始期的思考

现行的中国近代建筑史，从 1840—1949 年，现代史从 1949 年开始，显然走的是中国通史的路子。

作为现代建筑史的起始，除了考虑社会政治变革日期之外，显然不能忽略现代建筑本身活动的状况。中国现代建筑是从欧美发源地被动输入的，与发源地的渊源，应该是中国现代建筑起始、发展的基本依据。

从建筑实例看：

1900 年代就出现了"前现代建筑"的新消息，如哈尔滨的一批新艺术运动风格的建筑。

高层建筑，是现代建筑新生类型之一，上海、天津、武汉是它的发源地。1908 年上海出现了第一座钢筋混凝土高层建筑华洋德律风公司大楼，1920 年代上海高层建筑有了广泛的发展。

工业建筑，是现代建筑新生的另一类型，1905 年英商在武汉创办平和打包厂，厂房为 4 层，外部 50 厘米砖墙承重，内部为多跨钢筋混凝土框架结构，现浇钢筋混凝土楼板，框架柱受力筋和分布筋的构造与现代建筑完全一样。[①]1913—1919 年间，上海兴建的福新面粉一厂、二厂、四厂、七厂、八厂，厂房多为 6~8 层的钢筋混凝土框架结构，为当时中国最先进的面粉联合工厂。[②]

天津的钢结构开启式桥梁，也许是中国现代建筑史中有趣的特殊实例。大跨度钢结构桥梁，曾是西方现代大跨建筑的先行。早在 1906 年天津就建造了金汤桥，桥跨三孔，最大跨度 35.3 米，其余两跨为平转式开启，电力启动。

从建筑事件上看：

许多有意义的建筑事件，发生在 1900 年代，1920 年代得到明显发展。下面的简表对此加以提示：

中国现代建筑起始期事件简表   表 00-01

年代	事件	起始事件	资料来源
1905	国外留学	较早留学日本、欧美者始于 1905 年，较多留学建筑学者在 1910 年之后	综合资料
1920	学成归国	1920 年代是大批留学建筑学的学者学成归国活动的时期	综合资料
1921	建筑执业	1921 年吕彦直在上海独自创办彦记建筑事务所；此前吕彦直、过养默、黄锡霖组合上海东南建筑公司	《中国建筑史》（新一版）[M]. 北京：中国建筑工业出版社，1993.
1923	建筑教育	苏州工业专科学校最早建立建筑科，创始人柳士英	吴勤珍，杨嵩林. 建筑工程高等教育，见中国建筑年鉴 1984—1985[M]. 北京：中国建筑工业出版社，1988：398.
1927	建筑社团	"中国建筑师学会"成立于 1927 年，第一任会长庄俊	《中国建筑史》（新一版）[M]. 北京：中国建筑工业出版社，1993.
1932	建筑刊物	中国建筑师学会的刊物《中国建筑》创刊于 1932 年 11 月	同上

① 见：李传义撰文，第五章，第三节 // 杨秉德. 中国近代城市与建筑：1840—1949[M]. 北京：中国建筑工业出版社，1993：141.
② 章明，娄承浩撰文，第三章，第四、五节 // 杨秉德. 中国近代城市与建筑：1840—1949[M]. 北京：中国建筑工业出版社，1993：49-58.

近来已有青年学者把"现代"和"近代"建筑史整合为一，设 1900 年代为起始点[1]，把 1949 年前后的中国现代建筑史看作一体，这是十分可取的。不过，这里宁愿保守些，仍然把 1920 年代作为中国现代建筑史的起始期。

（二）中国现代建筑的历史分期

建筑历史的分期，绝不是简单的切分年代，而是对历史反复认识的过程。建筑历史虽然在按照它的内在逻辑演进，但现象却令人眼花缭乱，它的逻辑隐没在错综复杂的表象之中。必须把建筑活动放在由政治、经济、文化等要素组成的多维社会环境中加以考察，才能找到建筑活动的内在动力，这一点，在社会主义计划经济的中国格外明显。在工作中选择了下列依据：

（1）以涉及建筑学学科的内容为主体，以建筑创作的发展为主线。

（2）阶段的划分，宁可稍细而不宜过粗。留下较多的信息，有利于后来的研究。

（3）根据具体情况，采用年份和年代相结合的方式，来标定一个时期的始末。

这里将要叙述的中国现代建筑史主体，是自 1920 年代末起，至 2000 年代。但是，不能忽略 1920 年代之前的准备阶段，这是一个重要的"前现代建筑"阶段。考虑到近代建筑史已经稳定存在的现状，我们的工作重点，还是在 1949 年后的现代建筑史。但是，我们在第一章里，用极为简明的方式，叙述了近代史中的现代史线索，以表达 1949 年前后现代建筑史的密切关系。具体分期和基本轨迹如下：

1. 被动输入和主动发展：现代建筑之弱势起步，1920 年代—1940 年代

19 世纪和 20 世纪之交的中国，已被迫纳入世界市场，为了服务列强在中国的经济侵略活动，在建筑中，把不同类型、不同风格的建筑输入中国，包括西方正在发展着的现代建筑。

中国的建筑体系发生了巨大的变化，钢和钢筋混凝土结构，开始在大城市公共建筑之中应用，日本侵华战争正式开始前，建筑活动达到一个高潮。同时，中国的传统营造方式与现代体系并置。

民国初期的军阀混战，8 年抗日战争和 3 年解放战争，使国家满目疮痍、民不聊生，当新中国成立时，领导者面临的是一个百废待兴的破烂摊子。

2. 现代建筑的自发延续：共和国成立后的国民经济恢复时期，1949—1952 年

1949 年 10 月—1952 年 12 月为三年国民经济恢复时期，中国大陆的建筑发展揭开新篇章，在清理战争废墟的同时，展开了规模不大却也生气勃勃的建设活动。

在建筑任务紧急而经济力量薄弱的条件下，建筑师自发地采取了自己所熟悉的、能够适应

---

[1]　邓庆坦 . 中国近、现代建筑历史整合的可行性研究 [D]. 天津：天津大学，2002.

当前形势的现代建筑思想和方法，重视基本功能、追求经济效果、创造现代形式，留下一些优秀的经典作品。

3. 民族形式的主观追求：第一个五年计划时期，1953—1957 年

当苏联带着"156 项"、资金和图纸来华援助实行第一个"五年计划"时，也带来了斯大林提倡阶级斗争的所谓"社会主义建筑理论"。中国自发延续的现代建筑，受到严厉批判，而后，如同当年的苏联一样，全国掀起了探索"民族形式"建筑的热潮。

鉴于浪费现象严重，建设资金难以为继，这一热潮被斥为"复古主义"。继苏联本土对"复古主义"的清算之后，中国也掀起以反对"复古主义"为中心的第一次"反浪费"运动。期间，指导中国建筑创作三四十年之久的"适用、经济，在可能条件下注意美观"的建筑方针正式确立。

4. 技术初潮及理论高潮："大跃进"和"大调整"时期，1958—1964 年

1958 年的"大跃进"是一个非理性的经济建设狂潮，在国内的各个行业，没有留下多少正面的经验。但在建筑领域，却有若干值得记录的事情。

一是建国 10 周年"北京十大建筑"，在一年之内设计、完工，体现了一代人的建设意志。二是暗合国际潮流，结构技术革新带动建筑艺术新貌。三是掀起建筑理论高潮，开创了针对创作实践研究建筑理论的风气，客观上起到了普及建筑理论的作用。四是普遍出现探索地域性建筑的浪潮，由于后期建设处于低潮，许多建筑师展开对地域性建筑的探索，并取得显著的成就。

5. 革命性、地域性和现代性："设计革命"和"文化大革命"中的建筑，1965—1976 年

"设计革命"和"文化大革命"，把中国建筑创作领域的"建筑政治"现象，推向了顶端。首先是出现了所谓"政治建筑"，给建筑强加一些政治性口号和符号，形成"革命"的隐喻和象征。

同时，在特定的时期、领域和地域，兴起了一批有领域特征或地域特征的建筑热点。这批建筑体现出相当明显的现代性，广州建筑对此作出贡献。在"文革"后期，各地建筑趋势并不与现实政治主流直接冲突，事实上形成有多个局部成就的特定时期。

6. 繁荣创作对千篇一律：拨乱反正和改革开放初期，1977—1989 年

1980 年代，中国由频繁政治运动转向以四个现代化为核心的经济建设，改革开放的中国，完成了建筑创作领域的"拨乱反正"。

中国重建了与外国建筑界的关系，国际著名建筑师和事务所，相继访问中国，有的留下了他们的作品。"繁荣建筑创作"的倡导，成就了一批结合国情、深入生活并具有中国特色和现代性的作品。

随着国际上经典现代建筑运动的解体，多元化建筑时代来临，多种外国先锋建筑思想也进入中国，如后现代建筑和各种流派及思潮。这些思想，在消除"千篇一律"方面，起到了积极的作用，但其消极意义也有待深究与评估。

7. 设计市场和建筑创作：计划经济向市场转型，1990—2000 年

大约在 1980 年代就开始的中国经济体制由计划经济向市场经济转型，促成了竞争激烈的建筑设计市场。曾经在建筑创作中起主导作用的政治因素，让位给经济因素。一个初成的建筑设计市场，不免浮躁的业主、长官、建筑师与作品。富于责任感的建筑师或设计单位，立足中国本土、立足建筑本体、立足建筑师本人的健康创作趋势，正在作出榜样。

1999 年在北京举行的国际建协第二十次代表大会通过了《北京宣言》，这个文件也是中国建筑师在新世纪的行动指南，给中国建筑走向可持续发展之路注入了新的动力。

8. 全球化背景下的建筑应对：新世纪再启国际视野，2000—2010 年

2001 年，中国正式加入世界贸易组织，建筑设计市场面临全球化的挑战。

大型国营设计院运行"工作室"体制，发挥建筑师个人的积极性，促进了建筑的创新与进步。共和国成立后培养出来的建筑师，是中国建筑创作的主力军，进入新世纪，仍有许多人活跃在创作第一线，创作出许多建筑精品。1977 年，中国恢复高考之后毕业的建筑师，逐渐步入中国建筑创作舞台的中心，表现出一代新人的探新诉求。

国外建筑师在中国的建筑创作活动更趋活跃，并得到很多重大项目，有示范效应，也引人思考。

（三）关于中国建筑师的分代

为建筑师分代，在多数情况下，不是一个"可持续"的方法，三代之后就可能难以为继。况且，所持分代标准不同，比如，按年龄还是毕业年份等，会得出不同的结果。所以，这里的工作，并没有分代的意愿。

但是，中国建筑师特殊的历史背景，十分自然地把建筑师大体分成了三代：第一代为 1949 年之前毕业和执业的；第二代为 1949 年之后受建筑教育并参加工作的；第三代为 1977 年以后恢复高考接受建筑教育并参加工作的。当然，第三代以后，那就是一个可能引起争论的难题了。不过，这三代建筑师的特点却十分鲜明。

第一代，人数较少，大多受过良好的教育，有相当比例的人员有出国的经历，其中许多人有硕士学位，他们除了在民国时期为建筑事业作出贡献外，许多人成为新中国建筑实践和教育的中坚力量。

第二代，人数较多，在国内的巨大变革中受过良好的教育，但除个别人外，很少有出国留学和参观的机会。他们对国情有较深刻的了解，是新中国建筑实践和教育的主体力量。

第三代，是"文革"结束后开始接受建筑教育的新一代，他们是在安定的社会条件下，在第二代建筑师的教育下，在大量的实践机会中成长的。他们还有机会去国外就读、研究和执业，眼光开阔，胸怀开放，是具有革新和创造精神的新一代。

第一章

被动输入和主动发展：现代建筑之弱势
起步，1920 年代—1940 年代

千百年来，在中国广袤的大地上，因其自然条件、生产方式、社会需求和国家体制，形成了完整、成熟的主流中国建筑体系。

它有以木结构为核心的技术体系，高效而优美地构成室内外的安全空间；它全面适应农耕社会，出色地承担起古代社会的生产和生活需求，承担起从王公到黎庶所需要的全部建筑功能；它明确反映出皇家、精英和百姓的建筑思想，创造了内涵丰富、形式独特的传统建筑文化；它拥有以官方营造法式和典章为代表的主流建筑制度体系，也有民间能工巧匠工作程序，使得营造活动在典章的指导下有序而活跃地展开。

这个主流建筑体系，辅以丰富多彩的地方材料、技术和人文特点，在能工巧匠智慧双手的操劳下，造就了中国从城市到建筑群体，从个体建筑到园林环境，举世无双的建筑艺术。特别是那具有美妙曲线的巍峨屋顶，那张弛有致的进进庭院和园林环境，其艺术魅力，至今仍深深感动着广大观者和建筑人。

中国传统建筑体系，也曾是一个开放的体系，具有与外来建筑文化交流的历史，比较突出地表现在早期东方佛教建筑文化、晚期西方古典建筑和基督教建筑文化在中国的流传，以及中国传统建筑文化向外的传播。与此同时，中国又是统一的多民族国家，各民族之间的建筑文化也相互融汇，大大地丰富了中国建筑的"光谱"。历史长河中的这些交流，是主动的、自发的，没有入侵者的强权推行，因而不同建筑文化之间很少发生正面冲突。

然而我们的传统体系也是一个发展缓慢的建筑体系，以农耕社会和手工生产为基础的漫长专制制度，也制约了这个体系的发展。自给自足的社会，后期又成为一个闭关自守的社会，当以产业革命为标志的西方工业社会兴起之后，中国并没有这样的社会进步，落后的中国成了新兴资本主义列强的宰割对象。

英国因推出对华肮脏的鸦片生意，发起了1840年的第一次鸦片战争，揭开了中国近代史的屈辱历程；1856—1860年，英法联军发动第二次鸦片战争占领广州、北京，并野蛮、疯狂地焚烧了圆明园；1885年，中法战争清政府不败而败；1894年甲午中日战争，北洋水师舰沉北洋……清政府被迫签订了一个个丧权辱国的不平等条约，侵略者掀起了一次次赔款割地狂潮，中国社会进入半殖民地化过程。

西方列强侵入中国，打头的是炮舰，炮舰之后是经济，经济之中就有建筑。起初它们倾销商品、夺取原料，进而染指矿山、铁路。进入20世纪，列强更加强了经济掠夺、政治控制和文化侵入，处处都少不了建筑这个重要角色，建筑是为列强经济、政治和文化侵略服务的工具。在中国社会半殖民地化的过程中，列强送来的这个西方建筑体系，开始与中国固有传统体系发生了冲突，而且越来越强烈。

19世纪后半叶的西方建筑体系，是个正在形成、发展和完善的现代建筑体系。一般地说，西方现代建筑的起始可以追溯到18世纪和19世纪之交，或者19世纪中叶的许多事件，如1851年伦敦第一届世博会，1862年莫里斯、福克纳、马歇尔公司（Morris，Faulkner，Marshall and Co.）的成立等，是它重要的里程碑。

1840年第一次鸦片战争揭开中国近代史之后，中国建筑体系与这个发展中的西方建筑体系相遇，开始了跟随西方现代建筑体系发展的进程。走在前面的是有形的技术体系：以铁、钢、混凝土、玻璃等人造新建筑材料取代传统的木、石、砖等天然建筑材料；以新材料为基础的新结构，取代传统的木结构等，虽然免不了用新型材料、结构去建造旧式建筑。然而，直到19世纪末，中国建筑没有发生根本变化。一是因为建筑输入的数量较少、规模较小、速度较慢，而且范围集中于列强在华的租界和租借地，许多建筑是比较简单的"殖民地式"，如早期上海外滩的建筑。二是洋务运动主导的早期工业建筑，在很大程度上保留或只是改良传统体系，而与传统建筑文化相联的建筑思想观念和建筑管理体制并没受到根本触动。

进入20世纪之后，大厦将倾的清政府，宣布自上而下的"新政"与"立宪"：首都北京开始筹建咨政院，南京、武汉等省会城市建立了若干咨议局，形成引入西方古典主义建筑的一个热潮。随着西方列强对中国经济、政治和文化侵略的深化，建筑的输入加大了规模、加快了速度，不但已有的古典建筑体系大举进入，而且，本土发展着的具有现代性的建筑也相继来华，直到1920年代之末，正在成熟的现代建筑体系影响加深，中国完成了一个从无到有的现代建筑进程。

一、被动输入，西方建筑全面来华

1900年之后，中国被迫开放的通商口岸已经达到70余个，像上海、天津、汉口这样有租界的城市，租界的个数和规模都在扩大，天津的租界竟达到8国，汉口也有5国之多。在设租界的城市里，列强进一步以资本输出的方式，开设工厂企业，兴办金融事业，随之进行相当规模的建筑活动。这类城市，单体建筑具有明显的改观和成就，在城市规划和建筑面貌方面，则表现出所谓"万国博览会"现象。

19、20世纪之交，列强还以所谓"租借地""铁路附属地"的方式，划分势力范围，形成一些由单一国家独占的地区和城市。如胶州湾、旅顺口、大连湾、九龙半岛、威海卫、广州湾等地，先后成为德、俄、英、法等国的"租借地"。它们以"租借地"为依托，争夺中国铁路、矿山的投资和修筑权。沙俄、日本通过"租借地""铁路附属地"，形成了哈尔滨（俄占）、大连（先由沙俄占，后由日本占）、青岛（先由德国，后由日本侵占）等等由一个帝国主义国家独占的城市。在这些城市里，有统一的城市规划并逐步实施，城市面貌相对统一和谐，反映占领者各国流行的建筑风格和地方特点，包括当地已经形成的现代建筑。

（一）现代体系渐为我用

1. 新材料新技术引导

新型建筑材料是建筑新技术发展的最基本条件，由于中国社会生产力严重落后，不曾发生过工业革命，因而新建筑材料和新建筑技术，是外人送过来的。

（1）钢铁的生产

铁在中国传统建筑体系中用途极少，仅作为连接零件。1860年代，"洋务运动"兴办的江南制造局和天津机器局以及福州船政局、轮船招商局，都附设炼钢或炼铁厂；1890—1893年，中国创办第一座官办铁厂汉阳铁厂基本建成。该厂从英国、比利时购买机器和建材，聘用外国工程师40余人，工人约3000名。虽然其管理、浪费和产品质量为史家所诟病，毕竟开始了从无到有的进程。1900年后铁的产量不断增加，而且还出口日本。[①]

（2）水泥等建材

1853年英商在上海租界开设了第一家近代大型建材工业——上海砖瓦锯木厂，专为租界内的建设提供建筑材料；1879年，浦东白莲泾开设了机制砖瓦厂；1884年，著名的祥泰木行设立，上海洋灰公司也于此间建立。中国民族资本最早创办的水泥企业唐山启新洋灰公司于1886年创建。水泥建材在中国的起步不算晚，但依赖进口的局面却长期存在。

（3）结构和技术

钢铁结构，最早在工业建筑上应用。1863年建造的上海自来火房（英国）碳化炉房，是近代第一座铁结构实例；由英国工程师设计，1893年建成的汉阳铁厂马丁炼钢炉厂与熟铁炉厂等6个大型厂房，都采用了钢屋架、钢梁柱和铁瓦屋面，其钢铁结构构件全部购自比利时。19世纪末，德国为修建胶济铁路，在青岛设四方机车修理厂。新建车间大部为全钢结构，1904年建造的修理车间，为工字钢排架，连续10跨，每跨10米，屋顶设三角形天窗，配钢丝网玻璃，可部分开启。其他厂房如铸铜屋等，则是十分简洁的钢架，跨度约10米，外形如三铰拱，达到相当高的设计和施工水准。1913年上海杨树浦电厂一号锅炉间，可能是最早应用钢框架的实例，而最早运用钢框架结构的民用建筑可能是1916年建成的6层上海有利银行大楼。到1920年代，中国钢结构单层厂房跨度已达20米，并设50吨吊车。

图1-001　青岛，四方机车修理厂钢结构厂房，1890年代
图片引自：《中国建筑史》编写组编写，中国建筑史（新一版）之图11-7

图1-002　上海英美烟草公司，钢筋混凝土厂房
图片引自：陈从周、章明主编的《上海近代建筑史稿》

① 陈真. 中国近代工业史资料 第三辑：北洋政府和国民党官僚资本创办和垄断的工业 [M]. 北京：三联书店出版社，1961：395.

钢筋混凝土结构工业建筑，最早的是 1883 年所建的上海自来水厂（英国）和 1892 年所建的湖北枪炮厂。除了 1905 年英商在武汉创办平和打包厂 4 层钢筋混凝土内框架结构之外，1908 年建成的上海德律风 6 层钢筋混凝土全框架结构，可能是现存最早的钢筋混凝土框架结构；1913—1919 年间上海兴建了福新面粉一厂、二厂、四厂、七厂、八厂等 6-8 层的钢筋混凝土框架结构厂房。钢筋混凝土锯齿形屋顶的厂房也开始使用，如 1911 年上海日华纱厂，1915 年的上海怡和纱厂等。

钢筋混凝土结构高层建筑，1908 年上海出现华洋德律风公司大楼（6 层，新瑞和洋行设计），和美国芝加哥学派一样，也是披着古典建筑外衣亮相的。1920 年代上海高层建筑有了广泛的发展，如 1924 年的上海字林西报社（8 层，钢筋混凝土框架结构），1929 年的沙逊大厦（今和平饭店，9 层，局部 13 层，钢框架结构，英商公和洋行设计，建筑设计和建筑施工的质量均达当时世界先进水平）、1929 年的上海华懋公寓（今锦江饭店，14 层，钢框架结构），其功能和形式都已经是比较典型的现代高层建筑了。

1920 年代，在中国一些大城市涌现出一批 10 层以上的高层大型公共建筑，这些建筑，面积大、跨度大、功能复杂，运用新材料、新结构、新设备，已是进入现代建筑新类型，反映出建筑设计水平和施工质量等多方面的进步。

砖石结构体系，可以说是西方的传统建筑体系，对中国大木结构也形成了一定冲击，在许多建筑类型中，取代或丰富了木结构。在砖石结构中，常常采用砖石柱廊或壁柱，柱间设半圆券、弧券或平券等各种拱券。在建筑规模较大的基础工程中，还采用木桩基上铺设石板作为基底。还有一些改进了的砖石结构，如砖石墙与钢筋混凝土混合结构。其主要特点是砖石墙承重，楼面结构采用工字钢密肋取代木制大梁和密肋，加大了楼面荷载和跨度。实例如上海华俄道胜银行、哈尔滨中东铁路局办公楼、青岛德国总督府和胶澳法院、上海圣三一堂等。

图 1-003　上海，字林西报社，1924，设计：[英] 德和洋行
图片引自：吴光祖主编《中国现代美术全集·建筑艺术·第一卷》

图 1-004　上海，华懋公寓，1929，设计：[英] 安利洋行
图片引自：吴光祖主编《中国现代美术全集·建筑艺术·第一卷》

营造和技术，在上海都进行了脱胎换骨式的转变。为了适应建筑市场的需要，上海的"鲁班殿"摒弃地域偏见，颁布新章程："不论上海，宁绍各帮统归新殿"，完全改变了开埠以来"造华人屋宇者谓之本帮，造洋人房屋者谓之红帮，判若鸿沟，不能逾越"的状况。

随着建筑营造业的发展，像上海川沙籍杨斯盛（1851—1908）这样有些现代意识的建筑工匠脱颖而出。杨熟悉西方近代建筑技术，会英语，光绪六年（1880年），杨开设了中国近代建筑史上第一家中国人的资本主义性质营造厂——杨瑞泰营造厂。1893年独立完成了当时规模最大，式样最新的西式建筑——第二期江海关大楼。他的一系列经营活动，已将建筑营造从自然经济转变为商品经济；从个体分散转变为集约化经营；从单一营造转变为跨行业投资经营。一批有远见卓识的营造家还投资创办建材工业，促进了国内建筑材料构成的变化。这些，逐渐促成建筑营建方式从传统匠人向现代企业的转化。

2. 新型社会生活的功能需求

清朝政府洋务运动的主要内容是，办理外交、购买和制造洋枪洋炮和军舰、筹设海防、建立新式海陆军、设立新式学堂、派遣留学生出国等。这些活动，开启了中国社会近代化之门，也成为中国近现代建筑发展的前提。先是建立了中国最早的近代机器工业，主要是军事工业，随后是民用企业。

进入20世纪，中国的现代化进程也从"器物"层面上升至制度层面。晚清的"新政"和"立宪"，带来了中央官僚体制的改革，北京筹建资政院，朝廷通谕各省设立咨议局与之对应；新体制所需的各部新机构，也进行了相应的新建设。这样，比较先进的工业建筑、较大型的新式民用建筑以及新的统治体制下的政府官方建筑就应运而生。这些新型社会生活的功能需求持续扩展，如建立新式学堂，建立教堂和医疗机构等，促成了中国建筑功能体系的大变革，新型的建筑类型也逐步齐全。

北京，资政院大厦，位于城东古观象台西北的贡院旧址，建筑师仿照柏林德国国会大厦式样，也反映了清政府希望以德国君主立宪政体为政治改革榜样的愿望。资政院大厦高4层，中部议院大厅，右侧参议院，左侧众议院，三个大厅均覆以巨大穹顶，下部配以柱廊，以中间的穹顶最为饱满。议院大厅为八角形平面，高18.3米，两层，可容纳1500人。大厦二层设有记者室，配有专用电话、电报，内设28个楼梯间，有电梯，还备有电力照明和供暖设施以及现代化餐厅和卫生设备。

北京，清政府陆军部衙署，主楼为砖墙，木桁架承重，以古典建筑壁柱和拱券划分立面，并填充传统中国砖雕装饰，为早期模仿西洋古典建筑实例。

工业建筑是中国现代建筑的起步领域，除了体现技术体系进步以外，还体现出新型社会功能的需求，新思想和新观念的产生。这在西方现代建筑的进程中得到充分的体现，进步的建筑师，对社会生产功能需要十分敏感，同时对社会生活功能新需要也十分敏感，他们舍得抛弃十分娴熟的风格化传统建筑手法，用工业社会所提供的手段，专心致志地解决现代社会所需的新功能问题。

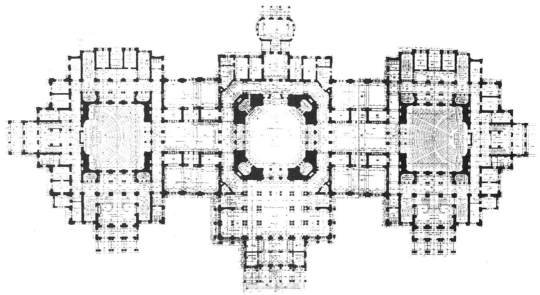

图 1-005　北京，资政院大厦，立面与平面，1910 年完成设计并开始施工，后因清廷覆灭而搁置；建筑师:[德] 罗克格（Curt Rothkegel）

图片引自 : 华纳著《德国建筑艺术在中国》

图 1-007　北京，清政府陆军部衙署，1907 年，细部；
建筑师 : 沈琪
图片引自 : 吴光祖主编《中国现代美术全集·建筑艺术·第一卷》

图 1-006　北京，清政府陆军部衙署，1907 年，建筑师 : 沈琪
图片引自 : 吴光祖主编《中国现代美术全集·建筑艺术·第一卷》

3. 社会思想及文化心理转变

19世纪末叶，西方现代文明在船舰、枪炮的助力下来华，加之中国社会长期的文化保守主义，对比较先进的现代事物持盲目排斥，如"闻铁路而心惊，睹电杆而泪下"之类，这种极端情绪化的狭隘民族主义，在1900年的义和团运动中达到顶点。

进入20世纪之后，随着门户逐步开放和西方文化的大举入侵，加上清政府自上而下政治变革的展开，中国的社会心理也开始发生变化。人们开始认同"洋货"质量之优越，"洋器"使用之便利，"洋房"居住之舒适，进而视当时的西方文化为"文明"和"时髦"。

20世纪初，刚登建筑设计舞台的中国建筑师，从模仿西洋古典建筑迈开近现代建筑的步伐，如孙支厦为设计江苏省咨议局，亲赴日本测绘东京议会大厦；沈琪设计的陆军部衙署主楼，以古典建筑壁柱和拱券划分立面，并填充传统砖雕装饰；第一代接受西方正规建筑教育的中国建筑师，如贝寿同、庄俊、沈理源等人，都是以西洋古典风格展开自己的设计生涯的。在中国近现代建筑发展的轨迹中，对西方建筑的接受，从古典主义到新艺术运动，再到装饰艺术风格和国际风格，成为支持中国建筑的强大支柱，这些与中国传统建筑的现代化改良一起，搭建起中国现代建筑史的广阔舞台。

（二）齐全输入建筑类型

进入20世纪之后，外来建筑的输入加快，第一次世界大战结束后至1920年代末，过去少见反映新功能的各种新建筑类型，都已大体齐备，一些重点建筑的设计和施工质量，达到了相当高的水准。

教堂建筑，是出现最早的建筑类型，进入20世纪后，不但数量大增，且式样齐全。哈尔滨1900年建成了圣尼古拉东正教教堂，1904年北京宣武门天主教堂即南堂改建完成；1910年上海徐家汇天主教堂建成；1916年天津西开天主教堂建成；1929年哈尔滨还建成一座具有伊斯兰风格的土耳其清真寺。此外上海、天津都有犹太教堂建成。可以看出，就教堂建筑本身的类型而言，也相当齐全。

办公建筑，是为列强在开埠城市和租借地的来华人员、机构新建或重建的许多行政管理机构和洋行。新建筑，已经不再是过去简单的殖民地外廊式，而是采用当时本土流行的种种建筑式样。1904年建造了天津德国领事馆；1905年建成青岛德国总督府；1912年建成奉天日本总领事馆；1919年兴建的上海工部局新楼，其规模之大、用料之考究以及设备之先进，都是上海之最，并预示了上海建筑黄金时期的到来。

列强攫取了中国关税自治的海关，开始在中国的几个大城市里建造海关大楼。1923年广州海关大楼建成；1924年汉口的江汉关大楼建成；上海江海关，几经兴建，现存建筑于1927年建成。

银行建筑，是新兴的建筑类型之一，早期建设的一些有实力的银行，进入20世纪后进行了翻建，并有一些新银行建筑陆续建成。银行以严整的构图和宏伟的古典建筑形象，显示资本

图 1-008　哈尔滨，圣尼古拉大教堂（东正教），1899 年
图片引自：哈尔滨建筑设计院资料照片

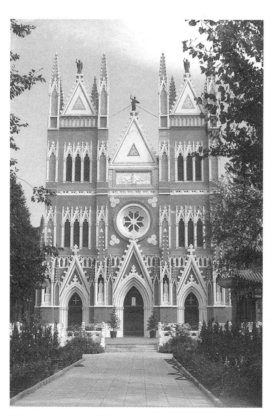

图 1-009　北京，西什库天主教堂（北堂），1888—1900 年

图 1-010　上海，徐家汇天主教堂，1910 年
图片引自：吴光祖主编《中国现代美术全集·建筑艺术·第一卷》

图 1-013　青岛，德国总督府，1905 年，建筑师：[德] Mahlke

图 1-011　天津，西开天主教堂（法国教堂），
1916 年

图 1-014　大连，达列涅市政府，1899—1905 年

图 1-012　青岛，福音教堂，1910 年，建筑师:[德]
罗克格

图 1-015　哈尔滨，松浦洋行，1909 年
图片引自：常怀生著《哈尔滨建筑艺术》

雄厚和安全可靠，银行建筑往往成为业主之间竞争的工具。如上海外滩英商汇丰银行，拆除旧建筑后于 1921 年新建成目前的古典主义式样，1920 年兴建汉口汇丰银行、1923 年建哈尔滨汇丰银行、1925 年建天津汇丰银行等。兴建的其他外资与合资银行，有华俄道胜银行、英商麦加利银行、法商东方汇理银行、日商横滨正金银行等。

交通建筑， 因列强在华兴修铁路，火车站应运而生，并建设了相应的管理机构和修理工厂。1902 年津浦铁路天津西火车站建成，1903 年建成旅顺火车站，1904 年哈尔滨中东铁路管理局办公楼和哈尔滨火车站建成；1907 年沪宁铁路上海站建成；1912 年津浦铁路济南火车站建成；1937 年，具有现代建筑特征的大连火车站建成。这些车站之中，较大的建筑，已是设施十分完善，例如津浦铁路济南火车站，设有钢筋混凝土天桥和站台。

图 1-016 天津，汇丰银行，1925 年，[英] 同和工程司设计

图 1-017 大连，横滨正金银行大连支行，1910 年，建筑师:[日] "满铁" 建筑课大田毅

图 1-018　天津西站，1902 年，设计：德国建筑师

图 1-019　旅顺火车站，1903 年，设计：俄国建筑师

图 1-020　哈尔滨，火车站，1904 年，建筑师：中东铁路技师基特维奇

图片引自：哈尔滨建筑设计院资料照片

图 1-021　济南，津浦铁路济南火车站，
1912 年，建筑师：[德]H. 菲舍尔

图 1-022　天津，北洋大学堂，1903 年
图片引自：《近代建筑图志》天津古籍出版社

　　学校建筑，应现代高等教育的发展而生。中国的现代高等教育起始于 1895 年的天津北洋大学堂，此后中国现代大学陆续兴办。教会办学的新建校舍规模日益扩大，并形成全新的建筑类型。1903 年天津的北洋大学堂主楼建成，1910 年成都的华西协和大学兴建，1917 年在济南的齐鲁大学建立，1916 年清华学堂一院大楼建成，1918 年北京大学红楼建成，1919 年南京的金陵大学北大楼建成，1920 年建燕京大学，1921 年建清华学校大礼堂，1926 年建天津工商学院，1930 年沈阳建东北大学，1931 年建武汉大学。其中教会大学的兴建者，设计中请外国建筑师采取"中国固有之形式"，这当中虽然有一定的文化策略，但在客观上进行了中外建筑文化交流，留下了一批颇具趣味的"中国式建筑"。

　　旅馆建筑和公寓建筑，也是 20 世纪外国在华经济开发的产物，国际和国内业务来往促使旅馆和公寓迅速发展。1913 年哈尔滨建成马迭尔饭店；1917 年北京东长安街上的北京饭店建成，是北京地区层数最高、设备最好的饭店；1929 年上海建成的沙逊大厦，是高水准设计和施工的

图 1-023　北京，清华学堂一院大楼，1916 年，建筑师：
[奥地利]E.S. 斐士（Fischer）（左）
图 1-024　北京，清华学校大礼堂，1921 年，[美] 茂
旦洋行（H.K.Murphy & Dana）（右上）
图 1-025　天津，工商学院，1926 年，建筑师：[法]
永和工程司慕乐（右下）

图 1-026　天津，利顺德大饭店，1895 年
图片引自：《近代天津图志》天津古籍出版社出版

图 1-027　上海，汇中饭店，1905 年，建筑师：[英] 玛礼逊洋行斯各特
图片引自：吴光祖主编《中国现代美术全集·建筑艺术·第一卷》

图 1-028　北京饭店，1917 年，建筑师：[国籍不详] 布劳沙德·莫平和宝伊
图片引自：吴光祖主编《中国现代美术全集·建筑艺术·第一卷》

饭店；上海 1934 年兴建的国际饭店，长期占据中国最高建筑的地位。新式的公寓有，1934 年兴建的上海百老汇大厦，是英商高级雇员设施齐全的公寓；1935 年的上海峻岭寄庐，也是此类高级公寓。旅馆和公寓建筑的大量出现，是现代社会生活的特征之一。

　　居住建筑，如小住宅等，不再是传统的"四合院"，已具有新类型和革新的意义。同时，小住宅作为府邸或别墅，也含有显示主人身份、表达品位的意愿，所以，有些住宅设计和施工达到了很高水准。如 1908 年的青岛德国总督官邸，反映出包括室内装修与陈设在内的豪华和精致；青岛"八大关"路一带的别墅，1924 年的上海嘉道理住宅，1936 年上海英商马勒住宅，都是环境优雅，居住舒适，造型亲切的这类住宅。

　　更多的人群，根据自己的经济状况选择租用或购置各种适宜的里弄住宅。里弄住宅最早出现在上海、天津、汉口、南京、济南、福州、青岛等地，各地随后有大量兴建。里弄住宅在很大程度上是开发商牟利的手段，所以布局紧凑乃至拥挤。其中上海的石库门里弄住宅和天津的院落式里弄住宅，分别代表了南北特点。里弄住宅的类型较多，有的脱胎于传统四合院

图 1-029 青岛，德国总督官邸，1908 年，屋顶可开启的四季厅

图 1-030 青岛，德国总督官邸，1908 年，建筑师：[德] 施特拉塞尔和马尔克

图 1-031 哈尔滨，中东铁路公司董事长公馆，1910 年
图片引自：常怀生著《哈尔滨建筑艺术》

图 1-032 上海，嘉道理住宅，1924，建筑师：[英]英格兰—布朗

图片引自：吴光祖主编《中国现代美术全集·建筑艺术·第一卷》

图 1-033 上海，渔阳里石库门里弄住宅

图 1-034 天津，安乐村里弄住宅

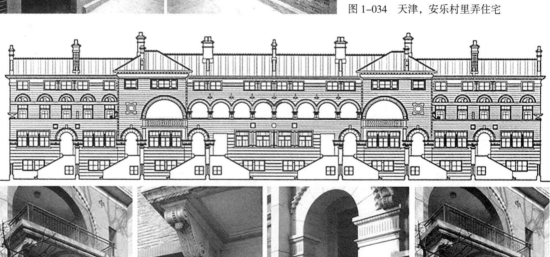

图 1-035 上海，陕南村花园式里弄
图片引自：罗小未主编《上海弄堂》

图 1-036 上海，爱多亚路永贵里
新式里弄住宅

图 1-037 济南，永庆里里弄住宅

（如石库门）有的受西方联排式住宅影响（如天津院落式里弄）。标准也很不一样，有些标准较低、密度很大，是下层人士的选择；标准较高的有新式里弄，多为2~3层，有小型的院落和绿化，室内空间有较为合理的功能划分。此外还有花园里弄和公寓式里弄等。

还有条件更差的居住大院，是十几户以至几十户聚居的2~3层外廊式楼房，围成大小不等的院子，院内集中设置自来水龙头、污水窖、厕所和仓棚等。

新的建筑类型还有许多，如1920年代至1930年代兴建的商业和娱乐建筑等，它们不但已经成为独立的建筑类型，而且不论在新功能和新造型上，都能反映现代建筑的设计和建造原则，如1925年建成的上海新新公司、1933年建成的上海永安公司、1931年建成的上海百乐门舞厅和1933年建成的上海大光明电影院等。

（三）外国建筑师及其文化策略

1. 外来的建筑师事务所

无疑，外国建筑师是这一引进过程中的主要媒介。上海的外国事务所比较集中，并承担其他城市的业务，由于许多事务所兼营房地产业务，故称为"洋行"。1900年之前，上海的外国建筑师不超过7位，1910年，上海开业的外国建筑师或合伙事务所已经14家。[①] 英国建筑师威尔逊（G. L. Wilson）1912年在上海建立公和洋行，美国建筑师哈沙德（Elliott Hazzard）经营哈沙德洋行，还有那些在19世纪成立的事务所，如马海（R. B. Moorhead）、阿金森和达拉斯（Atkinson and Dallas）。此外，也有一些十分有影响的顾问，如被南京国民政府聘请的美国建筑师墨菲（Henry K. Murphy）和匈牙利建筑师邬达克（L. E. Hudec），前者热心中国建筑文化，而后者显然是当时倡导国际风格的代表人物。比较重要的事务所列表如下：

上海外国建筑事务所举例 表1-1

设立年份（年）	事务所名称	建筑师	重要作品
1885	玛礼逊洋行	G. J. Morrison, F. M. Grantton（RIBA）	中国通商银行、汇中饭店
1896	新瑞和洋行（Messrs. Davies & Thomas Civil Engineers and Architects）	G. Davies, C. W. Thomas	上海德律风公司
1898	同和工程司（Atkinson & Dallas Architects and Civil Engineers Ltd.）	B. Atkinson, A. Dallas	大北电报公司大楼、新世界游乐场
1912	公和洋行（Palmer & Turner Architects and Surveyors）	G. L. Wilson	汇丰银行、海关大楼、沙逊大厦、中国银行
1913	德和洋行（Lester, Jonhson & Morris）	H. Lester, G.A.Jonhson, G.Morris, J.R.Maughan	先施公司、字林西报大楼、仁济医院
1925	邬达克事务所（此前在克利洋行）	L. E. Hudec	国际饭店、大光明电影院
	哈沙德洋行（Hazzard and Phillip）	E. Hazzard, E.S.J.Phillip	永安公司新大楼、金门饭店、西侨青年会

① 伍江. 上海百年建筑史 [M]. 上海：同济大学出版社，1997：95.

设立年份（年）	事务所名称	建筑师	重要作品
	赖安工程师事务所（即赉安公司）	A.Leonard，P.Veysseyre	万国储蓄会大楼
	倍高洋行（Becker & Baedeker）	H.Becker，C.Baedeker	德国总会
	马海洋行（Moorhead & Halse）	R.B.Moorhead，S.J.Halse	跑马总会新厦

2. 新古典主义风行

以柱式为基本特征的西洋古典建筑，具有独特的魅力：它那合乎内部结构逻辑的外部形式；从柔美到刚强的五种柱范；优美的比例、尺度和装饰；崇高、雄伟、庄重的内在气质等，感染着一代又一代的业主和建筑师。18 世纪中叶至 19 世纪，采用古代希腊和罗马严谨建筑形式的建筑，以古典复兴的名义，也就是新古典主义建筑，在欧美各国流行。1910—1920 年代，西方国家输入到中国的建筑形式，主要就是西方现代建筑之前所流行的这类建筑形式。随着现代建筑发展的进程，新古典主义又注入了新的内涵，如对复杂建筑装饰进行大大的简化，保留雄伟、庄重的建筑气质。

外国建筑师使用新古典主义建筑形式，是适应一些国家驻华机构、银行等单位，对建筑展现威严和显示实力的诉求。所谓新古典主义建筑，并无严格法式，主要以古希腊或罗马柱式为特征，带有一些古典建筑细部甚至巴洛克建筑的装饰。事实上，在很多情况下，难以与所谓折中主义严格区分。

上海总会，又称英国总会，系英侨俱乐部。是上海最早的钢筋混凝土结构建筑之一。立面横向明显地三段构图，底部为基座，设两对塔司干柱式；中部墙身设爱奥尼柱廊；两端突起设带有巴洛克风的凉亭。建筑内部有 3 部电梯，室内装修和陈设，设计完整、施工良好。

上海，汇丰银行上海分行，位于上海外滩，主体为钢筋混凝土结构，地上 5 层，并于底层上方设夹层。建筑中部高起，冠以钢结构穹顶，入口处有圆形门厅，内设拱形玻璃天花。严谨的古典主义法式设计和精良的施工，显示其雄厚的资本实力。

图 1-038 上海总会，1911 年，建筑师：[英] 马海洋行 H.Tarrant
图片引自：吴光祖主编《中国现代美术全集·建筑艺术·第一卷》

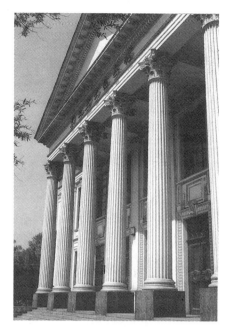

图 1-039 上海，汇丰银行上海分行，1923 年，[英] 公和洋行设计（左上）
图 1-040 天津，开滦矿务局办公楼，1921 年，建筑师：[英] 同和工程司 B.C.G.Burnet（左下）
图 1-041 哈尔滨，东省特区图书馆，1928 年，建筑师：[俄] 吉达诺夫（右上）
图片引自：常怀生著《哈尔滨建筑艺术》

天津，开滦矿务局大楼，主体沿街横向展开，严谨对称，有比例得当的爱奥尼柱廊，建筑雄浑凝重。室内中央大厅贯通 3 层，大厅回廊之爱奥尼柱式，柱头由紫铜板制成，卷涡线条精致优美。大厅顶部设双层玻璃采光顶，内层为拱形，镶嵌彩色玻璃。拱下墙壁上绘有以煤矿开采和轮船运输为题材的壁画。

哈尔滨，东省特区图书馆，建筑平面简洁，立面采用古希腊科林斯柱式。窗户和阳台等细部，显示一些活泼的因素。

天津，法国租界公议局，是富于巴洛克装饰风格的古典复兴式建筑，柱式做法较为自由，气度雍容。柱头对角卷涡，柱身下部 1/3 做凹槽，上部光面，为天津租界建筑之孤例。室内装修华丽，与外观设计相呼应。

长春，伪满中央银行，按照西洋古典建筑法式设计的建筑，用类似帕提农神庙的希腊多立克柱式，以图崇高而威严，借以显示建筑的稳定与永恒。

图 1-042 天津，法国租界公议局，
1931 年，建筑师：[法]（仪品地产
公司工程部）门德尔松

图 1-043 天津，法国租界公议局，
1931 年，门厅

图 1-044 长春，伪满中央银行，
1938 年，建筑师：[日] 西村好时事
务所设计

3. 折中主义与新古典主义并行

折中主义又称"集仿主义"，事实上，折中主义与新古典主义建筑很难区分，因为西洋古典建筑的柱式等部件，经常成为集仿形式所采取的要素。折中主义建筑在创作中，把多样的建筑要素集合在一个建筑上，各要素之间的关系不拘法度，表现出更多的冲突，因而备受微词。正因如此，建筑也就表现出许多新意。折中主义建筑的主要面貌，已经与传统古典建筑拉开了距离，不论中国还是外国建筑师的作品，建筑中都包含着探新的因素。

上海，江海关大楼，位于福州路外滩，钢结构，大楼前部高8层，后部5层，顶部冠以3层的四面钟楼。由于这座建筑比较高，且有钟楼，故形成多种形式的集仿。如首层的门廊为五开间，设计为典型的希腊多立克柱式，檐壁上有希腊三垄板装饰。顶部的钟楼具有装饰艺术（Art Deco）特点。墙身的七层部位设大挑檐，挑檐以下，成古典建筑的比例，但细部大大地简化了。

天津，劝业场大楼，钢筋混凝土框架结构，主体5层，转角局部7层，平面长方形，内天井式4层通高中庭以通风采光，并环以回廊，有天桥连通。屋顶层设"天外天"游乐场，具有综合性现代商业娱乐建筑的功能。沿街立面各种细部混用，造型丰富，充分显示了商业建筑中高水准的折中形式。

哈尔滨，清真寺礼拜堂，作为伊斯兰教的清真寺，却具有明显的集仿主义特征，入口门廊有类似西洋古典建筑的柱式和比例，而建筑的装饰和纹样，有明显的装饰艺术风格。

图 1-045　上海，江海关，1927年，[英]公和洋行设计
图片引自：吴光祖主编《中国现代美术全集·建筑艺术1》

图 1-046　天津，劝业场大楼，1928年，建筑师：
[法]永和工程司慕乐（Hunke & Muller）

图 1-047　哈尔滨，清真寺礼拜堂，1935 年
图片引自：哈尔滨市建筑设计院资料照片

4. 外来建筑师的文化策略

（1）中国式建筑

在中国现代建筑发展前期，传统的"中国固有之形式"注定要成为与西洋古典建筑形式并行发展的建筑形式。不但中国建筑师守护中国传统建筑形式，外来建筑师甚至采用得更早、更自觉。列强为了在中国落地生根，建筑形象必须采取让中国百姓感到亲切，就像传教士穿中式服装、取中国名字一样，这是经验所得，更是文化策略。

外国建筑师对中国传统建筑的处理，都不是严格恪守法式的，使用新型建筑材料和结构技术，势必要对传统形式有所革新，因而可以说是旧形式在新条件之下的探新。

与炫耀西方文明和力量的西洋古典建筑不同，西方建筑师率先在中国土地上兴建了一批"中国式建筑"，这是一种融入中国的文化策略。主要在外来教会兴办的学校、医院甚至教堂等建筑之中。这些建筑以中国的宫殿、庙宇或住宅为蓝本，在组合中发挥中国建筑要素，以期得到中国人对西方宗教和文化的认同。不过，外国建筑师的这类做法，也引起了许多中国建筑师的非议。

外国教会较早在中国开设的高等学校，如 1905 年的上海圣约翰大学、1906 年的北京协和医学堂、1910 年的成都华西协和大学、1911 年的南京金陵大学、1913 年武汉大学的前身武昌高等师范学校、1916 年的广州岭南大学、1917 年的济南齐鲁大学、1919 年北京的燕京大学等，在规划上采取了新的格局，而单体建筑独具匠心。

北京，南沟沿救主教堂，由中华圣公会华北教区总堂主教史嘉乐（Charles Perry Scott，1847—1929）主持建造。教堂主体空间仍为巴西利卡式的长方形，但做成中国式的屋顶及硬山山墙，两个较小的长方硬山建筑，各与主体呈十字交叉，在两个交叉点上，分别设两个八角形亭子，一个做钟楼另个为天窗，礼拜堂部分则设高侧窗。教堂入口位于山墙，外墙全部采用青砖，筒瓦屋顶，为地方材料。

这座教堂，把中国传统民居屋顶用到西方传统教堂的巴西利卡上，虽然外观"中国化"了，但基督教礼仪与中国传统建筑形制之间的内在矛盾却难以解决。教堂建筑难以形成较为公认的"中国形式"。

成都，华西协和大学，1905 年始建，此后陆续兴建，直到 1949 年。共建成各类校舍 39 栋。这是一座美、英和加拿大的教会联合创办的学校，由英国建筑师弗烈特·荣杜易指导，前后有中外许多建筑师参加设计。其中许多主要建筑采取中国建筑形式，各种要素自由组合，形成活泼的建筑形象，也是中西建筑文化交流的早期成果。

北京，协和医学院，为 2~3 层，局部 4 层。墙身为北京地区的灰色清水砖墙磨砖对缝，上覆绿色琉璃瓦庑殿顶，底层作台基，围以汉白玉望柱栏杆。当中的入口作歇山顶抱厦门廊，大红柱身，梁枋彩绘。这是一种把现代功能与中国传统结合的探索实例。

武汉大学校舍，武汉大学学生斋舍和图书馆巧妙地利用了一个山头及坡地地形，下部设置天井式的学生宿舍，在宿舍屋顶平台的标高上设图书馆。屋顶平台可以晾衣、活动以及远眺校景，同时又是图书馆的广场，整体构思精巧。主体建筑图书馆，覆盖八角形歇山顶，两端部亦为歇山，设蓝色琉璃瓦。

图 1-048　北京,南沟沿救主教堂,
1907 年

图 1-049　成都, 华西协和大学,
校舍之一

图 1-050　成都，华西协和大学，校舍之二

图 1-051　北京，协和医学院，1921 年，建筑师：[美] 夏特克 – 何士建筑师事务所

图 1-052　武汉大学，学生斋舍，1933 年，建筑师：[美] 开尔斯

武汉大学工学院主体建筑，有一个5层高的中庭，上部设重檐四方攒尖的玻璃采光屋顶，几乎是在用玻璃做大屋顶，构思大胆，国内仅见。

武汉大学体育馆，结合地形，在大跨度的弧形屋面上，模仿传统歇山屋顶，正脊两侧沿弧形屋面做三层跌落的侧窗，利于采光，解决功能问题又丰富了建筑造型，可谓别出心裁。

北京，燕京大学办公楼，为2层钢筋混凝土结构，主体为歇山顶，副体为庑殿顶，主体建筑由柱枋穿插，红柱彩绘，入口做垂花门。北京地区的中国式建筑，其建筑形象更多接近法式，因而建筑形象也就不及南方或远离北京地区的建筑来得活泼。

中外建筑师以不同的目的，从不同的角度，用不同的方法探索了中国古典建筑在现代条件下的继承和发展。但是，他们遇到了相同的问题，这就是现代建筑功能、体量、结构与来自木结构旧形式之间的矛盾。这种矛盾，有时使功能受到明显的损害，在经济上也大大地失算，表现出中国传统建筑的局限。无论如何，这次中国古典建筑复兴，还是取得了巨大的成就，毕竟

图1-053　武汉大学，图书馆，1933年，建筑师：[美]开尔斯

图1-054　武汉大学，工学院主楼，1934年，建筑师：[美]开尔斯

图1-055　武汉大学，工学院主楼，1934年，中庭玻璃顶

图 1-056　武汉大学，体育馆，1934 年，建筑师：[美] 开尔斯和列文思佩
图片引自:吴光祖主编《中国现代美术全集·建筑艺术 1》

图 1-057　北京，燕京大学办公楼，1927 年，建筑师：[美] 墨菲

完成了许多壮丽乃至有趣的建筑，成就了一个时期的宝贵建筑文化遗产。

（2）日本占领者的伪满建筑

在伪满洲国时期，中国东北的长春（即伪满的所谓"盛京"），有一种十分典型的折中主义建筑形式，这就是日本军国主义占领东北扶持伪满政权的所谓"兴亚式"建筑。这类建筑，以伪满政权的"八大部"为代表，其基本特征是，把西洋古典建筑、日本"帝冠式"屋顶和中国的要素如牌坊等组合在一起，呈现出典型集仿特点。

长春伪满国务院，钢筋混凝土结构，由竖向的主体和横向的两翼组成，主体的中部突起塔楼，入口门廊高达 3 层，由 4 根类似多立克的西洋巨柱式组成，塔楼为方形，上部覆盖重檐棕色琉璃瓦顶。

长春伪满最高法院最高检察院，位于新民广场东侧，钢筋混凝土结构，建筑的入口有 5 层高的塔楼，塔楼的顶部覆盖类似无梁殿的重檐紫红色琉璃瓦攒尖屋顶。塔楼转角有圆形转折，似城堡的体量感，体量组合多变。其他建筑构图大体类似，但形象颇多变化。

图 1-058　长春，伪满国务院，1936 年，建筑师：[日]石井达郎

图 1-059　长春，伪满高等法院检察院，1936 年，建筑师：[日] 牧野正己
图片引自：吴光祖主编《中国现代美术全集·建筑艺术 1》

图 1-060　长春，伪满司法部，1935 年，建筑师：[日]相贺兼介

图 1-061　长春，伪满交通部

图 1-062　长春，伪满经济部

图 1-063　长春，伪满军事部

（3）外来地域性建筑

在外来的建筑文化中，有一类丰富的来自民间的地域性建筑形式，这类建筑形式受本土不同地域的不同自然条件的影响，在民间能工巧匠的手下，产生一些具有不同风情的建筑。各国地域建筑，与新古典或新哥特之类的风格有明显不同，完全脱离法式拘束的民间建筑，更活泼、更有生气。来自英国、德国、俄国或日本的地域风格，主要反映具有异国风貌的居住风格。

青岛火车站，是胶济铁路的起点站，尽端式，砖木钢混合结构。主体站房为售票厅和候车室，南连高耸的钟楼，北接一层的办公室。屋顶为棕色琉璃瓦，墙面浅黄。勒脚、钟楼的下部、门窗洞口等适当的部位，镶嵌了花岗石，富于德国地方建筑气息。

图 1-064 青岛火车站，1904 年，建筑师：[德] 路易斯·魏尔勒

图 1-065 青岛韶关路 26 号小住宅，约 1930 年代

图 1-066 青岛居庸关路 10 号小住宅，约 1930 年代

图 1-067 青岛八大关路西班牙风格小住宅

八大关路一带的小住宅，位于带"关"字地名的八条道路一带，地势多变，海景丰富，有优美的环境。住宅风格变化多端，设计自由，风格多样如英式、德式、西班牙式等。

济南，德华银行，平面按使用要求非对称布局，立面基本对称，在街道的转角处设立装饰性尖塔，以满足城市景观的要求。细部处理用石材点缀，建筑与德国居住风格相近。

天津乡谊俱乐部，是一组具有浓厚英式田园情趣的俱乐部建筑，其售票处为两层小屋，红陶瓦顶，坡度陡峭，采用典型的英式半木结构（half timber），木构件露明，白色粉墙与赭色构架形成强烈对比。主体建筑立面采用简化的券柱手法，墙身以清水红砖墙为主，檐口饰以水平线脚，简洁洗练。屋顶为圆形彩色玻璃穹顶，厅内光线均匀柔和。各游乐室内大多为露明屋架形式，尤以舞厅形象最为突出，充分展示结构之装饰美，舞厅地面为细木弹簧地板，令舞步舒适。整体建筑掩映于庭院绿化之间。

殖民地式（Colonial Style）建筑，也应是地域建筑的一种，是英国等欧洲国家的建筑传入印度、东南亚之后，为适应当地的气候，逐渐形成的券廊式建筑形式。外国建筑输入中国的早期，

图 1-068 济南，德华银行，1908 年，建筑师：贝克、倍迪克

图 1-069 天津乡谊俱乐部，1925 年，建筑师：[英]景明工程司赫明（Hemming）和帕尔克因（Parkin）、[瑞士]乐利工程司

图 1-070　天津乡谊俱乐部，1925 年，舞厅室内

大多使用这种形式。如上海早期苏州河畔建筑、天津利顺德大饭店、武汉早期英租界、厦门早期鼓浪屿建筑，以及香港、澳门和台湾高雄等地的一些早期入侵者的建筑。

（四）从装饰主义到新建筑

外国建筑师的建筑作品，除了"新古典主义"和"中国式"等建筑风格之外，也有一些追求时尚的意趣。起初虽然是一种时尚，在渐进的过程中，不失时机地将这种现代建筑萌芽引入中国。外国建筑师将现代建筑初期的装饰主义风格引入中国，并非有意在中国建立先进的现代建筑体系，却无意成就了中国现代建筑的开端。

1. 新艺术运动建筑

哈尔滨是新艺术运动建筑建成实例最早而且分布比较集中的城市，沙俄在开发哈尔滨的时候，建筑师几乎与欧洲同步，把新艺术运动建筑引入中国，一直持续到 1920 年代。

哈尔滨，中东铁路局官员住宅，建筑体量丰富，主体凸起部分有一个轻快的挑檐，檐下开带曲线的大窗，挑檐似乎浮在窗上。檐下仿金属的木制装饰构件、烟囱的形状、墙身自由的开洞，形成轻快活泼的构图。

哈尔滨，中东铁路管理局，以 6 个单元组成建筑群，单元之间用过街楼连接，形成左右两个内院。建筑为钢筋混凝土与砖混结构。墙体表面为不规则绿色橄榄石磨光对缝砌成，有活跃的肌理，市民俗称"大石头房子"。勒脚、入口门廊、墙角的隅石则为规则的石块，对不规则的石块加以限定，使墙面肌理变中见整。檐部、屋顶、阳台等部位的装饰处理，表现出明显的新艺术装饰特征。

哈尔滨，马迭尔饭店，是 20 世纪初哈尔滨最豪华的大型饭店。建筑地上 3 层，地下 1 层，混合结构。建筑沿街作周边式布局，建筑檐部为高低起伏的装饰性女儿墙，外轮廓以及线脚曲线流畅又富于变化，建筑糅合了多种风格，上层窗户为富有弹性的弧形曲线，阳台的栏杆也是植物母题的曲线，明显的新艺术装饰。

图1-071 哈尔滨，中东铁路局官员住宅，
1900年
图片引自：常怀生著《哈尔滨建筑艺术》

图1-072 哈尔滨，中东铁路管理局，1902—1906年，建筑师：[俄]德里
索夫
图片提供：哈尔滨工业大学建筑学院刘松茯

图1-073 哈尔滨，中东铁路管理局，1902—
1906年，细部，建筑师：[俄]德里索夫（左）
图片引自：吴光祖主编《中国现代美术全集·建
筑艺术1》
图1-074 哈尔滨，马迭尔饭店，1913年
（右）

图1-075 哈尔滨，马迭尔饭店，1913年，
门厅

青岛，亨利亲王大街商业建筑，青岛也较早引入了新艺术的装饰，即德国占据时期的所谓"青年风格"，如亨利亲王大街的商业建筑（今广西路，红房子餐厅）。建筑外墙主要红砖砌筑，有砖券砌成丰富的曲线窗户，曲线在立面上相互呼应，形成活跃的界面。日据时期受维也纳分离派影响的中学校主楼（1920年，建筑师三上贞）等也是明显实例。

　　津浦铁路济南火车站，没有当时大型公共建筑的古典气息，体量构图丰富活泼，也是体现德国建筑艺术新倾向的实例。车站建筑由售票大厅、钟塔和附属建筑组成，高耸的钟塔，是车站的构图中心，亦为车站功能所需，塔顶流畅的曲线线脚和塔身的自由开窗，是明显的德国"青年风格"。这座具有独特建筑艺术性的历史性交通建筑，在1992年的车站建设热潮中被拆除。

图 1-076　青岛，亨利亲王大街商业建筑，1908 年，细部

图 1-077　济南，津浦铁路济南火车站，1908—1912 年，建筑师：[德] 菲舍尔（Hermann Fischer）

2. 装饰艺术建筑

"装饰艺术"（Art Deco）也称"现代风格"①，得名于 1925 年巴黎的国际现代工业装饰艺术博览会（Exposition Internationale des Arts Decoratifs et Industriels Modernes）。装饰艺术的"装饰"，与"新艺术"的"装饰"虽然有着传承关系，但工业设计或时尚设计更加靠近机器美学。装饰艺术把"新艺术"装饰的"有机型的"（Organic）造型，升华为更为简洁的"流线型"（Streamlined）和"几何型"（Geometric）造型。装饰艺术在建筑设计和室内装修方面的流行，把欧洲建筑领到了真正意义的现代建筑的路口，很快发展成为世界性的艺术时尚，并在美国达到它的高峰。装饰艺术建筑是在简洁体形的简洁背景上，作几何图案的浮雕装饰，基本体形与现代建筑之间已经相差无多。装饰艺术建筑及时地来到中国，留下许多重要建筑实例。

上海，新新公司，位于上海南京路，是南京路四大百货公司之一。沿街底层设有骑楼空廊，建筑外观处理十分简单，只有六层挑出的檐部以及窗坎墙略有简单装饰，具有装饰艺术的特征。

上海，沙逊大厦，位于外滩，是英籍犹太商人维克多·沙逊所经营的沙逊洋行和华懋饭店所在地。建筑前端带塔楼 13 层，高 77 米，钢框架结构。顶部有高 19 米的紫红脊墨绿铜皮金字塔式屋顶。墙体处理简单，腰线和檐部有浮雕花饰。内部设有中国式、英国式、美国式、法国式、德国式、意大利式、西班牙式、印度式和日本式等不同装饰风格的客房。整体设计和施工，达到当时的国际先进水准，是具有装饰艺术风格的现代高层建筑。

图 1-078　上海，新新公司，1925 年，设计：鸿达洋行
图片引自：吴光祖主编《中国现代美术全集·建筑艺术 1》

图 1-079　上海，沙逊大厦，1929 年，设计：[英] 公和洋行
图片引自：吴光祖主编《中国现代美术全集·建筑艺术 1》

---

① 参见"装饰派艺术"条：中美联合编审委员会.简明不列颠百科全书·第 9 卷 [M]. 北京：中国大百科全书出版社，1985：549.

图 1-080　上海，沙逊大厦，1929 年，印度式客房
图片引自：吴光祖主编《中国现代美术全集·建筑艺术 1》

上海，西侨青年会， 位于上海南京西路，9 层，局部 10 层，钢筋混凝土结构，有比较完备的体育设施。自四层起，正面中部凹进形成天井。底层当中有 3 个方形门洞，二、三两层为 3 个通高的半圆拱券，以突出入口。墙面用深色的面砖镶成菱形图案，富于装饰效果，窗裙和窗楣均有十分精致的砖工，具有装饰艺术的特征。

上海，大光明电影院， 是全新的现代观演建筑类型。由于设备齐全、视听条件舒适以及新颖的建筑形式，当时号称"远东第一影院"。受地段的限制，平面不对称布局，观众厅大约 1700 座位。建筑的立面已经与传统无关，运用纵横交织的板片形成韵律，从装饰艺术向典型现代建筑过渡。

图 1-081　上海，西侨青年会，1932 年，设计：[美]沙哈德洋行
图片引自：吴光祖主编《中国现代美术全集·建筑艺术 1》

图 1-082　上海，大光明电影院，1933 年，建筑师：[匈]邬达克

3. 现代建筑渐行

　　1920 年代，经典现代建筑就在积蓄能量，以 1932 年纽约现代艺术博物馆（Museum of Modern Art，即 MoMA，New York）举行的"现代建筑：国际风格展览"和包豪斯的持续工作为契机，现代建筑的原则和实践确立。以国际风格为代表的经典现代建筑，超越了装饰艺术，真正地走向新建筑。

　　上海是一个敏于接受新事物的城市，早先从事新古典主义和集仿建筑风格设计的许多洋行，如英商公和洋行、德和洋行、美商沙哈德洋行等，在新潮流的影响下，纷纷转向装饰艺术和新建筑。一些本来就具有不同程度新潮思想的外国建筑师，如匈牙利建筑师邬达克和鸿达、法商赉安洋行等，也建造了一批早期现代建筑。

　　上海，永安公司新厦，因受地形限制，平面呈三角形，钢框架结构，面向南京路的北面入口处为 22 层，向后跌落至 13 层、8 层。6 层以上有电影院、茶园和游乐场等，7 层为七重天酒楼，有典型的现代商业建筑功能和结构。

　　上海，百老汇大厦，为 21 层的高层公寓，地下 1 层，全高 76.7 米，钢框架结构。地下室设锅炉房，十九至二十一层为设备层，北面设有 4 层车库，可停车 80 辆，从功能和设备上看，已经是严格意义上的现代高层建筑。建筑的体形自体量中心向四角跌落，墙身简洁，顶部略有线条装饰。

图 1-083　上海，永安公司新厦，1933 年，设计：[美]　　图 1-084　上海，百老汇大厦，1934 年，设计：[英] 业广地产
沙哈德洋行　　　　　　　　　　　　　　　　　　　　公司建筑部

图片引自：吴光祖主编《中国现代美术全集·建筑艺术 1》

上海，**国际饭店，**又名"四行储会大楼"，中国民族资本的四家银行储蓄会所建。建筑 22 层，地下室 2 层，钢框架结构，地面以上总高 83.8 米，长期保持国内最高建筑的记录。建筑的功能也反映出现代商务活动的特点，如集办公、公寓或客房、餐饮、娱乐为一体，15 层设屋顶花园等。建筑的外观作竖直线条处理，深色基调，上部逐渐内收，挺拔有力，是典型的早期现代建筑。

上海，**峻岭寄庐，**为高级公寓，钢框架结构，中部 19 层，两翼 16 层、13 层跌落。外形简洁，外墙贴棕色面砖，作垂直线条处理，突出中部，顶部有简单的纹饰处理。建筑在功能和结构方面都是具有现代特征的高层公寓。

上海，**哈同路吴宅，**为 4 层平屋顶现代花园式住宅，钢筋混凝土结构，东侧有圆形日光室，西侧有舒展的平台，弧形的大台基直接通到二层平台。已是典型的现代住宅。

天津，**渤海商业大楼，**钢筋混凝土框架结构，主体 8 层，局部 10 层，建筑的立面竖向构图，凸凹变化，深色表面与白色线条对比鲜明，有雕塑感，为天津早期现代高层建筑的重要实例。

天津，**利华大楼，**钢筋混凝土框架结构，楼板和屋顶大部分为现浇钢筋混凝土密肋板，小部分现浇梁板。基础为预制钢筋混凝土方桩，现浇钢筋混凝土地梁。地上 9 层，地下 1 层。这

图 1-085　上海，国际饭店，1934 年，建筑师：[匈] 邬达克（左）

图 1-086　上海，峻岭寄庐，1935 年，设计：[英] 公和洋行（右）

图片引自：吴光祖主编《中国现代美术全集·建筑艺术·第一卷》

图 1-087　上海，哈同路吴宅，1937 年，建筑师：[匈] 邬达克

图 1-088　天津，渤海商业大楼，1936 年，建筑师：[法]永和工程司慕乐（左）

图 1-089　天津，利华大楼，1938 年，建筑师：[法]永和工程司慕乐设计（右）

图 1-090　天津，香港大楼，1937 年，建筑师：[奥地利]盖苓

是一幢办公兼住宅的高级公寓式大楼，美国领事馆曾设在这里。主楼立面贴棕褐色麻面砖，门窗多为大片玻璃的钢门窗，在东南、西南转角部分，二层以上均做成圆弧形通高大玻璃窗。立面虚实对比强烈，材料质感丰富。非对称体量，顶部进退错落，是同时代比较突出的高层建筑。

　　天津，香港大楼，位于马场道与睦南道交口，高级公寓式住宅。平面呈"L"形单元式，一梯两户，每套住宅有独立的生活和服务空间，设备齐全，反映现代生活方式。立面处理显示现代结构和材料性能，其东、南两面外墙从二层开始向外挑出 2 米，直至屋顶，既作为封闭暖廊，又给自由立面提供了条件。大挑台产生的阴影效果丰富了立面造型，圆窗、方窗、角窗的交替生动运用，已是典型的现代建筑。

　　天津中国大戏院，剧场的跨度为 24.9 米，钢屋架，有防火设备，舞台区设有三道天桥，演出设施完善。观众厅平面合理，坐席舒适、视线良好，疏散方便。观众厅的体形和侧墙以及天花板的曲线，合乎声学科学原理，剧场各个角落都有良好的声学效果。立面朴素、简洁，局部加简单的装饰，突出入口。投入使用后，在视听方面得到演员和观众的好评。

图 1-091　天津，中国大戏院，1930 年，设计：[瑞士] 乐利工程司

图 1-092　大连火车站，全景，1934—1937 年，建筑师：[日]"满铁"地方部工事科太田宗太郎等

　　大连火车站，坐北朝南，迎对低洼广场，由建筑两端伸出弧形大坡道，成功地将处于不同标高的建筑与广场结合起来，进出极为方便。地上两层（二层设夹层），地下 1 层。设计最高聚集人数为 2000 人。立面对称，水平的大挑台将立面划分为上下两部，下面形成退后的通敞柱廊，上部主体开着 11 对竖向大条窗，低下来的两翼恰作过渡陪衬。建筑造型极为简洁、大度，富于现代感，是 1930 年代中国有影响的现代建筑之一。

　　大连，三越株式会社大连支店，位于 1930 年代大连开始建设的商业中心，是大型的现代商业建筑。地上 5 层，地下 1 层，体量不对称。建筑的一侧高高竖起方形塔楼，路口削角以适应交通。墙面平整，开洞简单，檐部和转角有简化了的装饰，已有鲜明的现代建筑特征。

　　青岛，东海饭店，位于青岛美丽的海角的小丘旁，成功结合青岛沿海风景。建筑中的每一个客房，都有良好的海上景观，满足客人观景和城市景观双向要求。建筑体量在简洁中寻求变化，阳台起着重要的作用。

图 1-093　大连火车站，1934—
1937 年，室内

图 1-094　大连，三越株式会社
大连支店，1937 年，设计：[日]
西村大冢联络事务所

图 1-095　青岛，东海饭店，1936
年，建筑师：上海新瑞和洋行

图 1-096 青岛，东海饭店，1936 年，与海及海岸的环境

图 1-097 青岛东海饭店旁边立起的新建筑与之对照

二、主动发展，现代建筑弱势起步

（一）中国现代建筑师登上建筑舞台

1. 奠基开来之第一代

中国大地上出现自己的建筑师，是引入西方建筑制度体系的核心标志，他们是奠基开来的第一代，近现代建筑史的首页主要由他们书写。

（1）中国现代建筑教育之创办

中国古代建筑的建造者，是集设计、施工与估价于一身的工匠，建筑师是现代教育的产物。中国现代建筑教育自 20 世纪初萌芽，把传统建筑业工匠师徒薪火相传的模式，发展为培养现代知识分子建筑师的建筑教育。

1902 年，清政府公布了中国教育史上第一个正式学制——《壬寅学制》，其中《钦定学堂章程》，列入了土木工学和建筑学科目，并引进了日本教程。1903 年，颁布的《癸卯学制》，将建筑学列于其中。继 1903 年天津北洋大学堂正式成立土木工程科之后，1907 年山西大学堂、1910 年京师大学堂陆续设立了土木科，这年，全国已经有 12 所有土木科的高等学校。值得注意的是，1899 年赴日本留学的张锳绪 1902 年毕业归国后，先后任新式学堂教习、商部主事，于 1910 年由商务印书馆出版了《建筑新法》一书。该书介绍了大量中国传统建筑中所没有的建筑科学原理[①]，成为早期建筑教育的教材。

建筑教育则是从中等建筑教育起步，1906 年（江）苏省铁路学堂开设建筑班，1910 年农工商部高等实业学堂开设建筑课程，由张锳绪任教授。[②]1912 年中华民国政府教育部颁布《大学规程》，继续开列土木工学和建筑学，并沿用《学堂章程》的课表。1923 年，由留日归国的柳士英（1893—1973 年）、刘敦桢等人在苏州工业专门学校筹建建筑科，当年招生。建筑科虽然从中等教育起步，但它为中国高等建筑教育奠定了基础。1927 年 6 月，苏州工业专门学校建筑科并入南京第四中山大学（1928 年 5 月改名"中央大学"），成立建筑系，刘福泰任系主任，刘敦桢、贝季眉、卢树森、谭垣、鲍鼎、张镛森等任教师。

1928 年，梁思成和林徽因在东北大学工学院设立建筑系，陈植、童寯、蔡方荫先后到校任教。1928 年，北平大学艺术学院设立建筑系，汪申为系主任，沈理源等任教，这是中国艺术院校培养建筑艺术人才的开端。1931 年，广东省成立工业专门学校筹办建筑工程系，次年以广东工学院名义招生，林克明为系主任，过元熙等任教。该校 1933 年改名"勷勤大学"，1938 年后并入中山大学。1934 年，上海沪江大学建筑系招生，该系起初由庄俊等人与沪江大学商学院商议，交由陈植策划，并与黄家骅、哈雄文、王华彬等人制定教学计划。此三人先后担任系主任，1939 年起伍子昂任系主任，直到 1946 年停办，培养出像林乐义、陈登鳌、张志模等这样的优秀建筑师。天津耶稣会在 1921 年创办的天津工商学院（1949 年改名"津沽大学"），于 1937 年设建筑系，陈炎仲、沈理源为第一和第二任系主任，P. 慕乐（P. Muller）、闫子亨、张镈等任教[③]；1937 年，重庆大学土木系增设建筑学专业，1940 年扩大为建筑系，黄家骅为系主任，龙庆忠、夏昌世等任教。1938 年秋，由陈植创办迁入上海的之江大学建筑系，于 1940 年正式成立，1941 年起王华彬任系主任。之江大学内迁后，该系仍留上海授课，陈植、王华彬、伍子昂、罗邦杰、陈裕华、颜文梁等人均在此任教。1945 年抗日战争胜利以后，又聘黄家骅、汪定曾、陈从周、张充仁、吴一清等任教。1942 年，上海圣约翰大学设立建筑系，系主任黄作燊。黄毕业于伦敦建筑学院，1937 年追随并师从 W. 格罗皮乌斯至美国哈佛大学研究生院，成为格罗皮乌斯的第一位中国学生。圣约翰大学在 1940 年代将包豪斯的现代建筑教育体系引入中国，成为倡导现代建筑的一股中坚力量。1946 年，梁思成创立清华大学建筑系，林徽因、刘致平、莫宗江、吴良镛等任教。

① 汪茂林. 中国走向近代化的里程碑 [M]. 重庆：重庆出版社，1993：459–460.
② 徐苏斌. 中国近代建筑教育的起始和苏州工专建筑科 [J]. 南方建筑，1994（3）：15–18.
③ 参见：顾放，沈振森. 中国第一代建筑教育家沈理源 // 天津大学建筑学院院史 [M]. 天津：天津大学出版社，2008.

以上这些学校的建筑系，大体上经过了抗战爆发之后的内迁和 1952 年的院系调整这两个重大变革，成为今天中国建筑教育的基石。中国的建筑教育，崇尚教学和设计实践相结合，许多教师在事务所执业，同时在学校教书。学校的学生，一边在学校学习，一边在事务所实习，二者结合，恰是比较理想的建筑教育模式，为新中国培养了许多优秀的建筑设计和教学的人才。

（2）中国建筑师登上建筑舞台

接受西方正规建筑教育的第一代建筑师登上历史舞台之前，中国已经出现了许多建筑师，可考的如孙支厦、沈祺等，其中，孙支厦 1909 年于通州师范工科毕业后，得到立宪派政治家和实业家张謇举荐，担任江苏省咨议局设计和施工负责人，1910 年代在南通主持过大量建筑项目。最早的开业建筑师周惠南（1872—1931），开业前曾在上海最大的房地产公司英商业广地产公司供职，1917 年的上海大世界，即由周惠南打样间设计。

中国学子赴欧、美和日本留学，大体始于 1909 年美国提出退还庚子赔款余额用于中国留学生培养，1910 年前后出现了建筑学专业的留学生，知名的有庄俊、贝寿同、沈理源等。1910 年代开始，已有建筑学专业留学生回国执业，他们构成了中国第一代建筑师的主体。

中国第一代建筑师登上历史舞台，就表现出很高的素养、娴熟的技能和爱国情操。许多建筑师在留学时期即已崭露头角，显示出优异的才能。如杨廷宝于 1924 年在美国留学期间获城市艺术协会设计竞赛（Municipal Art Society Prize Competition）一等奖和艾默生奖设计竞赛（Emerson Prize Competition）一等奖；童寯留美期间曾于 1927—1928 年间分别获得全美大学生建筑设计竞赛一等奖和二等奖；陈植于 1927 年获得美国柯浦纪念设计竞赛（The Walter Cope Memorial Prize）一等奖；王华彬留美期间也曾获得郝克尔建筑一等奖。这一批高素质的留学生，学成之后大都归国，从事建筑设计或建筑教育，成为奠定中国现代建筑、开辟未来新中国时期的建筑先贤。

这里以 1949 年毕业划线，划分建筑师的第一代和第二代[1]，列出 1949 年以前毕业的部分建筑师的概况。其中毕业早的，在 1949 年前就完成了他们的业绩；毕业晚的，大体上服务于 1949 年之后，与新中国培养的建筑师一道，成为建筑设计和建筑教育的中坚力量。当然，这是一个有待完善的列表，容在以后的研究中不断改正。

（3）成立建筑事务所、社团和创办期刊

归国之建筑学子开设自己的建筑师事务所，吕彦直可能是第一位。1918 年吕毕业于美国康奈尔大学建筑系，1919 年回国。先入上海美国建筑师墨菲（H.K.Murphy，1877—1954）的事务所，后与过养默、黄锡霖合组上海东南建筑公司，1925 年，吕在上海创办彦记建筑事务所。1922 年柳士英、刘敦桢、王克生、朱士圭在上海开设华海建筑事务所，1925 年，庄俊在上海设立庄俊建筑师事务所。[2] 此后，中国建筑师的事务所陆续在上海、天津、南京、汉口等地涌现，影响比较大的有基泰和华盖等。表 1–3 列出了部分建筑师事务所的资料。

① 参见本书之"概论"。
② 参见《中国建筑史》编写组. 中国建筑史（新一版）[M]. 北京：中国建筑工业出版社，1993：291-292.

姓名	生卒年	毕业学校	毕业（年）	简历	备注
贝寿同	1876—?	德国柏林工科大学	1914	曾任国立中央大学建筑系教授，曾任职于司法部建筑处	
庄　俊	1888—1990	美国伊利诺伊大学	1914	开设庄俊建筑师事务所，1949 年后曾任中央建筑设计院总工程师等职	
沈理源	1890—1951	意大利拿玻利大学	1915	创办华信工程司从事建筑师业务 曾任北平大学艺术学院建系主任	
黄祖森	1891—?	日本东京高等工业学校	1925	曾任教于苏州工业专门学校建筑科	
杨宽麟	1891—1971	美国密歇根大学土木工程系	1916	曾任圣约翰工学院院长等职	
关颂声	1892—1960	美国麻省理工学院 美国哈佛大学	1918 1919	曾创办基泰工程司，中国建筑师学会早期会员	硕士
罗邦杰	1892—1980	美国明尼苏达大学	1926	1928—1930 年任清华大学工程委员，1930 年任大陆银行建筑师，1935 年自办罗邦杰建筑师事务所	
黄锡霖	1893—?	伦敦大学学院	1914	1921 年合办（上海）东南建筑公司，黄锡霖工程、设计、测量工程公司等	
巫振英	1893—?	美国哥伦比亚大学	1921	早期中国建筑师学会发起人之一	
刘福泰	1893—1952	美国俄勒冈州立大学	1925	曾任国立中央大学建筑系、国立北洋大学建筑和唐山工学院建筑系系主任等职	硕士
柳士英	1893—1973	日本东京高等工业学校	1920	创办苏州工业专门学校建筑科 参与组建"华海建筑事务所"	
范文照	1893—1979	上海圣约翰大学 美国宾夕法尼亚大学	1917 1922	创办范文照建筑师事务所从事建筑师业务，1928 年曾任上海建筑师学会会长	
朱士圭	1893—1981	日本东京高等工业学校建筑科	1919	创办苏州工业专门学校建筑科，1958 年起任无锡城建局总建筑师	
汪　申	1894—?	法国巴黎建筑学院	1925	1928 年曾任国立北平大学艺术学院建筑系教授等职	
吕彦直	1894—1929	美国康奈尔大学	1918	创办彦记建筑事务所，设计南京中山陵、广州中山纪念堂等	
张光圻	1895—?	美国哥伦比亚大学	1920	中国建筑师学会发起人之一	
刘敦桢	1897—1968	日本东京高等工业学校	1921	1922 年创办华海建筑师事务所，曾任国立中央大学建筑系主任、南京工学院建筑系教授等职	
赵　深	1898—1978	美国宾夕法尼亚大学	1923	创办华盖建筑师事务所，曾任之江大学建筑系教授、华东建筑设计院副院长等职	硕士
董大酉	1899—1973	美国明尼苏达大学 美国哥伦比亚大学	1925	创办董大酉建筑师事务所，曾任浙江省工业建筑设计院总工等职	硕士
杨锡镠	1899—1978	南洋大学土木工程科	1922	1924—1927 年合办凯泰建筑师事务所，1929 年在上海自办杨锡镠建筑师事务所，曾任《中国建筑》杂志发行人，《申报》建筑专刊主编	
鲍　鼎	1899—1979	北京高等工业学校（机械）；美国伊利诺伊大学	1918 1932	1933—1945 年国立中央大学任教，1940 年为建筑系主任，1949 年后任中国建筑学会一至四届常务理事	硕士
李锦沛	1900—?	美国 Pratt 研究所建筑科	1920	1927 年创立李锦沛建筑事务所，同年加入中国建筑师学会，任 1929、1931、1936 届会长	
童　寯	1900—1983	美国宾夕法尼亚大学	1928	曾参与创办华盖建筑师事务所，曾任东北大学建筑系主任、南京工学院建筑研究所副所长等职	硕士

姓名	生卒年	毕业学校	毕业（年）	简历	备注
林克明	1900—1999	法国里昂中法大学	1926	1932 年任广东省立勤勤大学工学院建筑系主任，1949 年后曾任广州市建筑设计院院长	
虞炳烈	1901—1945	法国里昂建筑专科学校	1929	1934—1937 年任国立中央大学建筑系主任	
梁思成	1901—1972	美国宾夕法尼亚大学	1927	1928 年曾任东北大学建筑系主任，1946 年任国立清华大学建筑系主任	硕士
杨廷宝	1901—1982	美国宾夕法尼亚大学	1924	曾在基泰工程司及中央大学建筑系任职，1949 年后曾任南京工学院副院长、江苏省副省长等	硕士
奚福泉	1902—1983	德国柏林工业大学	1929	1930 年加入中国建筑师学会，1931 年创办启明建筑公司	获得博士学位
陈　植	1902—2002	美国宾夕法尼亚大学	1927	曾参与创办华盖建筑师事务所，曾任之江大学建筑系主任、上海民用建筑设计院院长等职	硕士
朱兆雪	1903—1965	法国巴黎大学（数学），比利时根特大学（建筑）	1923	1938 年任国立北平大学建筑系主任，1949 年后曾任北京市建筑设计院总工程师等职	数学硕士
黄家骅	1903—1988	美国麻省理工学院	1927	1934 年任沪江大学建筑系主任、1942-1946 年任重庆大学建筑系主任	
谭　垣	1903—1996	美国宾夕法尼亚大学	1929	曾任国立中央大学教授、同济大学建筑系教授等职	硕士
龙庆忠	1903—1996	日本东京工业大学	1931	曾任同济大学土木系教授，华南理工大学建筑系教授	
林徽因	1904—1955	美国宾夕法尼亚大学美术学院	1927	1928 年参与创办东北大学建筑系，1946 年后任清华大学建筑系教授	
卢毓骏	1904—1975	福州高级工业专科学校 法国巴黎国立公共工程大学	1920 1925	1925 年在巴黎大学都市计划学院作研究员，1933 年起任职于国民政府考试院，1949 年去台湾，1961 年创办台湾文化大学建筑与都市设计系	
罗竟忠	1905—?	比利时沙勒罗瓦大学（Charleroi Y.U）	1925	1946 年曾任重庆大学建筑系主任	
过元熙	1905—?	美国宾夕法尼亚大学 美国麻省理工学院	1930	初在北洋工学院建筑处工作，1935 年 3 月加入中国建筑师学会，后任广州中山大学教授。1949 年任香港宽诚公司建筑师	学士 硕士
刘鸿典	1905—1995	东北大学	1932	1941—1945 年在上海自办宗美建筑专科学校，曾任西安冶金建筑学院建筑系主任等职	
吴景祥	1905—1999	法国巴黎建筑专门学校	1933	1933—1949 年任中国海关总署建筑师，以后任同济大学建筑系教授	
徐敬直	1906—?	美国密歇根大学	1931	曾在兴业建筑师事务所任职，1949 年后主持香港兴业建筑师事务所	硕士
陆谦受	1906—1992	英国建筑学会建筑学校	1930?	1935 年当选中国建筑师学会副会长，1945 年与吴景奇、黄作燊、陈占祥等组合五联建筑师事务所	
哈雄文	1907—1981	美国宾夕法尼亚大学	1932	1935 年在董大西建筑师事务所工作，曾任沪江大学商学院建筑系主任、哈尔滨建筑工程学院教授等职	
王华彬	1907—1988	美国宾夕法尼亚大学	1932	曾任之江大学建筑系主任，1949 年后曾任中国建筑科学研究院总工程师等职	硕士
程世抚	1907—1988	美国康奈尔大学	1932	曾任金陵大学教授，1949 年后曾任国家建委建筑科学研究院总工等职	硕士
石麟炳	1908—?	东北大学	1933	曾任《中国建筑》杂志主编	

姓名	生卒年	毕业学校	毕业（年）	简历	备注
伍子昂	1908—1987	美国哥伦比亚大学	1933	1939—1946 年任沪江大学商学院建筑系主任，曾在范文照建筑师事务所任职	
黄廷爵	1908—1998	北平大学建筑系	1932	1937 年在天津成立建筑事务所，1949 年后任天津大学建筑系教授	
唐璞	1908—2005	国立中央大学	1934	曾任西南工业建筑设计院副总建筑师及重庆建筑工程学院建筑系主任等职	
李惠伯	1909—？	美国密歇根大学	1932	1932 年加入中国建筑师学会，1933 年参与创建兴业建筑师事务所	
刘致平	1909—1995	东北大学	1932	1934 年在浙江省风景整理委员会任建筑师，1935—1946 年任中国营造学社社员	
张镈	1911—1999	国立中央大学	1934	曾在基泰工程司从事设计，北京市建筑设计院总建筑师，1990 年被授予建筑大师称号	
华揽洪	1912—2012	巴黎土木工程学院和法国国立美术学院	1936	在法国执业 10 余年；1951—1954 年任北京都市计划委员会第二总建筑师；1955 年后任北京市建筑设计院总建筑师	
徐中	1912—1985	国立中央大学 美国伊利诺伊大学	1935 1937	曾任唐山工学院建筑系主任，天津大学建筑系主任、教授等职	硕士
何立蒸	1912—2005	国立中央大学	1935	1941 年曾在军政部兵工署任职，1949 年后曾任中国建筑学会第二至第六届理事	
张开济	1912—2006	国立中央大学	1935	曾任中国建筑学会副理事长、北京市建筑设计院总建筑师，1990 年被授予建筑大师称号	
汪定曾	1913—	上海交通大学 美国伊利诺伊大学	1935 1938	曾任上海市民用建筑设计院总建筑师，上海市规划建筑管理局总建筑师等职	硕士
郑祖良	1913—1994	广东省立勷勤大学	1937	曾任中山大学助教（兼任工程组设计及监理工作），华美建筑公司工程师，《新建筑》《益世新工业周刊》主编等。1949 年后在广州园林局工作。1980 年代移居美国	学士
任震英	1913—2005	哈尔滨工业大学	1937	1948 年在兰州自行成立建筑师事务所历任兰州市城市规划管理局局长、副市长。1955 年和 1979 年两次主持了兰州市城市总体规划的编制工作	
莫伯治	1914—2003	广州中山大学工学院	1936	华南理工大学建筑设计院副总建筑师 1994 年被授予建筑大师称号	
周卜颐	1914—2003	国立中央大学 美国哥伦比亚大学	1940 1949	清华大学建筑系教授，华中理工大学建筑系主任	硕士
赵冬日	1914—2005	日本早稻田大学	1941	曾任东北大学建筑系主任，北京市建筑设计院总建筑师，1990 年被授予建筑大师称号	
毛梓尧	1914—2007	万国函授学校	1946	1932—1943 年华盖建筑师事务所，1978 年起任中国建筑科学研究院副总建筑师	
徐尚志	1915—2007	重庆大学建筑系	1939	中国建筑西南建筑设计院总建筑师，1990 年被授予建筑大师称号	
冯纪忠	1915—2009	奥地利维也纳工业大学	1941	曾任同济大学建筑系主任，建筑与城市规划学院教授	
黄作燊	1915—1975	英国伦敦建筑学院 美国哈佛大学	1938 1942	1942 年任圣约翰大学建筑系主任，后任同济大学建筑系主任、教授	硕士
佘畯南	1915—1998	交通大学唐山工学院	1941	广州市建筑设计院总建筑师，1990 年被授予建筑大师称号	

姓名	生卒年	毕业学校	毕业（年）	简历	备注
莫宗江	1916—1999			1931年经梁思成介绍入中国营造学社为梁的助手	
林乐义	1916—1989	上海沪江大学	1937	建设部建筑设计院总建筑师、顾问总建筑师	
陈登鳌	1916—1999	上海沪江大学	1937	中国建筑科学研究院副总建筑师，1990年被授予建筑大师称号	
汪　坦	1916—2001	国立中央大学 美国赖特建筑师事务所留学	1941 1949	曾任大连工学院教授、清华大学建筑系教授、副系主任	
冯建逵	1918—2011	北京大学工学院建筑工程系	1942	留校任教，1945年随沈理源到天津工商学院任教，1952年院系调整入天津大学任教	
刘光华	1918—2018	美国哥伦比亚大学	1946	东南大学建筑系教授	硕士
陈从周	1918—2000	之江大学古典文学系	1942	同济大学建筑系教授、古建筑及园林专家	
汪国瑜	1919—2010	重庆大学建筑系	1945	清华大学建筑系教授	
黄克武	1920—2018	之江大学建筑系	1944	曾任中国建筑西北建筑设计院副总建筑师	
戴念慈	1920—1991	国立中央大学	1942	曾任建设部副部长，中国建筑科学研究院总建筑师，中国建筑学会理事长，1990年被授予建筑大师称号	
沈玉麟	1921—2014	之江大学 美国伊利诺伊大学	1943 1949	1950年起任天津大学建筑系教授	建筑规划双硕士
严星华	1921—	国立中央大学	1945	中央广播电视部建筑设计院副院长 1990年被授予建筑大师称号	
吴良镛	1922—	国立中央大学 美国匡溪艺术学院	1944 1949	清华大学建筑学院院长，建筑与城市规划研究所所长	硕士
魏志达	1922—	浙江省宁波高级工业学校	1945	华东建筑设计院顾问总建筑师	
黄远强	1923—	重庆大学工学院	1945	广东省建筑设计院总建筑师	
龚德顺	1923—2007	天津工商学院	1945	曾任建设部设计局局长，1990年被授予建筑大师称号	
杨　芸	1924—	北京大学工学院	1948	中国建筑科学研究院副总建筑师，现在华森建筑与工程顾问公司任职	
李德华	1924—	圣约翰大学土木工程系	1945	同济大学城市规划专业早期创办人之一，对建筑教育和城市规划领域有突出贡献	土建双学士
刘开济	1925—2019	天津津沽大学	1947	北京市建筑设计院副总建筑师，中国建筑师学会副会长，中国建筑学会常务理事	
曾坚	1925—2011	圣约翰大学建筑系	1947	1975—1985年任中国建筑学会副秘书长，大地建筑师事务所副总经理	
王翠兰	1925—	国立中央大学	1948	云南省建筑设计院总建筑师	
罗小未	1925—2020	圣约翰大学建筑系	1948	上海市建筑学会理事长，同济大学建筑系教授，对外国建筑历史与理论教学领域有突出贡献	
童鹤龄	1925—1998	国立中央大学	1947	曾就职上海工务局，1952年起在天津大学建筑系任教，1983年创办华侨大学	
陈式桐	1926—	北京大学工学院	1946	东北建筑设计院高级建筑师	

设立年份	事务所名称	主要建筑师	备注
1920	基泰工程司	关颂声、朱彬、杨廷宝、杨宽麟	天津[①]
1922	华海建筑事务所	柳士英、刘敦桢、王克生、朱士圭	上海
1924	凯泰建筑事务所	黄元吉	上海
1925	彦记建筑事务所	吕彦直	上海
1925	庄俊建筑师事务所	庄俊	上海
1927	范文照建筑师事务所	范文照	上海
1929	杨锡镠建筑师事务所	杨锡镠	上海
1930	华盖事务所	赵深、陈植、童寯	上海[②]
1930	董大西建筑师事务所	董大西、哈雄文	上海
1931	启明建筑事务所	奚福泉	上海
1932	李锦沛建筑师事务所	李锦沛、李扬安、张克斌	上海
1933	兴业建筑事务所	徐敬直、李惠伯	上海
1945	五联建筑事务所	陆谦受、黄作燊、王大闳	上海
	大方建筑事务所	李宗侃	上海
	中国工程司	阎子亨	天津
	华信工程司	沈理源	天津

长期酝酿的建筑师学术团体，也于 1927 年冬形成，这年庄俊、范文照出面召集成立上海建筑师学会。次年，更名为"中国建筑师学会"，吸收其他城市的建筑师参加，成为中国建筑界最早的建筑学术团体。第一届中国建筑师学会公推庄俊为会长，范文照为副会长。1931 年有会员 39 人，1933 年发展到 55 人，其中上海占 41 人。1932 年，中国建筑界的两种学术刊物诞生，一是中国建筑师学会创办学术刊物《中国建筑》；再是《建筑月刊》，由 1931 年成立的上海市建筑协会主办。此两种刊物促进了学术研究，宣传了中国建筑师的成就，留下了时代的声音。

中国建筑师登上历史舞台之后，即显示出强劲的活力，在 1933 年的一份人名录中，列入了 6 名上海建筑师，其中外国建筑师 2 人：主持公和洋行的威尔逊和邬达克洋行的邬达克；中国建筑师有范文照、赵深、董大西和李锦沛 4 位。[③]

（4）继承传统并保护建筑遗产

中国建筑师大多有比较深厚的中国传统文化底蕴，热爱传统建筑文化，并视之为瑰宝。1929 年，朱启钤自筹资金在北平成立了营造学社，自任社长，社址位于天安门内西朝房，这是中国最早研究古代建筑的学术团体。由于学社受到中华文化基金董事会和中英庚款董事会的资助，1930 年更名"中国营造学社"，朱任社长。1930 年刘敦桢加入，并于 1932 年出任文献部主任；

[①] 1921 年关颂声归国在天津法租界祖传基地上搭棚子开业，1924 年朱彬加入，1927 年杨廷宝加入。杨宽麟为第四合伙人。参见张镈. 我的建筑创作道路 [M]. 北京：中国建筑工业出版社，1994：13.
[②] 1930 年赵深独立开业，为赵深建筑师事务所；1931 年陈植加入，组成赵深陈植建筑师事务所；1932 年童寯加入，取名"华盖"。参见：伍江. 上海百年建筑史 [M]. 上海：同济大学出版社，1997：157.
[③] 参见：伍江. 上海百年建筑史 [M]. 上海：同济大学出版社，1997：153.

梁思成 1931 年入社，1932 年出任法式部主任。学社全盛时期有工作人员 20 人。1937 年日本军国主义侵占北平，学社内迁，1938 年春在昆明恢复工作，1939 年冬又迁至四川宜宾李庄，抗战胜利后，于 1946 年停止活动。

学社进行了大量资料收集、整理和研究工作，曾校勘重印宋《营造法式》、明《园冶》《髹饰录》、清《一家言·居室器玩部》等，同时还聘请名匠绘制图样、制作模型，研究清代建筑。学社的法式部还进行了大量的建筑实例调查、测绘和研究工作。除北平的故宫外，先后勘查了山西、河北、河南、山东，有时涉及江浙等省的唐、宋、元各朝的建筑实例。特别应当提到的是，为赶在日本军国主义侵华战争之前，保护历史文物及其资料，学社做了大量测绘工作，取得了丰硕的成果。学社还接受委托，制定北平 13 座城楼、箭楼的维修计划，曲阜孔庙的修理计划，南昌滕王阁、杭州六和塔的复原修理计划等。

学社成立之初，就创办了《中国营造学社汇刊》，刊登调查报告、建筑实例以及研究成果。《汇刊》共出版了 23 期，在国内外享有盛誉。

学社存在的 17 年间，为中国古代建筑史的研究作出了巨大的贡献。1945 年梁思成根据学社的调查成果撰写了《中国建筑史》（收入《梁思成文集·第三卷》）和《中国建筑史图录》英文本，创立了中国建筑史学学科。刘敦桢也有史学的巨著问世。学社积累的大量资料，培养的优秀史学人才，成为中国建筑史学的基础和骨干。学社还为保护古代建筑文物提供了大量测绘图纸，为战后复原古建筑和文物保护学作出重要的贡献。

2. 从西洋古典建筑起步

早期留洋的中国建筑学子，在国外深得西洋古典建筑的真传，具有深厚的建筑设计基本功。归国之后，许多人从西洋古典建筑开始自己的创作生涯。这些建筑不但表现出深厚的建筑设计功底和技巧，而且具有一定的创新能力。

庄俊（1888—1990）的建筑作品，代表了中国第一代建筑师典型创作经历。1914—1923 年，在清华学校任建筑师，协助美国建筑师墨菲设计和建造了清华大学大礼堂、工程馆、图书馆等一批建筑。1923—1924 年，赴美哥伦比亚大学研究生院进修之后，在上海开业，并成为建筑界的领袖人物。

庄俊在清华大学的一系列作品，在上海的早期作品金城银行（1929 年）和在青岛设计的交通银行（1934 年）等建筑，都是新古典主义风格，但并不严守法式，作品既合乎古典建筑的比例尺度和精神，又有一定新意，是中国建筑师创作西洋古典建筑的第一批实例。

天津，盐业银行天津分行，是中国著名的"北四行"之一（与金城、大陆、中南三家私营银行合称为"北四行"）。平面近似矩形，立面模仿希腊山门式样，柱头演变成中国古典回形纹饰。由山花、壁柱、高台基组成的门廊，突出了入口形象。八角形营业大厅的天花，以黄金等材料构成"蓝天飞凤满天星"图案，楼梯间窗户用彩色玻璃拼成盐滩晒盐场面。家具、灯具等室内陈设，受新艺术运动的影响，造型流畅，做工精良。从盐业银行的设计中，可以看到近代中国建筑师在西洋古典建筑前提下探索中国内容的努力。

图 1-098　上海，金城银行，1929 年，建筑师：庄俊
图片引自：吴光祖主编《中国现代美术全集·建筑艺术 1》

图 1-099　天津盐业银行，1926 年，建筑师：华信工程司沈
理源（左）
图 1-100　天津盐业银行，1926 年，营业厅（右）

3. 中国建筑师的传统建筑本位

　　1929 年国民政府定都南京之后，以南京为政治中心，以上海为经济中心，分别制定了《首都计划》和《上海市中心区域计划》，在展开一系列的官方建筑活动中，提倡"中国本位""民族本位"和"中国固有之形式"。国民政府实施中国文化本位主义，促成了 1927—1937 年 10 年间中国古典建筑形式的高潮。

　　这批建筑，涉及行政、会堂、文教和纪念性建筑，甚至影响到体育、医院和商业建筑等。主要的建筑实例集中在上海、南京和广州，如南京中山陵（1925 年，吕彦直），广州中山纪念堂（1926 年，吕彦直）、上海市政府大楼、南京中央体育场（1931 年，基泰工程司）、南京国民党中央党史史料陈列馆（1935 年，基泰工程司杨廷宝）、上海市博物馆和图书馆（1935 年，董大酉）、南京中山陵藏经楼（1936 年，卢奉璋）等。

按照 1929 年 7 月公布的《上海市中心区域计划》，在江湾一带的市中心，设置市政府和一系列的公共建筑。该计划要求市政府建筑"提倡国粹""采用中国式"。

上海市政府大楼，建筑体量对称，外观 3 层，有一个巍峨的绿色琉璃瓦歇山屋顶。屋顶为钢筋混凝土结构，梁架下还设有夹层。墙身处理成木结构柱枋形式；建筑的外部和室内，均仿照清式宫殿建筑做法。

上海市博物馆和图书馆，两个建筑分别位于同期建设的上海市政府大楼前方两侧。它们的形式大致相同，皆为钢筋混凝土结构，当时被称作现代建筑与中国建筑的混合式样。图书馆大部为平顶，中部屋顶类似北京城的钟楼，博物馆中部屋顶类似北京城的鼓楼。

南京，中国国民党中央党史史料陈列馆，为 3 层钢筋混凝土结构，仿清官式阁楼。底层作为阁楼的基座，内设办公室、会议室和史料库房；二层有腰檐围廊，正中大石阶直达二层中间礼堂。歇山屋顶和腰檐铺设黄琉璃瓦。建筑安装有空调设备。

南京，中央博物院，钢筋混凝土结构，建筑前面有宽阔的台阶烘托着这座面阔为 11 间的辽式殿堂。屋顶平缓，出檐深远，斗栱、瓦当、鸱尾均按辽式作法，屋顶覆盖紫红琉璃，整个建筑表现出辽式殿堂特有的唐风。

广州，中山纪念堂，平面为八角形，会堂大厅内设 4608 座。在 1920 年代，要将中国古典建筑形式置于功能复杂、空间如此巨大的建筑之上，乃是一种时代性的挑战。建筑采用钢筋混

图 1-101　上海市政府大楼，1933 年，建筑师：董大酉

图 1-102　上海市图书馆，1934 年，建筑师：董大酉、刘鸿典（左）
图 1-103　上海市博物馆，1934 年，建筑师：董大酉（右）
图片引自：吴光祖主编《中国现代美术全集·建筑艺术 1》

图 1-104　南京，中国国民党中央党史史料陈列馆，1935 年，建筑师：基泰工程司杨廷宝

图 1-105　南京，中央博物院，1936—1947 年，建筑师：兴业建筑师事务所徐敬直、李惠伯

图 1-106　广州，中山纪念堂，1931 年，建筑师：吕彦直

图 1-107　广州，市府合署，1934 年，
建筑师：林克明

凝土、钢桁架、钢梁混合结构，顶部耸起 49 米高的八角攒尖屋顶，构图集中统一。正入口设 7 开间，前檐廊为重檐卷棚歇山顶抱厦，所有屋面设蓝色琉璃瓦顶，建筑宏伟壮丽。这是中国建筑师处理大空间建筑，创造新型建筑的杰作。

广州，市府合署， 位于中山纪念堂的轴线上，中央公园的后段，为配合纪念堂的建筑形式，采用宫殿式，内外装饰依照法式，屋顶铺设黄色琉璃瓦顶。

（二）现代建筑起步时的中国特征

就中国建筑师的群体而言，虽然响应过"中国固有之形式"的号召，也有古典复兴建筑问世，但他们在实际工作中更有一些探新。一批有才华的中国建筑师，不失时机地求索中国建筑的现代性。比如基泰工程司的关颂声、朱彬、杨廷宝，华盖建筑师事务所的赵深、陈植、童寯以及庄俊、吕彦直、董大酉、陆谦受、范文照和李锦沛等人。部分建筑师一直旗帜鲜明地追寻现代建筑的方向，部分建筑师原先钟情于中国传统建筑，而后转向现代建筑，这两类建筑师，都是中国现代建筑的先驱。

1. 探索中国现代建筑新体系

如果说 19 世纪中叶至 20 世纪初，西方现代建筑体系被动输入中国，那么，主动探索并建立起中国现代建筑体系的就是中国第一代建筑师群体，他们彻底结束了工匠按法式和经验建造房屋的古老传统。

第一次世界大战期间，帝国主义列强忙于战争，中国民族资本主义有所发展。战后，列强又从欧洲战场回到中国，重新加强了对中国的控制，进入 1920 年代，各种建筑活动在大城市逐步展开。

建筑技术体系先行，已在工业与民用建筑中，确立了以钢筋混凝土和钢结构为代表的现代建筑技术体系。同时，中国建筑师也能顺应社会生活方式迅速变化，适应对新型建筑功能的需求，掌握了新型民用及工业建筑的全新功能体系。

在这一过程中，新的建筑设计思想和理论，也在建筑教育和执业过程中逐步确立。典型实例是，1934年范文照撰文对自己早年在中山陵设计竞赛方案中"掺杂中国格式"的复古手法表示了深切反省，他呼吁"大家来纠正这种错误"，并提倡与"全然守古"的思想彻底决裂，"全然推新"现代建筑。他还倡导由内而外的现代主义设计思想，认为"一座房屋应该从内部做到外部来，切不可从外部做到内部去"，他赞成"首先科学化而后美化"。[①]

1930年代，帝国主义列强发生经济危机，廉价建筑材料向中国倾销，中外财团、房地产开发商利用这一时机，在大城市大力发展建筑业，建筑呈现出明显的商品属性。在军阀混战和农村革命斗争的浪潮中，各类有产阶层或下野失意政客，纷纷走向上海、天津等大城市，在认为比较安全的租界地带，或投资商业、房地产业，或修建私宅"闲居"，也带动了城市建筑的发展。房地产业把建筑视为商品进行买卖，建筑设计进入建筑市场，已经初具资本主义市场化的现代建筑制度体系了。

中国建筑师自觉探索，从摆脱对西洋建筑模仿开始，其长期攻坚的核心议题是：建筑传统和现代体系的结合。

原有的建筑体系，虽然已经不能担负新使命，但是，中国建筑文化在世界上独树一帜，是建筑师难以割舍的情结。同时，在强大的外来建筑文化冲击之下，中国固有文化感到危机四伏，传统建筑形式，有时成为宣示正统、抵制外侵的象征。

所以，中国建筑师探新的过程，经常伴随着两种对立的态度。例如，1936年4月12日至19日，上海市建筑协会、中国建筑师学会和中国营造学社共同组织了"中国建筑展览会"，展品来自全国52个单位，共1500件，参观者8万余人。展品既有精美的古建筑模型，对中国建筑的极力推崇；也有新建筑、新技术，对现代建筑的积极倡导。

两种对立倾向，时有论战，并各有消长，但传统和现代结合的路子更受推崇，也更加艰难。例如，曾经是"全然复古"的建筑师范文照，曾与李锦沛、赵深合作上海八仙桥青年会大楼，也曾在1924年中山陵设计竞赛中获第二名；而华盖建筑事务所的三位建筑师赵深、陈植和童寯，他们虽然均毕业于保守的美国宾夕法尼亚大学建筑系，但不约而同地选择了现代建筑的道路。建筑师奚福泉毕业于德国柏林工业大学，归国后曾与著名结构工程师杨宽麟合作，设计了许多具有现代精神的建筑，是现代建筑的积极倡导者。这些出发点不同的建筑师，经常在探索"中国"和"现代"相结合的道路上会合。直到如今，在传统要素和现代要素都发生了巨大变化和深化的情况下，探索中国传统和西方现代建筑二者的结合，依然是中国建筑师建筑创作的核心价值之一。

2. 起步带有中国特征的现代建筑

人们经常以批判的眼光看待国民政府倡导"中国固有之形式"的建筑活动。深入了解这些建筑，可以体察到，这批建筑中有许多实例隐含着带有现代建筑起步的中国特征：尽量回避大

---

① 伍江. 上海百年建筑史 [M]. 上海：同济大学出版社，1997：154.

屋顶，如果运用，着重于简化，以此适应新的建筑体系。中山陵等一批建筑的设计和建造过程，就体现了这样一种探新精神。

南京，中山陵，普遍认为，中山陵是传统复兴的建筑作品，但它更是中国建筑探新的里程碑式建筑。1925年，中山陵悬奖征求图案条例中说："祭堂图案须采用中国古式而含有特殊与纪念性质者，或根据中国建筑精神特创新格亦可。"[①]青年建筑师吕彦直的头等奖陵墓方案，就是"根据中国建筑精神特创新格"的创新佳作，而不是"中国古式"，成为初创中国现代建筑的开山之作。

中山陵位于南京紫金山南麓，山势雄伟，松柏葱郁，视野开阔，是孙中山先生亲选的陵地。陵园的布局借鉴了中国古代陵墓，沿轴线设牌坊、陵门、碑亭、祭堂和墓室。但与传统也有较大不同，如不设石象生，有一条罕见的陡峭路线。地形高差约70米，从牌坊开始上达祭堂，共设392步台级，8个平台，衬托高处的祭堂更加宏伟。主体建筑祭堂，平面近方形，四角各出角室，角室内为贵宾室和纪念品收藏室等，形成四角大尺度的石礅体量，突出了建筑的雄壮。顶部虽然冠以蓝色歇山琉璃瓦顶，但形式充满革新，例如，屋顶的檐口下接石建筑，结构构件和彩画按古代石建筑的手法作成雕饰，不是虚假结构，图案为全新内容。建筑构件简化、色彩明朗，总体上兼备中国现代和传统气息。

图1-108 南京，中山陵鸟瞰，1925—1929
年，建筑师：吕彦直
图片提供：龚德顺

---

① 孙中山先生葬事筹备委员会 . 孙中山先生陵墓图案 [M]. 上海：民智书局，1925.

图 1-110　南京，中山陵，1925—1929 年，祭堂细部

图 1-109　南京，中山陵，1925—1929 年，祭堂

图 1-111　南京，中央体育场田径场，1933 年，建筑师：基泰工程司杨廷宝
图片引自：吴光祖主编《中国现代美术全集·建筑艺术 1》

　　南京，中央体育场田径场，为筹备全国第一届运动会所建。田径场平面呈南北向椭圆形，内设 500 米环形跑道，2 条 200 米直线跑道。环形跑道内设标准足球场，看台容纳观众约 3.5 万人。主门楼 3 层，由于全新的功能和体形，只将建筑重点部位作传统牌坊处理，两端由立方实体结束。牌坊的柱头突出平顶之外，丰富建筑的轮廓。体育场的现代功能和体形，给建筑师从现代条件出发探索新建筑的可能性。

　　上海，江湾体育运动场和体育馆，这两栋建筑都是 1929 年上海市中心区规划中的项目。尽管都是在"中国固有之形式"的要求下的设计，但体现了作者"既合现代建筑之趋势，而仍不失保持中国建筑原来的面目，同时更顾到经济上之限度，三者兼筹并顾"的主张。运动场和体育馆确有许多革新，这与建筑的性质和基本的结构有关。

　　运动场平面呈椭圆形，南北 330 米，东西 175 米，内设 500 米环形跑道和 2 条 200 米直线跑道，环形跑道内设标准足球场。四周看台周长 760 米，宽约 17 米，可容纳 4 万座位和 2 万站位。建筑为钢筋混凝土结构，主门楼大片的墙面以牌楼的方式划分，也是以石建筑的手法处理建筑装饰：上部有石头檐口装饰，下部有须弥座，3 个门洞的拱券饰以清式的纹样，是在现代建筑的体形上加以中国传统装饰的典型作品。

体育馆看台为钢筋混凝土结构，可容纳 3500 座位和 1000 站位；屋顶为跨度 42.7 米的三铰拱钢结构，拱形屋面长 60.9 米。外表处理十分简洁，主体为清水红砖，檐口勒脚仿石饰面，是在大跨度建筑中探索中国建筑的佳作。这两座建筑和中山陵一样，都是在提倡"中国固有之形式"的气氛中的探新之作。

青岛，体育场，完成于 1930 年代，与江湾的建筑不同，这里采用了装饰艺术的手法，建筑的上部添加了简单的线条装饰。值得注意的是，女儿墙处理成城墙的外轮廓，城墙也是中国建筑符号之一，使得建筑既有现代建筑的简洁，又有中国传统的联想。

图 1-112　上海，江湾体育运动场，1935 年，建筑师：董大酉

图 1-113　上海，江湾体育馆，1935 年，建筑师：董大酉

图 1-114　青岛，体育场，1930 年代

图 1-115 吉林，吉林大学校舍配楼，
1929—1931 年，建筑师：梁思成、陈植
图片引自：吴光祖主编《中国现代美术全集·建
筑艺术 1》

图 1-116 北京，仁立地毯公司，1932 年，
立面，建筑师：梁思成、林徽因（左）
图 1-117 北京，仁立地毯公司，1932 年，
细部（右）

　　吉林，吉林大学校舍，1923 年张作霖创办吉林大学，1929 年梁思成被邀请设计校舍。校舍三座石楼呈"品"字形布置，建筑摆脱了大屋顶的拖累，以现代的手法处理成粗石建筑。中间部分以粗花岗石饰面，上部两端以中国符号正吻结束。配楼基座为粗石，窗间墙作柱形处理，上部露出枋头，承接檐口的一斗三升斗栱和人字栱装饰，在传统纹样的简洁中透着现代精神。梁思成和林徽因设计的仁立地毯公司店面，与该建筑的思路异曲同工，表现出作者期望中国建筑走向现代的意愿。

　　南京，中央医院，位置退离中山东路 10 余米，开辟绿地以隔离噪声；平面集中，钢筋混凝土梁柱楼板，砖承重外墙。平屋顶，两块削角的实体，界定了建筑的中段，突出了入口。立面有中国传统建筑细部，更具西方古典建筑的优美比例，入口的大门处理，比例尺度极佳。是结合西洋要素的中国建筑探新之作。

　　上海，大陆商场，平面呈四边形，钢筋混凝土结构，4~8 层组合。中部楼层间开辟露天通道，以利于采光和通风，设有屋顶花园，并设露天舞池和音乐亭等，具备现代商业功能。外墙贴灰色面砖，墙面简洁，只局部有简化了的装饰。

图 1-118　南京，中央医院，1933 年，建筑师：基泰工程司杨廷宝（左）

图 1-119　上海，大陆商场，1933 年，建筑师：庄俊（右）

（三）走向中国现代建筑

以上列举了在现代功能和体系条件下，或吸取传统石头建筑手法，后简化体量、细部，以及在西洋古典建筑的框架内探索中国新建筑的思路。这些都是带有先驱性质，也可以比作中国的装饰艺术建筑。

沿着这条道路的后续探索，现代建筑的性质越来越明显，逐步向国际现代建筑运动靠近、融合。这种融合依然自觉带着中国建筑的种种印迹，并没有走全盘西化之路。

天津，新华信托储蓄银行天津分行，主体 6 层，转角处 7 层退台以突出中心部位，钢筋混凝土框架结构。大厅的柱子用劲性钢骨混凝土，最大的框架梁跨度 13 米。建筑的外观真实地反映内部结构，立面简明，仅槛墙有铜制纹饰，略显装饰艺术风格。

上海，恩派亚大厦，为多层公寓，转角处 6 层，两翼 4 层，钢筋混凝土结构。立面为简单流畅的横线条，转角处有重复性的竖线条，整个形象已与欧洲现代建筑相差无几。

图 1-120　天津，新华信托储蓄银行天津分行，1934 年，建筑师：华信工程司沈理源（左）

图 1-121　上海，恩派亚大厦，1934 年，建筑师：凯泰建筑事务所黄元吉（右）

图片引自：吴光祖主编《中国现代美术全集·建筑艺术 1》

南京，国民政府外交部大楼，为华盖事务所代表作品。华盖建筑师以设计现代建筑为主旨，外交部大楼的设计，奠定了同类建筑的经典模式。平面为"丁"字形，横楼为主体，主体横竖皆为三段划分，隐含着古典建筑的基本比例。平顶的挑檐下面，有简化了的斗栱装饰，并与下面的横带窗形成檐壁。入口处为仿石建筑，柱头的部位有霸王拳装饰，厅内有传统彩画。1949年以后中国现代建筑的主体形象，大体也是这种处理手法，具有一定的开创意义。

南京，国立美术陈列馆和国民大会堂，两栋建筑都位于南京长江路，建筑形式也十分相似。按照建筑的基本功能布局，自然得出建筑体形。平屋顶、小挑檐，檐口和细部有中国传统纹样，这在当时被称为现代化的中国建筑，也成为日后处理现代建筑的典型手法。

上海，大新公司，位于上海南京东路和西藏路的转角处，地上10层，地下1层，钢筋混凝土结构。一至四层为营业厅，底层大厅设两部自动扶梯，为当时首创。有简洁的体量，立面作竖向处理，底层有大面积橱窗，显示商业建筑性格。屋顶栏板式女儿墙和顶部的挂落，均为中国传统式样。简洁的外观和局部的装饰，显示建筑的探新。

图1-122　南京，国民政府外交部大楼，1934年，建筑师：华盖建筑师事务所赵深、童寯

图1-123　南京，国民政府外交部大楼，1934年，中段，建筑师：华盖建筑师事务所赵深、童寯

图1-124　南京，国立美术陈列馆，1936年，建筑师：公利工程司奚福泉
图片引自：吴光祖主编《中国现代美术全集·建筑艺术1》

图1-125　南京，国民大会堂，1936年，建筑师：公利工程司奚福泉
图片引自：吴光祖主编《中国现代美术全集·建筑艺术1》

图1-126　上海，大新公司，1936年，设计：基泰工程司
图片引自：吴光祖主编《中国现代美术全集·建筑艺术1》

上海，中国银行总行，位于上海中山东一路。原设计高34层，由于相邻的沙逊大厦业主作梗，改为17层。主体为钢筋混凝土结构，中部强调竖直线条，两旁辅以中式几何图案，上部两侧呈台阶状，顶部冠以蓝色四方攒尖屋顶，四角有起翘，檐口下面有斗栱装饰。这是上海外滩唯一有中国特征的建筑，也是1930年代外滩唯一由中国建筑师设计的大型公共建筑，在高层建筑中探索中国特色，可以说是创举。

广州，爱群大厦，位于广州沿江西路，14层，钢筋混凝土结构，是广州近代最高的建筑。因受地形限制，建筑的平面作三角形，西端呈圆弧状。立面主体作竖向处理，沿转角的南北两侧，设有地方传统的骑楼空廊，纯净的建筑外形结合骑楼，在现代手法中含中国元素。

天津，中原股份有限公司，位于天津原日租界旭街，6层，钢筋混凝土框架结构。一至四层为开敞式营业厅，五层以上为电影院等娱乐设施，设两部客货电梯，是当时天津最大的百货公司。1940年建筑毁于大火，遂由张镈设计加固重修。主体加建一层，首层增加夹层，七层设"七重天"舞厅，并建有屋顶花园。外观改为简洁的现代建筑形式，新建的塔楼高33米，层层收分，造型挺拔，是1976年唐山地震之前天津市的标志性建筑。大地震后，塔楼未按原貌修复，比例臃肿，失去了标志性景观。

上海，美琪大戏院，位于上海江宁路。建筑的入口为一圆形门厅，左右各有一个休息厅成曲尺状布置。左厅通向观众厅池座，右厅引向楼座。观众厅共设1640个座位。建筑的转角入口设计竖向连窗，窗户上部由厚实的压檐结束。转角和两翼的檐部有横条饰带，整体和细部的处理已经逐渐摆脱装饰艺术的影响。美琪大戏院是范文照反省早年复古思路，"全然推新"后的作品之一。

图1-127　上海，中国银行总行，1936年，建筑师：陆谦受与英商公和洋行

图1-128　广州，爱群大厦，1936年，建筑师：陈荣枝

图 1-129　天津，中原股份有限公司，1927 年始建，1941 年重建，
建筑师：基泰工程司 杨廷宝、关颂声、朱彬、杨宽麟、张镈等（左）
图 1-130　上海，美琪大戏院，1941 年，建筑师：范文照（右）
图片引自：吴光祖主编《中国现代美术全集·建筑艺术 1》

　　发源于欧洲的经典现代建筑在世界各地的传播，特别是在具有久远建筑传统的国家的传播，如在印度、埃及、巴西、日本、中东地区甚至非洲国家，有"全盘西化"的现象，更有与当地传统相结合的现象和经验。由于中国建筑师历史自觉，主动走向从中国特征起步的道路，无须动员，形成"中国特色"，后人值得思考这一历史现象。

　　这里用列表的方式，提出部分具有现代特征的建筑，包括一些外国建筑师的作品，虽然这是一个不完全的资料统计，但也可看出现代建筑 1940 年代以前发展态势。

1940 年代以前部分中国现代建筑举例　　　　　　　　　　表 1-4

分类	项目名称	设计建成（年）	设计单位建筑师	主要特征
媒体	上海电话公司	1908	协泰洋行	第一座 RC 结构，6 层
工业	上海福新面粉厂一、二、四、七、八厂	1913—1919		6~8 层，RC 框架
观演	上海丽都大戏院	1926	范文照	
医疗	上海维多利亚护士宿舍	1930	英国医生	8 层，钢框架结构
住宅	上海河滨公寓	1930—1933	英商公和洋行	10 层，RC 结构
体育	上海回力球场	1930—1934	法商营造公司	3 层，RC 结构
旅馆	上海"四行储蓄会"大厦（国际饭店）	1931—1934	[匈]邬达克	22 层，86 米钢框架
旅馆	上海汉弥尔登大厦	1931—1934	英商公和洋行	13 层，RC 结构
观演	上海百乐门舞厅	1931—1932	杨锡镠	3 层，RC 结构
旅馆	上海麦特赫斯脱公寓	1932	新瑞和洋行	11 层，RC 结构
医疗	上海广慈医院三等病房	1933		

分类	项目名称	设计建成（年）	设计单位建筑师	主要特征
工业	上海啤酒厂	1933		5~7 层，RC 结构
办公	上海中央捕房	1933	公共租界工部局建筑处	8 层，RC 结构
旅馆	上海都城饭店	1934	英商公和洋行	12 层，RC 结构
金融	上海浙江兴业银行	1935	华盖事务所	5 层，RC 结构
观演	上海大上海大戏院	1933	华盖事务所	富现代感
金融	上海恒利银行	1933	华盖事务所	富现代感
医疗	上海虹桥疗养院	1934	奚福泉	富现代感
金融	上海中国银行同孚路分行	1936	陆谦受 吴景奇	10 层，RC 结构
金融	上海广东银行	1934	李锦沛	
旅馆	上海毕卡地公寓	1935	法商营造公司	16 层，RC 结构
体育	上海薛罗絮舞场	1934	世界实业公司	
旅馆	上海合记公寓	1934	华盖事务所	
医疗	上海孙克基产妇医院	1935	庄俊	6 层，RC 结构，设备先进
旅馆	上海梅谷公寓		华盖事务所	
旅馆	上海西藏路某公寓		华盖事务所	
旅馆	上海懿德公寓		新瑞合洋行	
旅馆	上海新亚大酒店	1935	五和洋行	RC 结构，8 层设千人礼堂
交通	上海龙华飞机棚场	1935—1936	奚福泉	钢，RC 结构
金融	上海中国银行	1936	陆谦受和英商公和洋行	17 层，钢架结构和 RC 结构
观演	上海乍浦路东和影戏院		[日]河野健六	
医疗	上海普慈疗养院		高尔克洋行	
教育	上海邮传部实业学堂		黄元吉	
旅馆	上海道斐南公寓	1935	法商赖安公司	9 层，RC 结构
商业	天津起士林大楼	1926—1940	法商永和工程司 Muller	4 层，RC 结构
娱乐	天津法国俱乐部	1931？	Son Sagne？	混合结构
金融	天津久安银行	1937	中国工程公司	RC 结构
办公	天津海关	1930—1946		混合结构
会馆	天津回力球场	1933	BONETTI & KESSLER	RC 砖混合结构
教育	天津日本商业学校	1936		RC 砖混合结构
住宅	天津民园大楼	1936	中国工程司阎子亨	4 层，混合结构
工业	天津仁立毛纺厂	1936		3 层，RC 结构
交通	天津金汤桥	1906		长 76.4 米，最大跨度 35.5 米，两孔平转式开启，电启动
交通	天津金钢桥	1922—1924		桥跨：21.42+42.6+21.42 米中跨为双叶立转开启孔 当时世界先进水平
交通	天津万国桥	1923—1926		两孔跨度 47 米，可开启，延至 1950 年代，当时世界先进水平
金融	南京上海商业储蓄银行	1930 年代		5 层，RC 结构
交通	南京下关火车站扩建	1946	杨廷宝	钢屋架混合结构
科研	南京卫生设施实验处	1931—1934	范文照	4 层，RC 结构
观演	南京大华大戏院	1935	杨廷宝	2 层，钢和 RC 结构

分类	项目名称	设计建成（年）	设计单位建筑师	主要特征
金融	南京中央银行	1930 年代		5 层，RC 结构
金融	南京中国国货银行南京分行	1936	奚福泉	6 层，RC 结构
金融	南京中南银行	1930 年代		5 层，RC 结构
办公	南京公路总局办公大楼	1947	童寯	5 层，RC 结构
办公	南京升州路某办公楼	1930 年代		5 层，RC 结构
办公	南京日本宪兵司令部	1940 年代初		4 层，RC 结构
博览	南京水晶台地质陈列馆	1937	童寯	2 层，RC 结构
住宅	南京北极阁宋子文住宅	1946	杨廷宝	
旅馆	南京光华饭店	1930 年代		4 层，RC 结构
住宅	南京延晖馆（孙科住宅）	1948	杨廷宝	2 层，混合结构
传媒	南京江苏邮政管理局	1946—1948	赵深	4 层，RC 结构
金融	南京邮汇储蓄局	1930 年代		
办公	南京国民政府交通部	1928—1934	上海协隆洋行	3 层，RC 结构
传媒	南京国民党中央通讯社	1948	基泰工程司杨廷宝	7 层，RC 结构
会馆	南京国际联欢社	1936	基泰工程司梁衍	RC 结构
博览	南京实业部地质矿产博物馆	1935	华盖事务所	
交通	南京招商局候船厅	1947	杨廷宝	3 层，RC 结构
办公	南京美国大使馆	1946		
旅馆	南京首都饭店	1932—1933		
办公	南京首都最高法院	1933	过养默	3 层，RC 结构
金融	南京浙江兴业银行	1930 年代		4 层，RC 结构
金融	南京珠宝廊中国银行新行屋	1933	陆谦受、吴景奇	3 层，RC 结构
金融	南京盐业银行	1935—1936	庄俊、孙立元	2 层，RC 结构
观演	南京新都大戏院	1935	李锦沛	
旅馆	南京福昌饭店	1932		7 层，RC 结构
金融	南京聚兴城银行南京分行	1933—1934	李锦沛、李杨安	3 层，RC 结构
商业	南京馥记大厦	1948	李惠伯、汪坦	RC 结构
办公	南京基泰工程司办公楼	1945	杨廷宝	3 层，RC 结构
工业	武汉平和打包厂	1905		RC 结构
办公	武汉景明洋行	1920—1921	景明洋行	6 层，RC 结构
旅馆	武汉长江饭店	1920 年代		5 层，RC 结构
办公	武汉信义公所大楼	1924	石格司建筑事务所	6 层，RC 结构
旅馆	武汉安利英洋行	1929—1935	景明洋行	6 层，RC 结构
金融	武汉中国实业银行	1934—1935	景明洋行	7 层，RC 结构
金融	武汉四明银行	1934—1936	芦镛标事务所	7 层，RC 结构
金融	武汉大孚银行	1935—1936	景明洋行	4 层，RC 结构
办公	武汉中一信托公司	1936	芦镛标事务所	6 层，RC 结构
旅馆	广州爱群大厦	1936	陈荣枝	14 层，RC 结构
旅馆	广州新华酒店			7 层，RC 结构
办公	广州广东省总工会			6 层，RC 结构

分类	项目名称	设计建成（年）	设计单位建筑师	主要特征
商业	广州商务印书馆			4 层，RC 结构
科研	广州中山大学工学院实验室	1936	胡往方	3 层，RC 结构
住宅	广州中山大学教师住宅	1936	方椿堂	3 层，RC 结构
金融	重庆美丰银行	1934	杨廷宝	7 层，RC 结构
金融	重庆川盐银行	1936	刘杰	8 层，RC 结构
金融	重庆中国银行	1936		6 层，RC 结构
教育	重庆南开中学范孙楼	1936—1937		砖混
教育	重庆南开中学忠恕图书馆	1937	新华兴业公司建筑部	砖混
旅馆	重庆美军招待所	1937		砖混
交通	望龙门缆车站	1945	茅以升、欧阳春	线路长 170 米，爬高 50 米
商业	青岛 ADAMS 大楼	1930 年代		5 层，RC 结构
观演	青岛山东大戏院	1930		4 层，RC 结构
办公	青岛物品证券交易所	1932	刘铨法	5 层，RC 结构
金融	青岛中国银行青岛分行	1932—1934	陆谦受 吴景奇	3 层，RC 结构
住宅	青岛毕娄哈住宅	1933	毕娄哈	3 层，RC 结构
商业	青岛中国国货股份有限公司	1933	青岛联益建业华行、许守忠	4 层，RC 结构
金融	青岛大陆银行青岛分行	1933—1934	罗邦杰	4 层，RC 结构
办公	青岛中国实业银行青岛分行	1933—1934	青岛联益建业华行，许守忠	4 层，RC 结构
办公	青岛银行同业工会	1934	徐卉	4 层，RC 结构
金融	青岛山左银行	1934	刘铨法	4 层，RC 结构
观演	青岛市礼堂	1934—1935	基泰工程司郑德鹏	2 层，RC 结构
金融	青岛上海商业储蓄银行	1934	苏夏轩	4 层，RC 结构
住宅	青岛嘉峪关路 5 号住宅	1934—1940	J.A.YOUHOTSKY	砖木
商业	青岛山东起业株式会社	1935	长冈平藏	3 层，RC 结构
旅馆	青岛东海饭店	1936	上海新瑞和洋行	6 层，RC 结构
观演	青岛映画剧场	1939		2 层，RC 结构
观演	青岛（日）陆军俱乐部	1941		2 层，RC 结构
办公	青岛日本商工会议所馆	1946	长冈建筑师事务所	3 层，RC 结构
住宅	哈尔滨中东铁路局官员住宅	1900		
商业	哈尔滨前田中标珠宝店	1918		
办公	哈尔滨专卖公署	1930		
商业	哈尔滨丸商百货商店	1935		
传媒	哈尔滨中央电报局	1936		
旅馆	哈尔滨新哈尔滨旅馆	1937	[俄]彼·斯维利道夫	砖混结构
传媒	哈尔滨弘报会馆	1938		
办公	大连关东厅地方法院	1933	关东厅内务局土木课	砖混结构
学校	吉林大学校舍	1931	梁思成、陈植	
办公	沈阳奉天市政厅舍	1937	奉天公署工务处建筑课	3 层，钢筋混凝土结构
办公	海口琼海关	1936	吴景祥	

三、八年离乱，现代建筑思想的深入

1937 年 7 月，日本军国主义悍然发动了全面侵华战争，不久大部分通商口岸和经济最发达的地区沦陷，其中以上海、南京、武汉等政治、经济、文化中心的损失尤为惨重。国民经济超负荷运转，巨大的战争赤字造成了惊人的通货膨胀，建筑业从 20 世纪二三十年代的空前繁荣跌入 1937—1949 年长达 12 年的衰退时期。

抗战爆发后，大批工厂内迁到西南、西北大后方，大批中国建筑师也迁往后方城市重庆、成都和昆明等地，在极其艰苦的物质条件下惨淡经营，中国营造学社先迁至云南昆明，1939 年辗转迁至四川李庄。

外国房地产商也大量抛售地产和房产，1920 年代末期曾经掀起上海高层建筑热潮的沙逊洋行，于 1937 年停止在华业务，有计划地向海外转移资产；西方建筑师事务所纷纷停业，建筑师归国，如西方在华最大的设计机构公和洋行，1939 年关闭了在大陆所有的事务所。

（一）战时国防工程的技术要素

在中华民族的生死存亡的危急关头，一切服从战争需要，成为战时建筑的基本出发点。建筑的防空问题、建筑材料、建筑结构的抗爆炸能力、在物资匮乏的条件下的地方材料运用等实际问题，成为建筑师关注的焦点。

1939 年国民政府颁布的《都市计划法》，以法律形式确立了防空在城市规划中的地位。建筑师卢毓骏编写《防空建筑工程学》《防空都市计划学》等著作以应时需。中央大学建筑系 1934 届毕业生费康，收集、整理了英法德日等国的有关炮台、飞机种类和型号、各种炸弹对不同建筑材料的破坏程度，以及战时各种防空设施、医院、住宅的规划和设计资料，编写了《国防工程》，受到欢迎。[①]

许多中国建筑师从沦陷区内迁到大后方，杨廷宝、童寯、徐中等投身防空洞、地下工厂、军事工业设施的建设。中央大学建筑系 1934 届毕业生唐璞，参加了巩义兵工新厂内迁入川的厂房建设，在缺乏建筑材料、熟练建筑工人、机械设备的条件下，就地取材，用竹编墙、竹筋混凝土圈梁和条石基础，快速建成投入生产。在 1940 年重庆遭到大轰炸后，唐璞还设计了中国第一座地下工厂。[②]

---

① 张玉泉 . 中大前后追忆 [M]// 杨永生 . 建筑百家回忆录 . 北京：中国建筑工业出版社，2000：45.
② 唐璞 . 千里之行，始于足下 [M]// 杨永生 . 建筑百家回忆录 . 北京：中国建筑工业出版社，2000：31.

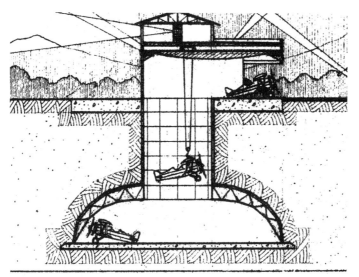

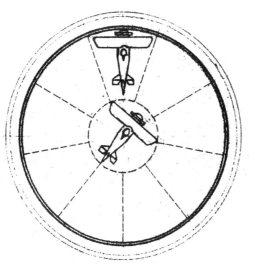

图 1-131 费康著《国防工程》一书之手稿，"使用吊车的升降飞机库"
图片引自：费麟，费琪编著《中国第一代建筑师张玉泉》，61页，费麟提供

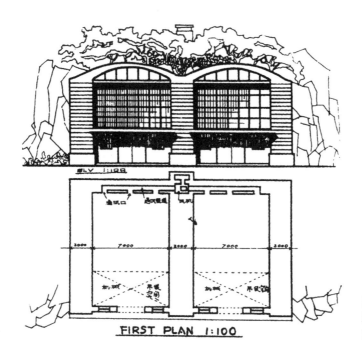

图 1-132 可抗轰炸的地下工厂，1940—?，建筑师：唐璞
图片引自：杨永生编《建筑百家回忆录》

（二）对于中国固有形式的反思

1920 年代至 1937 年抗日战争爆发的 10 余年间，是中国建筑大发展的黄金时代，建筑的市场化和商业化，大大促进了建筑师的设计业务数量，建筑师无暇研究建筑理论问题，甚至无法对于手头的设计做精细推敲，形成建筑评论活动旁落的局面，加上建筑设计行业有约，实际上不提倡评论同行作品，故建筑评论和反思的事情很少。

战争期间，建筑活动锐减，设计任务冷落，建筑师有机会以冷静的心态，对战前建筑活动进行反思，尤其针对"中国固有之形式"这一官方倡导的设计思想。卢毓骏在《三十年来中国之建筑工程》一文中所说："自 [民国] 二十六年抗战军兴后，以人力物力之缺乏，对于建筑进步不无阻碍；但自另一方面言，实予吾人以检讨与刺激之机会……而对于抗战后之建设，当更有裨益。"[①]

童寯在《我国公共建筑外观的检讨》一文中也指出，"若干建筑师赋闲，固然为社会之累，但如建筑工程——尤其是公共建筑——发展像潮涌一般，使每个建筑师感觉手忙脚乱，急于完成施工图样，只求平面布置可以通顺，而无暇对建筑各立面加以深刻思考，使之成为精心之构，岂能说是建国百年大计正轨！"[②]

抗战后方的建筑界，对战前国民政府官方倡导的"中国固有形式"进行了普遍质疑。战前中国建筑界有一种颇为流行的观点，即中国传统建筑具备许多现代性因素，如木结构之梁架结构，与现代建筑的框架结构原理相通；木结构构造的忠实表现，与现代建筑理性思想相通等。因而，可以在不打断传统建筑文化延续性的前提下，完成传统建筑的现代化更新。梁思成、林徽因热心提倡这一论点，他们认为："我们架构制的原则适巧和现代'洋灰铁筋架'或'钢架'建筑同一道理；以立柱横梁牵制成架为基本……中国架构制既与现代方法恰巧同一原则"[③]，因此，现在"正该是中国建筑因新科学、材料、结构，而又强旺更生的时期。"[④] 著名建筑师范文照也认为，"中国的建筑的构造中没有虚假的概念。每一构件均有其结构上的价值，各种装饰都有一种启示性的实用性。构架由梁、柱、斗栱组成，为一种开放式的木构造。屋顶构架用木柱支承，围护墙只是在立架之后才砌筑，这种古老的构造方式造就了钢架摩天楼的现代概念，后者在科学上实非新的发明。"因此，"中国的建筑风格……不是仅仅作为考古研究之对象，而且是一种活生生的建筑风格，可以予以保留并适应现代中国之要求。"[⑤] 把中国传统梁架式结构比附为现代框架结构，进而认为传统建筑风格可以适应时代需要而复兴的乐观态度，反映了1930 年代中国建筑师在沟通科学理性与民族情感之间的努力，他们已经洞悉西方现代建筑的真谛所在，而面对传统建筑的民族情感，仅着意改良的良苦用心。

① 卢毓骏 . 三十年来中国之建筑工程 // 杨永生主编 . 建筑百家评论集 [M]. 北京 : 中国建筑工业出版社，2000 : 281.
② 童寯 . 我国公共建筑检讨 // 童寯文集 · 第一卷 [M]. 北京 : 中国建筑工业出版社，2000 : 118.
③ 林徽因 . 论中国建筑之几个特征 // 林徽因文集 · 建筑卷 [M]. 天津 : 百花文艺出版社，1999 : 14–15.
④ 梁思成 . 建筑设计参考图集序 // 梁思成文集 · 第二卷 [M]. 北京 : 中国建筑工业出版社，1984.
⑤ 范文照 . 中国建筑之魅力 // 王明贤 . 中国建筑美学文存 [M]. 天津 : 天津科技出版社，1997 : 219–222.

但是，对"中国固有形式"的反思的同时，也开始质疑上述理想。童寯指出，"中国木作制度和钢铁水泥做法，唯一相似之点，即两者的结构原则，均属架子式而非箱子式，惟木架与钢架的经济跨度相比，开间可差一半，因此一切用料权衡，均不相同。拿钢骨水泥来模仿宫殿梁柱屋架，单就用料尺寸浪费一项，已不可为训，何况水泥梁柱已足，又加油漆彩画。平台屋面已足，又加筒瓦屋檐。这实不能谓为合理。""有人问，若把一所北平宫殿的木架，完全改为钢骨水泥，是否又坚固又科学化而美丽呢。不行，这部殿版西书要不得，因为材料不同，所以权衡和安排也不应无别，中国式的建筑，如以钢骨水泥为材料，其式样恐要大加时代化。"童寯还结合现代建筑的理性主义观念和现实国情，对"中国固有形式"建筑进行了批判，他指出，"将宫殿瓦顶，覆在西式墙壁门窗上，便成功为现代中国的公共建筑式样，这未免太容易吧。这种式样，在今后中国公共建筑上，毫无疑义的应当成为过去……一个比较贫弱的国家，其公共建筑，在不铺张粉饰的原则下，只要经济耐久，合理适用，则其贡献，较任何富含国粹的雕刻装潢为更有意义……建筑设计不能离开忠实原则，只要无所隐藏或削趾适履，或抄袭模仿，勉强凑成，则一个建筑物无论大小，无论经过多少时间，自会有地位而不磨灭的。"[1]童寯的这些掷地有声的言辞，不但是对"中国固有之形式"的批判，而且成为新中国成立之后受苏联影响所倡导的"民族形式"的预警。

面对国际性现代建筑运动和中国的社会现实，一些建筑师也改变了原来的立场。梁思成认为"在最清醒的建筑理论立场上看来，'宫殿式'的结构已不适合于近代科学及艺术的理想……因为浪费侈大，它不常适用于中国一般经济情形，所以不能普遍。""世界建筑工程对于钢铁及化学材料之结构愈有彻底的了解，近来应用愈趋简洁。形式为部署逻辑，部署又为实际问题最美最善的答案，已为建筑艺术的抽象理想。今后我们自不能同这理想背道而驰。"[2]南京国民政府"宫殿式"考试院的设计者卢毓骏，在《三十年来中国之建筑工程》一文中，针对倡导公共建筑采用中国固有形式"光线空气最为充足"的说辞指出，"此点实不成为理由，因现代外国建筑之良好设计，光线与空气莫不充足，若我国固有建筑之设计不良者，亦常感日光空气之不足"。他批评"宫殿式"的国民政府交通部建筑，"虽属富丽，但仍采用外国传统之公共建筑平面，致内部有若干房间光线不足。实际上欧洲三十余年来房屋设计废除内天井之运动已甚普遍，该设计仍沿用之，斯为憾事。"[3]

（三）大后方涌动现代建筑思潮

1. 抗日战争与科学主义

如何救国的讨论，知识界从来就没有停止过，在日本侵华战争阴霾的笼罩下，人们真切地领会到落后就要挨打的道理。战争，终归是国家之间经济力量和现代化程度的较量。

① 童寯. 我国公共建筑外观的检讨 // 童寯文集·第一卷 [M]. 北京：中国建筑工业出版社，2000：120.
② 梁思成. 为什么研究中国建筑 // 凝动的音乐 [M]. 天津：百花文艺出版社，1998：212.
③ 卢毓骏. 三十年来中国之建筑工程 // 杨永生主编. 建筑百家评论集 [M]. 北京：中国建筑工业出版社，2000：287.

国民政府外交部次长、历史学家蒋廷黻在 1938 年的《中国近代史大纲》中指出："近百年的中华民族根本只有一个问题，那就是：中国能近代化吗？能赶上西洋人吗？能利用科学和机械吗？能废除我们家族和家乡观念而组织一个近代的民族国家吗？能的话，我们民族的前途是光明的。因为在世界上，一切的国家能接受近代文化者必致富强，不能者必遭惨败，毫无例外。并且接受得愈早愈速就愈好。"①

文学家林语堂在抗日战争爆发后深刻指出"只有现代化才能救中国"。他说，"现在面临的问题，不是我们能否拯救旧文化，而是旧文化能否拯救我们。我们在遭受侵略时只有保存自身，才谈得上保存自己的文化。"②"同时我们认识到不是我们的旧文化，而是机枪和手榴弹才会拯救我们的民族。""事实上，我们愿意保存自己的旧文化，而我们的旧文化却不可能保护我们。只有现代化才能救中国。11 世纪米芾精妙绝伦的绘画和苏东坡炉火纯青的诗篇皆不足以阻止半世纪后金人对北部中国的入侵，宋徽宗的绘画艺术也不能保障在他作为野蛮侵略者的人质时幸免于死。"③

这一时期社会文化氛围的转变，被中国现代思想史研究者称之为"从文质到物质"的社会思潮的转向。④这一转向标志着中国的知识分子从文化救亡论到追求现代化的思想转变。就连被称作"玄学鬼"的张君劢，在 1940 年代后期也强调"现在国家之安全、人民之生存无不靠科学，没有科学便不能立国。有了科学虽为穷国可以变为富国，虽为病国可以变为健康之国，虽为衰落之国也可以变成强盛之国。"只要"在科学上用大工夫，我们大家就不怕没有好日子过，不怕没有饭吃；不怕政治不走上正轨。"⑤抗日战争，促使科学主义在中国发扬。

2. 科学主义与建筑形式

崇尚科学的思想，直接与建筑思想产生关联，许多建筑师撰文从科学技术的普遍性立论解释建筑，也成为反大屋顶的继续。沈理源在其编译的《西洋建筑史》后记中指出："19 世纪为科学大昌明之时期也，前人所未见之物而今俱次第发明，人类生活日新月异……因此种种发展而近代建筑乃日趋于复杂矣。前代建筑往往受地理地质等之影响，今则无关紧要矣。盖以交通便利各地材料运输甚易，就地取材已成过去名词，故不受地理之影响且因利用人工制造之材料而地质之影响亦微，虽气候之影响于建筑尚保持原状，如门窗大小屋顶高低烟突设置无甚差别，但因蒸汽和最近冷气之发明以及各种隔热材料之应用，其关系亦甚微细也。"⑥

1936 年《新建筑》创刊，这是广东省立勷勤大学建筑系学生创办的一份较早倡导现代建筑思想的学生刊物。抗战爆发前它就主张，"反抗现存因袭的建筑样式，创造适合于机能性、目的性的新建筑。"抗日战争爆发后，《新建筑》的姿态变得更为激进。

① 蒋廷黻.中国近代史[M].海口：海南出版社，1993：5.
② 林语堂.中国人[M].上海：学林出版社，1994：343.
③ 林语堂.中国人[M].上海：学林出版社，1994：354.
④ 罗志田.物质与文质——中国文化之世纪反思[N].光明日报，2000-12-26.
⑤ 罗志田.物质与文质——中国文化之世纪反思[N].光明日报，2000-12-26.
⑥ 沈理源.西洋建筑史·后记[Z].天津市图书馆藏书，1944 年初版.

林克明 1930 年曾任广州中山纪念堂建设工程顾问，1934 年设计了大屋顶的广州市府合署。但他在《新建筑》1942 年第 7 期上发表的《国际新建筑会议十周年纪念感言》，积极倡导现代建筑运动，批判"固有形式"的官方倡导者和迎合业主的建筑师，他说，"我国向来文化落后，一切学术谈不到获取国际地位，建筑专门人才向无切实联合，即过去的十年间建筑事业略算全盛时代，然亦只有各个向私人业务发展，盲目、苟且地只知迎合当事人的心理，政府当局的心理，相因成习，改进殊少，提倡新建筑运动的人寥寥无几，所以新建筑的曙光，自国际新建筑会议后已成一日千里，几遍于全世界，而我国仍无相继响应，以至国际新建筑的趋势、适应于近代工商业所需的建筑方式，亦几无人过问，其影响于学术前途实在是很重大的。"

1942 年毕业于中央大学的戴念慈，在新中国成立前后的一系列论文中，显露出新生代建筑师现代建筑的思想锋芒。他从现代建筑理性主义出发，主张建筑应当说"老实话"，他批评"宫殿式"建筑是在说谎："宫殿式的北京图书馆和宫殿式的金陵大学，都是'谎'。它们都是钢骨水泥的构造，然而都打扮成一副木构建筑的面貌，明明是一根钢骨水泥的大梁，都硬被做成了两根木质的大额枋和小额枋。"戴念慈还撰文对梁思成等人编写整理的《中国建筑参考图集》提出质疑，他写道，"现在我们的建筑师们是否也想替今后建筑艺术的民族形式规定出一种标准？说：民族形式的建筑，它的门窗的形式是怎样的，屋顶形式是怎样的，柱子的形式是怎样的，乃至墙身、勒脚石、栏杆……又是怎样的。于是，今后的设计者只需顾到这些外表的架子，只要替新建筑戴上一副旧形式的假面具，便可成为民族的形式了……论中国绘画史的，莫不痛心那本害人的芥子园画谱。说'芥子园画谱'断送了中国绘画的生动活泼的生命……我们将要编造一本中国新建筑的'芥子园画谱'吗？"[1]

《新建筑》和戴念慈的一系列文章，在中国社会急剧动荡的 1940 年代，推崇着现代建筑思想的科学性、进步性，以及与社会革命潮流之间的紧密关联。

3. 社会现实与社会责任

第二次世界大战结束后的战后重建，形成大量性住宅需要，带动了建筑工业化，也让现代建筑运动把形式、技术、社会学和经济学问题协同起来，为平民建造大批量的住宅成为建筑师关注的重点，也是建筑师的社会责任之所在。

目睹抗日战争中民众颠沛流离，一些建筑学家和建筑师开始把注意力更多地投向民生问题，主要集中在战后重建和大规模住宅建设问题，而平民住宅研究，成为这一时期建筑界关注的焦点。这标志着建筑师对社会的关怀，已经跳出了空泛的文化精神层面，有了更加深刻的现实内容。

梁思成提出了"住者有其屋""一人一床"的理想，主张"建筑是为了大众的福利，踏三轮车的人也不应该露宿街头，必须有自己的家。"[2] 写在抗战胜利前夕的《市镇的体系秩序》一文中，梁思成指出："为将来中华民国的人民，我们要求每人至少晚上须有床睡觉。若是连床

---

① 戴念慈.论新中国的新建筑及其他 // 张祖刚.当代中国建筑大师戴念慈 [M].北京：中国建筑工业出版社，2000：229-240.
② 清华大学校史编写组.清华大学校史稿 [M].北京：中华书局，1981：455-456.

都没有,我们根本谈不到提高生活水平,更无论市镇计划。"梁思成还呼吁"打倒马桶",他说:"我们要使每个市镇居民得到最低限度的卫生设备,我们不一定家家有澡盆,但必须家家有自来水与抽水厕所。"[1]

卢毓骏也特别呼吁关注住宅建设,他指出,"吾国战后建设,无疑的,当尊奉国父实业计划,工厂与民居将为战后建筑上之中心题材……至若民居问题,因吾国各城市经此敌之破坏,将成为吾国战后之极难解决的问题,故特提请注意。"[2]

1943年,青年建筑师林乐义开始进行《战后居室设计》,为解决战后的居住问题提出了一整套28个住宅方案,其中包括经济住宅和普通住宅等。[3]战时建筑师对战后居住问题的思考,既可看到传统知识分子"安得广厦千万间"的社会责任感,又能看到现代建筑师强烈的人道主义情怀。

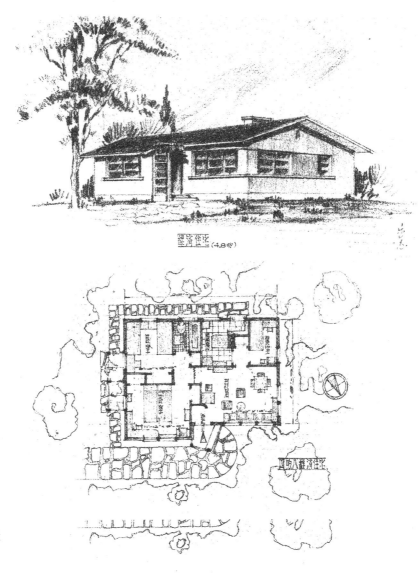

图1-133 林乐义《战后居室设计》中所载之经济型住宅一例

① 梁思成.市镇的体系秩序 // 凝动的音乐 [M].天津:百花文艺出版社,1998:220.
② 卢毓骏.三十年来中国之建筑工程 // 杨永生.建筑百家评论集 [M].北京:中国建筑工业出版社,2000:281-284.
③ 崔愷.建筑师林乐义 [M].北京:中国建筑工业出版社,2003:28-41.

1946年，历时17年的中国营造学社活动停止，在《中国营造学社汇刊》终刊的第七卷第二期上，发表了林徽因的"现代住宅设计的参考"。在专注古代建筑历史研究刊物上发表住宅社会学论文，应当视为反映时代潮流的信号。

她写道："战前中国'住宅设计'亦只为中产阶级以上的利益。贫困劳工人民衣食皆成问题，更无论他们的住处。8年来不仅我们知识阶级人人体验生活的困顿，对一般衣食住的安定，多了深切注意……复员后工业在各城市郊外正常展开的时候，绝不应仅造单身工人宿舍，而不顾及劳工的家庭。有眷工人脱离家庭群聚宿舍，生活极不正常。"[1] 该文汇编了英美等国实验过的低租劳工住宅的案例，并对它们在中国应用的可能性作了评论和提示，她还提出了大量的住宅社会学的问题。[2]

4. 现代建筑能量再积累

（1）与现代运动的自觉联系

二战前，现代建筑的流行，在很大程度上基于建筑师的设计业务，现代建筑是业务之多种选项之一，很少与国际现代运动联系起来。抗战期间的一些讨论，适时地把中国建筑与国际现代建筑运动联系起来。

童寯在《中国建筑的特点》一文中认为，"中国建筑今后只能作世界建筑一部分，就像中国制造的轮船火车与他国制造的一样，并不必有根本不相同之点。"[3] 梁思成也认为："最近十年间，欧美生活方式又臻更高度之专门化、组织化、机械化。今后之居室将成为一种居住用之机械，整个城市将成为一个有组织之 Working Mechanism，此将来营建方面不可避免之趋向也。我国虽为落后国家，一般人民生活方式虽尚在中古阶段，然而战后之迅速工业化，殆为必由之径，生活程度随之提高，亦为必然之结果，不可不预为准备，以适应此新时代之需要也。"[4] 住宅为"居住用之机械"和城市为"有组织之 Working Mechanism"，显然是勒·柯布西耶的经典现代建筑思想。

（2）对中国建筑持乐观态度

值得特别注意的是，在讨论时中国建筑师提出了建筑文化的全球化与地方性、世界性与民族性问题。卢毓骏撰文说，"建筑艺术之'国际化'，是否将有碍固有'民族化'之发展……一切纯粹科学固多为国际性，而建筑艺术亦将求进于大同之域欤？"

梁思成也强调了这个问题，指出"无疑的将来中国将大量采用西洋现代建筑材料与技术。如何发扬光大我民族建筑技艺之特点，在以往都是无名匠师不自觉的贡献，今后却要成近代建筑师的责任了。如何接受新科学的材料方法而仍能表现中国特有的作风及意义，老树上发出新枝，则真是问题了。"[5]

---

① 林徽因. 现代住宅设计的参考 // 林徽因文集 [M]. 天津：百花文艺出版社，1999：251-314.
② 林徽因. 现代住宅设计的参考 // 林徽因文集 [M]. 天津：百花文艺出版社，1999：251-314.
③ 童寯. 中国建筑的特点 // 童寯文集·第一卷 [M]. 北京：中国建筑工业出版社，2000：109-111.
④ 梁思成. 致梅贻琦的信 // 凝动的音乐 [M]. 天津：百花文艺出版社，1998：376.
⑤ 梁思成. 为什么研究中国建筑 // 凝动的音乐 [M]. 天津：百花文艺出版社，1998：209.

童寯对中国新建筑的出现充满了信心，他认为，"中华民族既于木材建筑上曾有独到贡献，其于新式钢铁水泥建筑，到相当时期，自也能发挥天才，使观者不知不觉，仍能认识为中土的产物。"① 梁思成也说，"世界各国在最新法结构原则下造成所谓'国际式'建筑；但每个国家民族仍有不同的表现。英、美、苏、法、荷、比、北欧或日本都曾造成他们本国特殊作风，适宜于他们个别的环境及意趣。以我国艺术背景的丰富，当然有更多可以发展的方面。新中国建筑及城市设计不但可能产生，且当有惊人的成绩。"②

关于现代建筑的地域性问题，卢毓骏主张建筑式样应当因地制宜、尊重地方性。认为，"立体式建筑之横向长窗，其理论基础为今日新材料时代，（钢铁与钢筋混凝土时代）窗之作用可不限于通风，而可尽量作透光之用，然以中国版图之大，各地气候之悬殊，是否到处相宜，抑应因地修改，此点至堪研究。"同时，他把建筑的地域性提升到为大多数人服务的民生主义，进一步指出："式样尽可能国际化，但仍须顾及适应地方性。或者谓今日科学发达，保温御热均有办法，何其郑重语此。吾将答以：'吾人之要求其为代表十分之一之住民谋幸福乎？抑为十分之九住民谋幸福乎？'"③ 这些言论，好像提前上演了当今所讨论的"全球化"和"地域性"的节目。

（3）建筑教育贯彻现代思想

中国的许多著名建筑师，同时也在建筑院校任教，在艰苦的条件下，对新一代优秀建筑师的培养，作出巨大贡献。1938年，沈理源任国立北京大学工学院建筑工程系教授和天津工商学院（1949年改为"津沽大学"）建筑系教授、系主任，培养了龚德顺、虞福京等著名建筑师。童寯1944年起兼任中央大学教授，夏昌世1942—1945年期间任中央大学、重庆大学教授，林克明于1945—1950年任教于中山大学工学院建筑系。这些具有鲜明现代建筑思想的建筑师对于改变战前占主导地位的学院派建筑教育发挥了积极作用。

台湾著名建筑师林建业，1942年入内迁重庆沙坪坝的中央大学建筑系学习，后来回忆说，这一时期"功能主义是设计的指导原理，美学上则以屏弃古典的对称构图及石构造比例，通向Neo-plastism为尚，菲利浦·约翰逊在国际式一书所提出的以规律对代对称（Regularity Versus Symmetry）、体积对代量体（Volume Versus Mass）、水平对代垂直（Horizontal Versus Vertical）、构架对代承重（Skeleton Versus Bearing Wall）也在我们的设计意象中出现，赖特挑出深远的屋檐、阳台、三角六角的平立面模距也是大家乐意采用的手法。"④

在沦陷区的上海，1930年代后期和1940年代留学归国的建筑学子，如汪定曾、黄作燊、冯纪中、王大闳、陈占祥、金经昌等人为代表的建筑师，直接带回西方最新的现代建筑思想和现代城市规划思想，也使中国与国际现代建筑运动更紧密地联系在一起。前面已经提到，现代建筑大师格罗皮乌斯的第一个中国学生黄作燊，于1940年创办了圣约翰大学建筑系，并将包

① 童寯.中国建筑的特点//童寯文集·第一卷[M].北京：中国建筑工业出版社，2000：109-111.
② 梁思成.为什么研究中国建筑//凝动的音乐[M].天津：百花文艺出版社，1998：209.
③ 卢毓骏.三十年来中国之建筑工程//建筑百家评论集[M].北京：中国建筑工业出版社，2000：290.
④ 林建业等.年华似水建筑师节忆往事，国立中央大学、私立之江大学——中国最先设立的建筑系创办经过及其轶事[J].建筑师（台湾），1990（12）：84-88.

豪斯的现代建筑教学体系移植到中国。在圣约翰大学建筑系任教的还有包豪斯毕业的德国人鲍立克（R.Paulick），这些因素决定了圣约翰大学建筑系强烈的现代主义教育倾向。中国东北大学和中央大学的早期毕业生如张开济、张镈、唐璞等，在战争时期也开始独立工作，他们的设计生涯都是从现代建筑开始。

抗战胜利后，梁思成致函清华大学校长梅贻琦，提议创办清华大学建筑系。他主张摒弃学院派建筑教育体系，引进包豪斯教育体系。他在信中指出："国内数大学现在所用教学方法（即英美曾沿用数十年之法国 Ecole des Beaus-Art 式之教学法）颇嫌陈旧，过于着重派别形式，不近实际。今后课程宜参照德国 Pro Walter Gropius 所创之 Bauhaus 方法，着重于实际方面，以工程地为实习场，设计与实施并重，以养成富有创造力之实用人才。德国自纳粹专政以还，Gropius 教授即避居美国，任教于哈佛，哈佛建筑学院课程，即按 G. 教授 Bauhaus 方法改编者，为现代美国建筑学教育之最前进者，良足供我借鉴。"[1]

在梁思成于 1946—1947 年出国考察其间，出席了普林斯顿大学召开的"人类环境设计"讨论会，还会见了诸多现代建筑大师，如勒·柯布西耶、格罗皮乌斯、伊利尔·沙里宁等人。回国后，他在一年级建筑初步课中仿照包豪斯增加了"抽象图案"的训练，到 1949 届学生的教学计划中完全删除西洋五柱式，加重了"抽象图案"的分量。此外还设置木工课和"视觉与图案"课，使课程变得更加"包豪斯化"。在筹组教学师资方面，梁思成刻意选择现代建筑师任教，他在"建筑设计学教授"的人选上建议，"宜延聘现在执业富于创造力之建筑师充任。"而著名现代建筑师童寯是他最心仪的人选。在 1949 年梁思成致童寯的信中，求贤若渴之情溢于言表，他说，"清华及我个人的立场说，我恳求你实践我们在重庆的口约，回来提携母校的后进。我对学生说了多次你早已答应过来清华，他们都在切盼。清华建筑系的师资太缺乏了，你若肯来，可以给我们无量的鼓励。"[2]虽然最终未能如愿，但是梁思成和学生们对童寯的盼望可以看作是对他长期坚持现代主义立场的肯定。

新生代建筑师的成长和战前开业的中国建筑师向现代建筑思想的转变，共同标志着抗日战争和战后时期中国现代建筑已经占据了主导地位。

（4）现代城市规划思想传播

从 1927 年南京国民政府成立到抗日战争爆发，中国城市规划领域进行了早期的三大城市规划实践：1928 年的南京首都计划，1930 年的上海市中心区域规划和"大上海计划"，同年还有天津特别市物质建设方案。它们共同的特点是，将城市划分为行政区、商业区、住宅区和工业区，商业区完全采用方格网对角线的道路系统及密集的小街坊，行政区则采用中轴对称的布局，建筑形式则要求采用"中国固有之形式"。中国城市规划理论经历了从西方传统城市规划到现代城市规划的转变。

现代战争中陆战、空战的立体作战模式，影响了抗战时期的中国城市规划思想，分散主义

① 梁思成. 致梅贻琦的信 // 凝动的音乐 [M]. 天津：百花文艺出版社，1998：379.
② 梁思成. 致童寯教授的信 // 凝动的音乐 [M]. 天津：百花文艺出版社，1998：381.

成为战争时期规划理论最明显特征。卢毓骏在《三十年来中国之建筑工程》一文中指出："抗战中与抗战前之观念，显不相同，抗战前从提高行政效率着眼，适应合署办公之需要，从事设计兴工，依抗战中空防之经验，当知此种措施之非尽适切；抗战前几个新计划都市毅然划定政治区工业区，抗战后对此设计亦将抱怀疑与谨慎之态度。"[①]

现代战争客观上促进了现代城市规划思想的传播，有机疏散、邻里单位、卫星城、隔离绿带、取消市中心等分散主义理论，由于适合于战时需要而大行其道，梁思成是1940年代西方现代城市规划思想的大力倡导者。抗日战争胜利前夕，他阅读了美国建筑师伊利尔·沙里宁的《城市：它的产生、发展与衰败》之后，撰写了《市镇的体系秩序》一文，对沙里宁的有机疏散理论进行了介绍。他指出："最近欧美的市镇计划，都是以'疏散'（Decentralization）为第一要义。然而所谓'疏散'，不能散漫混乱。所以美国沙里宁（Eliel Saarinan）教授提出，'有机性疏散'（Organic decentralization）之说。而我国将来市镇发展的路径，也必须以'有机性疏散'为原则。"[②]1946年，梁思成提出了在清华大学建筑工程系内设都市计划组，这是最早的高等城市规划教育的创议。中华人民共和国成立后，梁思成、林徽因撰写了《城市计划大纲》序，继续提倡现代城市规划理论。

1945年，国民政府进行了重庆的"陪都十年计划"，这是中国首次运用现代城市规划理论进行完整的城市规划，它规划了十二个卫星城，十八个预备卫星市镇。"陪都十年计划"是现代城市规划理论进入中国城市规划实践的先声。

抗战胜利后，国民政府收回上海租界，1928年制订的与租界抗衡以江湾为中心的"大上海计划"已经失去意义，国民政府再度考虑了上海市的规划问题。1946年8月，上海市都市计划委员会正式成立。都市计划委员会在执行秘书赵祖康主持下，金经昌、钟耀华、程世抚等中国第一代城市规划师具体负责，于1946年8月完成了上海都市计划一稿，1947年5月完成报告书二稿，1949年春上海解放前夕，完成了三稿及有关文件和图表。

"大上海都市计划"与"大上海计划"相比，建设规模和目标更为宏大，规划更为周详而具有系统性，在规划理论与方法上也达到了世界先进水平，运用了有机疏散、卫星城镇、邻里单位、快速干道等最新城市规划理论。运用沙里宁的有机疏散发展理论，该计划在中心城区外围布置12个相对独立的分区，每个分区与中心城区通过高速道路连接，使分区与中心城区成为一个紧密相连的有机整体。该计划规定，现有市区外围为绿化及农田环形绿带，新区按分散的卫星城方式向外发展。在居住区规划上，设想以4000人组成"小单位"（即邻里单位），由"小单位"组成"中级单位"再组成"市镇单位"和"市区单位"。在城市的每一市区单位内，都包含有居住区、工业区、商店、绿地等，自成体系成为类似有机体的社会单位。

"大上海都市计划"比1930年代的"大上海计划"在城市规划思想上有了巨大进步，虽然由于历史原因未得到实施，但在上海乃至中国城市规划史上留下了不可磨灭的一页。

---

① 卢毓骏.三十年来中国之建筑工程 // 杨永生.建筑百家评论集 [M].北京：中国建筑工业出版社，2000：281–284.
② 梁思成.市镇的体系秩序 // 凝动的音乐 [M].天津：百花文艺出版社，1998：219.

（5）中国现代建筑蓄势待发

第二次世界大战结束后，经典现代建筑成世界范围内占统治地位的建筑潮流。1947 年，联合国任命了一个由各国著名建筑师组成的顾问委员会，负责联合国总部的规划和设计，其中包括法国的勒·柯布西耶、巴西的奥斯卡·尼迈耶和中国的梁思成等。

1944—1945 年，杨廷宝受国民政府资源委员会的委托，赴美国调查工业建筑，访问了经典现代建筑大师赖特的塔里埃森、约翰逊制蜡公司等作品，给他留下了深刻的印象。这些国际性活动和抗战时期中国现代建筑思潮的涌动，奠定了中国作为国际现代建筑成员的主流地位。

在国内，抗战前后新建的建筑虽然为数不多、规模也不大，但大多采用了现代建筑风格，一是战时条件所限，无力更多地建设"固有形式"，二是现代建筑思想已是水到渠成，已经认识到它的时代使命。

重庆，南开中学教学楼，1937 年 7 月底，日寇轰炸天津，南开校舍全毁，师生及家属内迁重庆南渝中学，1938 年建成三栋教学楼以及图书馆、宿舍等建筑，并更名"重庆南开中学"。教学楼为简洁的现代风格，平屋顶、灰砖墙红缝，校园有良好的绿化环境，是抗战时期最早内迁的学校之一。

南京，美国顾问团 AB 大楼，4 层，钢筋混凝土结构，平屋顶，立面大面积的带状钢窗，形成横向线条和划分，是勒·柯布西耶"自由立面"的典型表现。

上海，浙江第一商业银行，简洁的外部体量和合理的内部空间处理，以及立面流畅的线条处理，显示了典型的现代建筑手法。

图 1-134 重庆，南开中学教学楼，1936—1938 年，新华兴业公司建筑部设计

图 1-135 南京，美国顾问团公寓 AB 大楼，1946—1947 年，设计：华盖建筑师事务所（左）

图 1-136 上海，浙江第一商业银行，1948，建筑师：华盖建筑师事务所（右）

南京，孙科住宅延晖馆，平面设计自由，其公共部分，如会客室、平台、餐室、大客厅之间，有流动空间的意趣。建筑立面简洁明快，是典型的现代建筑作品。杨廷宝在南京还设计过许多现代风格的建筑，如招商局候船厅及办公楼等。

抗日战争胜利后，人民期盼和平建设。经过连年战争和现代建筑运动洗礼的中国建筑师，大多数选择留在大陆，为新政权服务，遂成为新中国建筑事业的奠基人，如梁思成、杨廷宝、庄俊、赵深、陈植、童寯、董大西、沈理源等。

1920年代至抗战爆发中国现代建筑的起步，抗战时期对战前建筑的反思和现代建筑思想的涌动，以及战后发展现代建筑能量的积累，注定在新中国成立之后，建筑创作的第一波将会以现代建筑的面貌出现。这是医治十余年间积累战争创伤之必须，是促进贫困中国加速现代化之必然。

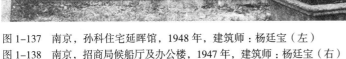

图1-137　南京，孙科住宅延晖馆，1948年，建筑师：杨廷宝（左）
图1-138　南京，招商局候船厅及办公楼，1947年，建筑师：杨廷宝（右）

第二章

现代建筑的自发延续：共和国成立后的
国民经济恢复时期，1949—1952 年

1949 年中华人民共和国成立之后，新建筑活动的序幕，在国内战争的尾声中开启。

11 年战争之后残破的城市，败落的经济，凋敝的农村和穷困的人民，摆在胜利者的面前。中国的建设环境，是全国政治环境的一部分，因为当务之急是巩固政权，政权不稳，无从建设；建设不力，何谈稳定。中国共产党及其领导的军队和干部，长期在农村工作，对于刚刚进入的城市管理工作尚不熟悉。毛泽东在这年 3 月的一个著名的报告中号召：

图 2-001　解放军开进北平城

"……必须用极大的努力去学会管理城市和建设城市。必须学会在城市中向帝国主义者、国民党、资产阶级作政治斗争、经济斗争和文化斗争，并向帝国主义者作外交斗争。"他接着说出了他那著名的警句："在拿枪的敌人被消灭以后，不拿枪的敌人依然存在，他们必然地要和我们作拼死的斗争，我们绝不可以轻视这些敌人。如果我们现在不是这样提出问题和认识问题，我们就要犯极大的错误。"[1]

共和国成立初期，各级人民政府在全国全面地实践着这个又学习又斗争的指导思想。

就建设活动而言，新的体制刚刚建立，旧体制的某些部分还在起着作用。以建筑设计环境为例，原有的一些个体建筑师、事务所以及营造商还在继续执业，党和政府还没有形成足以控制全国建筑设计的方针政策。

接到设计业务的建筑师，在时间紧、资金少的情况下，顺理成章地延续着 1949 年以前的设计思想和方法，自发地设计出一批典型的现代建筑。1952 年，中国的"国民经济恢复时期"胜利结束，在第一个五年计划即将开始实施之际，在苏联社会主义建筑思想和理论的直接影响下，中国建筑设计的方向发生了戏剧性的变化，在此之前刚刚设计并兴建的那一批"现代建筑"，被批判为"国内外阶级敌人散发的建筑瘟疫"。

一、拉开建设的序幕

第二次世界大战之后，世界形成了政治制度和意识形态尖锐对立的两大阵营：一方是以苏联为首的社会主义阵营，一方是以美英为首的资本主义阵营，两大阵营，"冷战""热战"同时并举。为了新中国成立后能立即同一些国家建立外交关系，迅速获得国际承认；防止帝

---

① 毛泽东. 在中国共产党第七届中央委员会第二次全体会议上的报告 // 毛泽东选集（合订一卷本）[M]. 北京：人民出版社，1964：1428.

国主义武装干涉，保障国家安全；取得外国对我国经济恢复的必要援助，我国的对外政策只能"倒向社会主义一边"，争取苏联和其他人民民主国家的帮助；而在内部政策上，则强调自力更生，并认真着手去做。[①]

两个对立阵营的斗争和"一边倒"的格局，成为 1950 年代思考和处理国际和国内政治、经济问题的基本分野，指导着国内政策的方方面面，也直接指导着建设活动和建筑设计活动的方针和政策。

（一）国外：朝鲜战争

1950 年 6 月 25 日，朝鲜爆发大规模内战，并演化成"联合国军"入朝参战。10 月 19 日，中国人民志愿军跨过鸭绿江，"抗美援朝"战争开始。1951 年 7 月双方开始了停战谈判，其间，打打谈谈，直到 1953 年 7 月，正式停战。

朝鲜战争正酣，国内进行了以反对美帝国主义为主要目标的思想改造运动。党和政府认为，由于美国长期对中国的经济和文化侵略，在一部分人当中形成了"亲美、崇美、恐美"思想，因此要开展一个在政治思想上"仇视、蔑视、鄙视"美帝国主义的运动。

在运动中，原来接受美国津贴的文教、慈善救济机构以及宗教团体等，纷纷发表声明，割断与美英等国家及其团体的关系。1950 年 10 月 12 日，教育部接管美国天主教会学校辅仁大学，29 日政务院发布《关于处理接受美国津贴的文化教育救济机关及宗教团体的方针的决定》和《登记条例》，根据这一决定，全国接受外国津贴的 20 所高等院校（辅仁大学不在内，其中接受美国津贴者 17 所），都在 1951 年分别作了处理。中国的教会与梵蒂冈教庭脱离关系，展开了"自治、自养、自传"的"三自"革新运动。

更为普遍的是，对包括建筑界在内的知识界和思想界进行思想改造，促使知识分子转变立场，以适应新环境的要求。这个针对知识分子的、针对以美帝国主义为核心的资本主义意识形态的批判，涉及全国各个领域的学术界，包括建设和建筑设计方面。凡提及知识分子或设计人员的官方文件，都会要求对知识分子"崇拜英美"的思想进行改造或批判。共和国成立之后对知识分子的长期思想改造，从这里开始。

（二）国内：内战余波

1949 年解放战争并没有结束。几乎在中华人民共和国开国大典的同时，战争仍在继续，中国人民解放军继续向全国进军。10 月解放广州，11 月解放重庆，12 月解放南宁，并促使了云南、西康起义，失败的国民党政权及蒋介石，逃离成都飞往台湾。

---

① 中共中央党史研究室. 中国共产党的九十年——社会主义和建设时期 [M]. 北京：中共党史出版社，党建读物出版社，2016：365.

战事在 1950 年依然持续，4 月解放西昌、海南岛，5 月解放舟山群岛，10 月解放厦门，进驻迪化（今乌鲁木齐）并开始向西藏进军。1951 年 5 月，达成和平解放西藏的协议，10 月中国人民解放军进驻拉萨，至此，除台湾省及其沿海的一些岛屿外，基本实现了中国大陆的统一。

战争需要浩大的军费开支，1949 年军费的开支占财政总支出的一半以上，1950 年也还占 41.1%[①]，加上朝鲜战争的巨大消耗，使得各地不可能进行大规模的建设活动。但是，军队所到之处，需要巩固政权，需要开展生产，解决人民的现实生活问题。因而，一些急需的小规模的修复和建设工作还必须进行。

（三）经济：百废待举

长达 11 年的全国范围的战争，给中国人民带来了深重的苦难，罹难同胞无数，财产损失无算，当时摆在中国共产党和人民政府面前的是一个满目疮痍、百废待兴的"烂摊子"。原本比较低下的社会生产力，几近崩溃的边缘。20 世纪中国工业发展的高纪录大约在 1936 年前后，以中国的最高纪录与外国的同年纪录相比，其差距之大，也是难以想象。中国的工业水准，大体与印度相当。

1936 年中国工业产品产量及其与美、苏、英产量的比较[②]　　　　表 2-1

产品	单位	中国的产量	美国是中国产量的倍数	苏联是中国产量的倍数	英国是中国产量的倍数
电力	亿度	37.95	39	10	6
原煤	万吨	3956	12	3	5
生铁	万吨	81.00	39	18	10
钢	万吨	41.43	117	39	29
棉布	亿米	34.58*	2.3	0.99	0.96

* 包括个体手工业的产量

1949 年以前中国主要工业产品最高年产量与外国同期年产量之比较[③]　　　　表 2-2

		中国		美国		英国		日本		印度	
	单位	最高年份（年）	数量	年份（年）	数量	年份（年）	数量	年份（年）	数量	年份（年）	数量
电力	亿度	1941	59.6	1941	2083.1	1941	335.8	1941	376.6		
原煤	万吨	1942	6188	1942	58334.9	1942	20824	1942	5354	1937	2543.8
生铁	万吨	1943	180	1943	5512.5	1943	730	1943	403.2	1937	166.8
钢	万吨	1943	92.3	1943	8058.7	1943	1324	1943	765	1937	92.0
棉布	亿米	1936	16.5	1935	58.43	1937	33.28	1937	40.4*	1937	37.35

* 单位是平方米

① 孙敦璠等. 中国共产党历史讲义（下册）第 3 版 [M]. 济南：山东人民出版社，1984：9.
② 本表根据李德彬. 中华人民共和国经济史简编（1949-1985）[M]. 长沙：湖南人民出版社，1987：23 页所载的资料制作。
③ 同上。

就是这样的一个薄弱的基础，1949 年已经远远不可企及。据统计，1949 年中国工业总产值比历史纪录下降 50%，这年的人口 5.4167 亿人，国民收入为 358 亿元，每人平均仅 66.1 元，大约折合 18 美元。在表 2-3 中，可以看到一些令人瞩目的产量下降数字。

1949 年中国主要工农业产品产量与此前最高年产量之比较[①]　　表 2-3

产品	单位	1949 年产量	是此前最高年产量之（%）	比最高年产量下降（%）
电力	亿度	43	72.3	27.7
原煤	万吨	3200	50.1	49.9
生铁	万吨	25	13.9	86.1
钢	万吨	15.8	17.1	82.9
原油	万吨	12	38.1	61.9
水泥	万吨	66	28.8	71.2
机床	万台	0.16	29.6	70.4
棉布	亿米	18.9	67.7	32.3
粮食	万吨	11318	75.5	24.5
油料	万吨	256.4	42.2	57.8
棉花	万吨	44.4	52.4	47.6

在金融方面，十几年的恶性通货膨胀，已经达到了无以复加的地步，有资料说，"从抗日战争爆发到一九四九年五月，国民党所辖地区物价上涨了十三万八千多亿倍。在国民党政府败退台湾以前的几年中，每年是以几十倍、几百倍以至成千上万倍的指数上涨的。"[②]"国民党从上海败退前夕，上海主要商品批发物价指数比战前上涨了 200 多万倍。"[③]

1949 年 4 月、7 月、11 月和 1950 年 2 月四次大规模的物价上涨，是过去恶性通胀的继续，也是巨额资本投机的结果，上海物价自 1949 年 5 月到 1950 年 2 月，上涨了约 20 倍。党和政府所面临的严重经济问题，可见一斑。

1950 年 12 月，美国政府宣布管制中国在美国辖区的公私财产，并禁止一切在美注册的船只开往中国港口。封锁和禁运，无疑使中国原本十分严峻的局势雪上加霜。

（四）政治：多项运动

面对国际、国内严峻的政治和经济形势，党和政府采取了强有力的果断措施，用政治运动的方式加以贯彻，将抗美援朝、土地改革、镇压反革命三大运动相互结合、齐头展开，进行所谓"三套锣鼓一齐敲"。

① 本表根据《中国统计年鉴 1981》有关资料制作。
② 孙敦璠等 . 中国共产党历史讲义（下册）（第 3 版）[M]. 济南：山东人民出版社，1984：9.
③ 薄一波 . 若干重大决策与事件的回顾（上卷）[M]. 北京：中共中央党校出版社，1991：72.

1. 土地改革

中国大陆统一以后，大约有 3.1 亿人口（其中农业人口 2.6 亿）的地区面临土地改革，1949 年初至 1953 年春，经试点后分三批有计划地完成，共使大约 3 亿无地或少地的农民无偿得到土地约 7 亿亩，免除了每年向地主交纳 700 亿斤粮食的农民负担，促进了农业的发展。

2. 镇压反革命

共和国政权初创，敌对势力针对新政权的抵抗、破坏、暗杀、暴动等恐怖活动接连不断。党和政府针对此种局面，展开了"镇压反革命"运动。这场运动自 1950 年底开始，至 1953 年春结束，共处决认为"罪大恶极的反革命分子" 70 余万人，关押和管制各 100 万人。[①] 基本消灭了大陆上的敌对势力，平息了历史上从未平息过的匪患，巩固了新政权，社会秩序出现了前所未有的安定局面。

3. "三反""五反"运动

1951 年冬，在开展三大运动的同时，中共中央和政务院决定在国家机关、国营经济部门和企事业单位开展"反对贪污，反对浪费，反对官僚主义"的"三反"运动。1952 年初，又部署了在各大城市的工商业者中展开"反对行贿、反对偷税漏税、反对盗骗国家资财、反对偷工减料和反对盗窃经济情报"的"五反"斗争，这项运动历时 6 个月后结束。

在"三反""五反"运动中，暴露了建筑业的大量问题，引起了党和政府的高度重视。中财委[②] 总建筑处，在 1952 年 6 月拟定的《关于设立建筑工业部门的组织机构建议（草案）》中指出：建筑业在"三反""五反"运动中所揭露的问题最多，贪污浪费、偷工减料的现象是普遍而严重的，使国家经济遭受了巨大损失。为了巩固"三反""五反"的伟大胜利，今后必须建立与加强建筑事业的管理。1952 年 4 月，中共中央作出《三反后必须建立政府的建筑部门和国营公司》的决定。1952 年 8 月 7 日，决定成立中央人民政府建筑工程部，部长陈正人，副部长万里、周荣鑫、宋裕和，并于 24 日正式办公。

4. 知识分子的思想改造和高等院校院系调整

1949 年，知识分子占全国人口的比例不足 1%，在这仅有的 500 万知识分子中，大多数出身于非无产者家庭，党和政府对他们实行"团结、教育、改造"的政策。1951 年 11 月，中共中央发出《关于在学校中进行思想改造和组织清理工作的指示》和《关于在文学艺术界开展整风学习的指示》，1952 年 1 月，政协全国委员会常委会作出《关于展开各界人士思想改造的学习运动的决定》，运动进入高潮。在运动中，虽然提出要坚持"启发自觉、不追不逼和认真审查、宽大处理"的原则，但由于存在要求过高、急于求成和方法简单等毛病，伤害了一部分人。在建筑界，这项运动指向了工程技术人员和建筑师，重点清除这些人头脑之中的"盲目崇拜英

---

① 参见王桧林等. 中国现代史 [M]. 北京：高等教育出版社，1989：32.
② 即中央财政经济委员会，1949 年 7 月组建，陈云为主任。

美""单纯技术观点"以及"立场不稳"等问题,这些,成为此后对他们进行长期思想改造的主题。

1952 年,教育部根据"以培养工业建设人才和师资为重点,发展专门学院,整顿和加强综合大学"的调整方针,进行了院系调整。调整后中国大陆的高等学校 182 所,其中设建筑学专业的院校共 7 所,它们是:东北工学院、清华大学、天津大学、南京工学院(今东南大学)、同济大学、重庆土木建筑学院、华南工学院(今华南理工大学)。1956 年,东北工学院、青岛工学院、苏南工业专科学校和西北工学院等学校的土建专业,合并成立西安建筑工程学院(后改名西安冶金建筑学院,今西安建筑科技大学);1959 年,在哈尔滨工业大学土建系的基础上成立了哈尔滨建筑工程学院(后改为哈尔滨建筑大学,今又回归哈尔滨工业大学)。这 8 所院校集中了共和国成立之前中国建筑教育的主要力量,继承了优良的教育传统,为共和国培养了一代又一代的建筑师。

(五)成就:三年恢复

从 1949 年 10 月到 1952 年 12 月,是共和国三年国民经济恢复时期。朝鲜战争、国际封锁、解放战争余波、国内敌对势力的顽强对抗、统一战线内部的阶级斗争等,构成这一时期严峻的社会环境。党和政府以强力的手段,坚决镇压敌对势力、妥善处理各方矛盾,不忘发展生产和提高人民生活水准,领导者渴望和平建设家园的人民忘我劳动、艰苦创业,在短短三年内,医治了战争创伤,把国民经济恢复到战前的最好水平,各项工农业生产达到和超过了战前的最高指标。

农业总产值由 1949 年的 466 亿元增至 1952 年的 810 亿元,增长 73%;1949 年建筑业的总产值 4 亿元,1952 年达 57 亿元,增长 14.25 倍。同时实现了财政收支平衡,物价稳定,取得了财政经济状况基本好转。

1952 年主要工农业产品产量与 1949 年以及历史最高产量之比 [①]　　　　表 2-4

产品(单位)	1952 年产量	为 1949 年的(%) (1949 年为 100)	为最高年份的(%) (最高年份为 100)
电力(亿度)	73	169.8	121.9
原煤(万吨)	6600	206.3	102.7
生铁(万吨)	193	772.0	105.5
钢(万吨)	135	854.4	146.1
原油(万吨)	44	366.7	136.3
水泥(万吨)	286	433.3	124.8
机床(万台)	1.37	856.5	254.8
油料(万吨)	419.3	163.5	69.1
棉花(万吨)	130.4	293.7	153.6
棉布(亿米)	38.3	202.6	198.3

① 本表根据《中国统计年鉴》有关资料制作。

中国共产党和中央人民政府在领导恢复生产的同时，不但注重眼前的工作，而且开始着眼长远规划。1949年编制了东北建设计划，1950年中财委试编了1950年国民经济计划概要。政府同苏联达成了50个建设单位（即156项中的一部分）的协议，并聘请苏联几十个设计组帮助进行勘察设计。事实上，苏联的建设方针和建筑设计思想，早在第一个"五年计划"之前就已经渐渐影响中国的各个领域了。

1951年2月，中共中央提出"三年准备，十年计划经济建设"的设想，开始参照苏联的经验编制国家的五年计划草案，各职能部门也开始加强管理，组建基建队伍。1952年11月，政府成立国家计划委员会，为今后的计划经济建设作长期打算。中共中央还要求高级干部学习斯大林的《苏联社会主义经济问题》，为未来的经济建设做好理论准备。

二、清除废墟建立秩序

（一）医治战争创伤

1. 以北京为例

共和国成立之初的北京，旧城62平方公里范围内有建筑1700多万平方米，其中住宅1100万平方米。这些建筑中90%是平房，破旧房屋占60%，有5%是危房，平均建筑密度47%左右，有些地方密度高达80%。胡同密集、街道狭窄，到处充斥垃圾、粪便和泥塘。旧北京有一百数十万人口，只有62万人能用上自来水，城市贫民聚居之处根本没有自来水设施。

1949年11月20日，市长聂荣臻在第二届各界人民代表会议上，提出城市建设的四项任务："第一、改进自来水供应情况，使市民能够用到清洁、廉价而又充分的水。第二、整顿下水道，使污水有所排泄。第三、改善环境卫生，清除垃圾粪便。第四、采取以工代赈等办法，动员大量人力，修筑道路疏浚河道。"此后，政府据此进行了大量的工作。

清除垃圾和粪便。 在1949年的3月至6月的91天中，全市就出动7万余人，汽车807辆，马车32103辆，人力手车3294辆，清除垃圾20余万吨。仅1年内，就清理了包括明代以来的垃圾33万余吨，清除了61万吨城内积存的粪便，城根关厢的1148处粪场，全部迁至郊外建粪污处理场。

改善自来水和下水道设施。 修复未建成的安定门水厂，扩充管线，增设1000多处公共水站。至1952年，自来水管已长达666公里，用水人口达166万，城区有93%以上的市民用上了自来水。四年内政府先后掏挖修整南北沟沿、什刹海等22条旧下水道，新修近100公里，根治了著名的污水沟——龙须沟。

龙须沟位于北京外城南部天桥以东，外城2/3的污水在这里会合，附近作坊和染房排出的污水加上经久未除的垃圾、粪便，环境十分恶劣，时称"臭沟沿"。沟旁密集聚居着贫苦民众，每逢雨季，水漫两岸，污秽水浆漫入户内；夏日蚊蝇孳生、病害猖獗。政府在财政困难的情况下，

图2-002 作家老舍、建筑家梁思成、数学家华罗庚和京剧艺术家梅兰芳在一起

拨款疏浚,在短短6个月的时间里,化明沟为暗渠,变泥塘为湖泊。两侧建起有水、电供应的住房,且增设了交通设施,人民居住环境得到了极大的改善。平民作家老舍先生将此举写成话剧《龙须沟》,搬上舞台、走上银幕,动人的故事全国流传。

1950年三海疏浚工程。过去的三海,污水四溢、疾病流传。此番疏浚面积达86.4万平方米,清除淤泥平均达1米厚,蓄水量由原先的146万立方米增加到1232.4万立方米,三海的环境得到彻底改善。什刹海又称"后三海",包括什刹海前海、后海和积水潭,在短期内亦得到了疏浚,疏浚面积达34.73万平方米,土方量达27.7908万立方米,并且在这里设立了游泳场、体育场,成为夏日可游船、冬季可滑冰的休闲场所。这是北京有史以来最彻底的疏浚工程,据记载,仅1950和1951两年,疏浚河湖水系完成的土方量达254万立方米,如用火车车厢载运,可从北京排至武汉。

改善城市交通。旧北京市区,除少数街道外,大多是条件很差的黄土路面,所谓"晴天是香炉,雨天是墨盒"。4年内,新建和改建城市道路100多条,整修胡同4000余条。为迎接开国大典,初步整修了天安门广场;1952年,在争论声中拆除了东西三座门,整治了东西长安街。

城市住宅建设。北京定都之后,人口增加很快,加上原来住房紧缺,住宅建设十分迫切。苹果园、陶然亭、夕照寺等大批工人住宅,百万庄和三里河居住区等机关住宅,都在这一时期建成。4年新建各类住宅157万平方米。

小规模公共建筑的建设。军队进城之后,党和政府机关各部,起初大多在接管的王府、署衙办公。随着机构和各项事业的发展,4年内建起来各类公共建筑,如办公楼、大学、医院、旅馆和工厂等228万平方米。主要有长安街上的外贸部、纺织部、燃料部、公安部,西郊的总后勤部、炮兵、装甲兵、通讯兵、军训部等军事机关建筑。在西北郊,新建中央民族学院、中国人民大学、北京工业学院、铁道学院,此外还有回民医院、友谊医院、儿童医院和金鱼胡同的和平宾馆等。

2. 以广州为例

广州把消灭灾区、迅速改善人民的生活条件、恢复交通当作中心任务。1950年3月,在缺乏技术力量和钢材的条件下,用8个月的时间,修复了海珠铁桥,10月7日正式通车,使珠江南北恢复陆路交通。同时，维修和新建了许多项目。

1951年春，华南土特产展览交流大会选址在西堤，该址为战后灾区，附近是人口最密集的地方。建设部门把5000多户居民在一个月内迁往广州市区的河南落户。同时，在西堤清除瓦砾，仅90多天，完成5万平方米的场地，建成12座展览馆和大面积的绿化。展览会结束后，12个馆和已经美化的场地，改为广州市的文化公园，不断经营发展至今。

广州，越秀体育场，位于越秀山，利用当地地形，发动群众修建了可容纳4万人的体育场，满足了人民文体、政治活动对场地的需要。

广州，中山纪念堂维修，中山纪念堂由建筑师吕彦直于1927年设计，华侨集资建成。因战争破坏、年久失修，1953年，在财政比较困难的情况下，开始了第一次维修，使得这座具有特殊历史意义的建筑得到了妥善的保护与合理的使用。

广州，南方大厦百货公司，是以前的大新公司，建于1919年，共9层（连塔楼12层），一至七层为商店，八九层及天台是游乐场所。抗战时期遭洗劫，后被烧毁。抗战胜利后，业主请美国专家勘查，被认为大厦已成废物，无可救药。1950年代之初，中国技术人员在政府的支持下，克服种种技术难点，仅用不到一年的时间，即修复了这座广州最大的商业建筑。

图 2-003　广州，越秀体育场（左）
图 2-004　广州，中山纪念堂，1927—1931年，鸟瞰，建筑师：吕彦直（右上）
图 2-005　广州，南方大厦，1919年，建筑师：林克明，杨元熙等（右下）

（二）建立管理机构和国营企业

1949 年 1 月 31 日，中国人民解放军进驻北平，2 月 2 日北平市军事管制委员会与北平市人民政府进城办公，2 月 3 日举行入城仪式，9 月 27 日中国人民政治协商会议通过决议定都北平，改名"北京"。

党和政府在接管城市的同时，开始了各项改组和组建机构的工作，如改组工务局成立建设局，成立都市计划委员会，成立北平市建筑业工会等。1949 年 5 月 22 日，在北海公园举行了北平市都市计划委员会成立大会，有市政专家华南圭、林是镇，以及清华、北大教授梁思成、王明之、钟森等 10 余名委员出席大会。北平市副市长张友渔说，该委员会的主要工作是："在保持北平为文化中心、政治中心及其历史古迹和游览性的原则下，把这个古老的城市变成一个近代化的生产城市。"

北京先后成立了 3 家比较大的建筑公司，是国营企业的代表。

华北公路运输总局建筑公司　1949 年 8 月 10 日，华北人民政府公路运输总局组建的华北建筑公司正式开业，持有北京市建设局颁发的"北京市营造业临时登记证营字第一号"执照。这是全国第一个大型国营建筑公司，承办各类土木工程业务，包括测量、设计、监造、家具、工程工具、工程材料、采运、信托等。1950 年改名为"中央人民政府交通部国营建筑企业总公司"，在西安（西北）、武汉（中南）设两个区公司，北京、天津、平原省设 3 个分公司，大同、沈阳设两个办事处。1952 年，所属单位就地下放，成为地区国营建筑力量的主要组成部分。

为解决技术力量缺乏问题，公司以优厚的条件，聘请全国有名望的建筑师，如 1950 年冬专程赴上海聘请建筑师庄俊，为他安排了带有卫生设备的房间，单开小灶。第二年又从上海招聘许多建筑师和工程技术人员。在当时的社会条件下，党和政府对待这些知识分子，均为客座，在设计工作中能以礼相待，加上当时"盖大楼"的建筑技术也算是"高科技"，行政首长不便轻易干预具体技术问题，一般能按客观的设计规律办事。

永茂建筑公司　1949 年 9 月，北平市军事管制委员会副秘书长李公侠，受命筹建公营永茂建筑公司，吸收北平私营基泰建筑公司刘礼华、刘友渔等十余人参加，年底吸收在北京大学任教并经营龙虎建筑事务所的钟森、朱兆雪和工程师沈参黄、杨耀、张浩机、中国银行的陆仓贤等 20 余人。1950 年春节后又到上海聘请顾鹏程建筑设计事务所张开济等 50 余人，3 月 10 日正式开展业务。李公侠兼任总经理，总工程师顾鹏程，副总工程师张开济、杨耀，顾问工程师杨廷宝、杨宽麟。同年又去香港聘请张镈、张宪虞等 4 人，充实设计力量，形成技术力量比较强大的建筑公司。1951 年 10 月，永茂公司更名为"北京市建筑公司"，下设设计公司、工程公司和材料公司。

中直修建办事处　1949 年初，中央党政机关临时安排在北京西山一带，为解决中央机关的办公用房问题，中共中央办公厅成立中直机关修建办事处，从北平、上海、广州及香港招收了许多工程技术人员，吸收大批技术工人，以此为骨干组成了设计和施工队伍，经建筑学家梁思成推荐，1950年1月青年建筑师戴念慈担任设计室主任。当时，比较重视技术人员，工程师住的是1951年新建的宿舍，技术负责人住在单幢住宅里，而行政领导依旧住在冬训时的工人宿舍里。1952年3月12日，政务院发布《关于同意处理机关生产的决定》，把该单位交给国家建筑部门。

其他地区也相继成立了国营的建筑企业。

1949年4月，山东省成立了第一个国营建筑企业：山东建鲁营造公司，1950年1月改为"山东建筑公司"；7月，天津成立了第一个合作社性质的天津营造服务公司，并陆续组建公营建筑公司；8月上海成立华东建筑公司，这是上海第一个较大的国营建筑公司，承担建筑设计、土木工程和水利工程。1950年4月成立上海市工务局，后扩大成为上海市营造建筑工程公司，市工务局副局长汪季琦兼任经理。①

私营的营造厂、建筑师事务所和已经成立的国营单位一起，参加了三年国民经济恢复时期的建筑设计和建造活动。由于政府当时只能对建设工作宏观控制，缺乏计划和法规，建筑方针也不十分明确，所以，不论国营还是私营单位，在设计和施工的过程中行政干预相对较少。已在第一章叙述过，共和国成立之前，中国建筑师已经对西方现代建筑的理论有了比较深刻的认识，且做出了大量实践；营造商很早就把建筑当作商品，以资本主义市场化方式经营、管理。建筑师和营造商，延续1949年以前的设计和施工体制，顺理成章。

随着建设活动的开展，一些不法商人投机倒把、哄抬物价、层层转包、偷工减料，加上一些国家机关工作人员和技术人员丧失立场，给建设活动造成了混乱和损失。1951年6月，全国总工会领导人李立三在《全国建筑工会工作会议向中共中央的总结报告》中说：

> "目前建筑业的情况，总括起来，可以说是无组织、无领导、无管理、无计划的无政府状态。具体表现在：第一，公司林立、狼狈为奸；第二，投机倒把、沟通舞弊；第三，偷工减料、敷衍塞责；第四，层层转包、封建剥削。在建筑业中，甚至在公营建筑公司中都存在着浓厚的资本主义经营思想，就是专以谋利为目的，缺乏为国家、为人民服务的观点，不作勘察研究，盲目设计施工，'给多少钱，做多少事'。这种情况严重地障碍着旧建筑业的改造。"②

1952年初全国范围的"三反运动"，各地揭露了许多奸商和贪污盗窃分子在基建方面的罪行，惩治了一大批"三反分子"。1952年7月2日至17日，一直领导着建筑工程的中财委所属总建筑处，召开了第一次全国建筑工程会议，会议对3年来建筑事业的情况作了评估，并为今后即将展开的大规模建设工作制定方针政策。在事后成立的建筑工程部党组给中共中央的报告中，对当时的形势作了这样的总结：

---

① 以上资料参考了：王弗，刘志先．新中国建筑业纪事（1949—1989）[M]．北京：中国建筑工业出版社，1989；董光器．北京规划战略思考 [M]．北京：中国建筑工业出版社，1998：311-313；华南工学院建筑系建筑史教研组编著的《中国解放后建筑》（初稿）未出版的油印稿．
② 参见中国建筑年鉴1994[M]．北京：中国建筑工业出版社，1995：458-459.

"……国营、公营建筑业有很大的发展。这一发展为今后大规模的经济建设所需要的国家建筑力量，打下了一定的基础。但国营、公营建筑公司在经营管理方面，存在着盲目的资本主义的经营方式，及保守观点，仍沿袭着旧的封建把头制和包工制，旧技术人员则是立场不稳，技术不高，盲目崇拜英美。以及某些单位无计划的建设和没有设计盲目施工等，造成了大量浪费国家财力、物力的严重现象。"①

　　应该注意到，这段文字里提出的三个"盲目"："盲目的资本主义经营方式""盲目崇拜英美"和"盲目施工"。前两者，点出了当时领导和建设管理中的鲜明政治方向，后者道出了建设初期技术和管理的低水准。在这个报告里，还提出了设计方针，其中，依稀可见日后正式的"建筑方针"。虽然这个方针字数较多，但表述清楚，不易产生歧义：

　　"设计方针必须注意适用、安全、经济的原则，并在国家经济条件许可下，适当照顾建筑外形的美观，克服单求形式美观的错误的观点。"

　　会议结束之后，各地建立了建筑业的主管部门和设计单位。
　　早在 1952 年 5 月，由中共中央直属机关修建办事处、政务院中南建筑公司、中央军委民用航空中国建筑工程设计公司、中国人民解放军后勤部营房部设计处、中央财政经济委员会总建筑处设计处、中国建筑企业公司设计部、国家机关企业管理局新中国工程公司、交通部公路总局建筑设计所、铁道部建筑工程处设计部、新民建筑事务所及隆华公司等 11 个中央在京建筑单位合并，成立了"中央财政经济委员会总建筑处直属设计公司"，简称"中央直属设计公司"。1953 年 2 月，改称"中央人民政府建筑工程部设计院"，简称"中央设计院"。1954 年 2 月，又改称"建筑工程部设计总局工业及城市建筑设计院"，10 月改称"建筑工程部设计总局北京工业及城市建筑设计院"。为适应建设转向工业建筑，1955 年 3 月又改称"建筑工程部北京工业建筑设计院"。此后历经多次重大改变，特别是"文革"前后的变化，演变成建设部建筑设计院，2000 年与建设部四家直属单位组建，改称"中国建筑设计研究院"。
　　1952 年，各地也成立了第一批设计单位，如天津市建筑设计院、甘肃省建筑勘察设计院、四川省建筑勘察设计院、湖南省建筑设计院、中南（湖北）工业建筑设计院、贵州省建筑设计院、哈尔滨市设计院等。建筑工程部和国营的设计单位成立之后，随着计划经济体制的不断完善，中国的设计力量就完全纳入政府的运作之中，苏联建筑设计思想和实践的影响加强。
　　一个时期内，国营或个体的建筑师，在氛围比较矛盾的大环境中工作。在业务上，由于设计力量的不足，建筑师和工程技术人员仍被看重，建筑设计尚能够按照建筑师自己所习惯的思想和方法展开工作。在政治上，改造资产阶级思想的压力越来越大，苏联的影响已经逐渐显现，

---

① 参见：中国建筑年鉴 1994[M]. 北京：中国建筑工业出版社，1995：467-468.

先是在具体的技术范围，如标准设计的研究和采用、冬季施工技术等。为解决建筑设计力量严重不足，受苏联大量采用标准设计启发，设计单位开始注重标准设计的编制。1952 年 8 月，华北行政委员会委托北京市设计公司，用半年的时间完成了一批适应华北地区中小城市的学校、办公楼、宿舍、饭厅等 10 余种标准设计；9 月，东北区在苏联专家托瓦斯基的指导下，用 4 个月的时间完成了住宅、单身宿舍等标准设计 30 余种。这是中国第一批标准设计，此前大多采用重复使用旧图纸的办法，以解急需。1953 年，当地利用这些标准设计，建设了 60 多万平方米的建筑物，占总工作量的 20%。

三年国民经济恢复时期，国家用于基本建设的总投资 78.36 亿元，占国家总支出的 22%。国营建筑企业达 99.5 万人，比 1949 年增加了 4 倍，私营企业所占比重由 1949 年的 35% 下降到 1950 年、1951 年的 25%，待到 1952 年"五反"运动之后，只占 1.7% 了。当恢复时期结束时，中国共产党和中央人民政府在组织、管理或经验上，都已经完全掌控了全国的基本建设局面，为第一个五年计划的实施创造了条件。

（三）恢复工业生产

恢复工业生产，是进入城市之后必须实行的艰巨工作。自从抗战胜利到解放战争以来，东北地区的工厂装备散失、损毁较多。由于东北战事结束较早，工业生产的恢复、改建、扩建生产工作随即较早开展。

以鞍山钢铁工业为中心，逐步形成了比较完整的生产体系。水力和火力发电站、煤矿、化工厂和新式的亚麻厂等，都有相当规模的建设。待到 1953 年，第一个五年计划开始的时候，3 年恢复时期的许多较大项目相继完成，如鞍钢无缝钢管厂、大型轧钢厂、7 号高炉三大工程于 12 月竣工。

全国各地的一些大中型项目，如太原重型机械厂、郑州棉纺厂、上海经纬纺织机械厂也先后建成。1952 年底，中国第一个现代化的纺织机械厂国营山西榆次经纬纺织机械厂全面完成建设任务，给第一个五年计划中的棉纺工业奠定了基础。

铁路的恢复和建设也在大力进行，特别是新建铁路，已经初见成效。成都至重庆的成渝铁路于 1950 年 6 月开工，全长 530 公里，至 1952 年 5 月通车。天水至兰州的天兰铁路 1950 年开工兴建，全长 346 公里，1952 年 8 月通车。1952 年 7 月，宝鸡至成都的宝成铁路开工，全长 668 公里，于 1958 年 1 月通车。1952 年 10 月，兰州至乌鲁木齐的兰新铁路开工，全长 1892 公里，1962 年 6 月全线通车。

1951 年 2 月，当中共中央提出"三年准备，十年计划经济建设"的设想，五年计划草案的编制工作就已开始进行，苏联帮助改建和新建的工厂项目陆续开展设计。两年来，苏联帮助设计项目 42 个，其中东北地区 30 个，其他有太原、重庆、西安、郑州和新疆等地区的项目。这些项目的设计及实施，意味着第一个五年计划时期苏联建筑设计思想的登陆，预示了三年恢复时期自发延续的现代建筑现象的悲剧性结局。

图 2-006　哈尔滨亚麻厂（左）
图片引自：建筑工程部建筑科学研究院编《建筑十年》
图 2-007　鞍钢大型轧钢厂（右）
图片引自：建筑工程部建筑科学研究院编《建筑十年》

图 2-008　太原重型机械厂
图片引自：建筑工程部建筑科学研究院编《建筑十年》

三、现代建筑的自发延续

（一）创作环境

适合于现代建筑存活的创作环境，造就了现代建筑的自发延续。

1. 普遍的现代建筑意识

活跃在 1950 年代之初的许多前辈建筑师们，经历过经典现代建筑发展与成熟时期，或经受过现代建筑教育。但对"现代建筑"或"新建筑"及其原则都有不同的关注或领悟，许多建筑师不失时机地认同现代建筑原则。在归国之后的建筑创作环境中，现代建筑也有一定的实践，华盖事务所等专以现代建筑设计为主旨。1949 年政权的改变，在急需建造房屋的环境中，建筑师自然地延续了已经熟悉的现代建筑思想或原则。

2. 建设规模不大，建设速度要快

政权初创，战事未了，可以投入建设的财力和物力有限。在上海、南京和天津这样的大城市，由于旧政权或官僚资本留有一定的房产，并没有马上兴建多少办公建筑。北平旧公共建筑相对较少，定都之后，国家各部利用过去的王府和其他建筑作了安排，军事机构在西郊有规模相对较大的建设。

其他一般城市，新建筑大多以满足急需为限。建筑类型方面，以工人新村及简易的住宅当先，医院和学校，是建设数量较多的类型。其他建筑多为办公建筑、观演用的礼堂等，这些都和政权建设、改善人民生活紧密相关，但标准不可能很高。

由于要求快速，有些公共建筑，边设计、边施工。设计进行之际，就先按一定的模数（例如6米×6米）打桩，做好钢筋混凝土基础承台，可以适应各种功能分隔。建筑多为平屋顶，少装饰或无装饰，以满足基本功能为主旨，既提高了速度，又节约了资金，这恰恰是现代建筑的基本原则，正好适合中国建设的形势。

从总体上说，这些现代建筑的设计水准相当高，即便是以现在的眼光来看，许多作品也是难能可贵的。不过也应看到，这时全国整体的建筑水平差别很大，也有许多地方缺乏设计，盲目施工，以致酿成灾祸，致使1951年6月16日《人民日报》发表这样的社论《没有工程设计就不能施工》，发出"施工必先有设计"这种任何人都应当知晓的常识性警告。

3. 行政干预较少，苏联影响渐入

由于当时进城的干部，长期在农村工作，对于建筑设计和技术比较陌生，甚至心怀敬畏。出自对知识和技术的尊重，在一个时期里，作为知识分子的建筑师，曾被当成客人看待。据传，武汉建筑师王克文主持荣军疗养院工程时，军方代表没有汽车，用马车拉建筑师，自己跟在马车后面跑。[1] 由于长官对建筑师的具体技术工作很少干预，建筑师的本来意图可以得到较为完整的贯彻。

在苏联的社会主义建筑理论输入之前，人们毫不觉得平屋顶的"方盒子"是资本主义的建筑。苏联对中国革命的影响由来已久，对建设的影响在解放战争结束前后已经开始。大约在1952年，苏联的理论影响渐渐增强，外来的苏联社会主义建筑理论也开始了中国化进程。不过，在3年恢复时期的影响力度，尚不足以阻止中国现代建筑的延续，因此形成了1950年代前期中国现代建筑史中独特的现代建筑现象。

（二）典型的现代建筑作品

这个时期的建筑作品比较丰富，表2-5举出一些明显具有现代建筑特征的实例。

---

[1] 据1983年5月20在武汉市设计院座谈会记录。

类型	建筑名称	设计—建成（年）	设计单位和建筑师
办公	北京，对外贸易部办公楼	1952—	徐中
办公	北京，军委西郊军训部办公楼	1952—1953	陈登鳌、徐学文等
办公	北京，全国妇联办公楼	1952	毛梓尧、徐学文
办公	北京，西郊总后军训部办公楼	1953—	龚德顺
办公	广东省交通厅办公楼省邮电楼	1952—	黄远强
办公	兰州军区后勤办公楼	1950 年代初	
办公	乌鲁木齐，中共市委办公楼	1950 年代初	孙国城
办公	武汉，中共中央中南局办公大楼	1950	黄康宇
办公	武汉，中南行政委员会水利部	1951	黄康宇
办公	武汉军区司令部办公楼	1950 年代初	
办公	长沙，中共湖南省委大楼	1952—	吴景祥
办公	重庆，西南建筑工程局办公楼	1952	徐尚志、张韦
办公	重庆，西南总工会大楼	1951	徐尚志
博览	广州，文化公园	1951—	林克明、夏昌世等
博览	济南，工业展览馆（电厂改造）	1950 年代	
工业	乌鲁木齐，七一纺织厂	1950 年代初	苏联提供图纸
工业	乌鲁木齐，十月汽车修配厂	1950 年代初	苏联提供图纸
工业	榆次经纬纺织机械厂	1951—1952	刘光华主持
观演	北京，军委三座门礼堂	1951—1952	陈登鳌、胡东初等
观演	杭州，人民大会堂	1949—	浙江省建筑设计院
观演	湖北，武汉洪山礼堂	1950 年代初	中南工业建筑设计院：周立模
观演	济南，八一礼堂	1950 年代初	
观演	青岛，纺织管理局俱乐部	1950 年代初	上海华东建筑工程公司
观演	天津，第二工人文化宫		
观演	西安，人民剧场	1954	
观演	重庆，劳动人民文化宫	1950—	徐尚志、龚达麟、赵玉琴等
观演	重庆，西南人民大礼堂	1952-1954	西南工业建筑设计院：张嘉德等
会馆	天津，马场道干部俱乐部	1953	董大西
交通	甘孜，机场候机室	1950—	龚德顺
教育	北京师范大学女附中教学楼	1952—	龚德顺
教育	大连医学院	1950 年代初	汪坦
教育	广州，中山医学院建筑群	1950 年代初	夏昌世主持
教育	济南，山东机械学校	1950 年代初	圣约翰大学教师
教育	南京，华东航空学院教学楼	1953—	南京工学院建筑系：杨廷宝
教育	南京大学东南楼	1953—	南京工学院建筑系：杨廷宝
教育	厦门，集美学村	1950 年代	陈嘉庚等
教育	上海，同济大学文远楼	1951—1953	黄毓麟、哈雄文等
教育	乌鲁木齐，新疆医学院	1950 年代初	苏联提供图纸
教育	长沙，湖南大学工程馆	1953	湖南大学：柳士英

类型	建筑名称	设计—建成（年）	设计单位和建筑师
居住	北京，百万庄住宅区	1953	宋融，张开济指导
居住	北京，复外真武庙邻里住宅	1951	
居住	北京，三里河住宅区	1953	
居住	上海，曹杨新村规划	1952—1982	华东工业建筑设计院汪定曾等
居住	上海，耀华玻璃厂职工住宅等	1950—	吴景祥
居住	天津，中山门工人新村	1950—	天津市建筑设计院
旅馆	北京，和平宾馆	1951—1953	杨廷宝主持
旅馆	北京，新侨饭店	1952—1953	北京市建筑设计院张镈
旅馆	北京，友谊宾馆	1953—1954	北京市建筑设计院张镈等
旅馆	北京饭店西楼	—1954	北京工业建筑设计院：戴念慈
旅馆	西安，人民大厦	—1953	西北工业建筑设计院：洪青
商业	北京，王府井百货大楼	1952—1954	兴业投资公司设计部：杨廷宝主持
医院	北京，儿童医院	1952—1954	华揽洪、傅义通等
医院	北京，空军总医院	1952	毛梓尧、唐正中、徐学文
医院	北京，同仁医院	1954	赵冬日
医院	北京，友谊医院	1952—	张镈等
医院	广州，第一人民医院	1950—	续建
医院	青岛，纺织管理局医院	1950 年代初	上海华东建筑工程公司
医院	武汉医学院医院	1952—1955	冯纪忠
医院	西安，第四军医大学及附属医院	1951—1953	董大酉

1. 居住区和住宅

1949 年之前的中国居住建筑，呈明显分化状态，多数城市市民和城市贫民阶层的住房，同少数显贵及资产阶级的住房，在数量和质量上形成了强烈的对比。以上海为例，当时共有住房 4500 万平方米，其中少数政要和大资产阶级的住房占 17.6%，外国人的住房占 16.7%，房地产商控制了 34.8% 的住房，私人社团和宗教团体占 2.6%，而占人口绝大多数的普通市民只拥有住房 29.2%。在杭州，商贾、官僚占人口数量 3%，占有住房 50%；苏州 3.8% 的人口拥有全市私房总数的 46.8%。

城市市民和城市贫民阶层的居住建筑低矮破旧，缺乏公共设施，卫生条件极差，有些地方形成了环境恶劣的棚户贫民窟。在不同的城市，人们以不同的言辞来称呼这些贫民窟：如上海叫"滚地龙"，天津称"三级跳坑"，西安是"豫民巷"，哈尔滨为"十八拐"，从这些称呼里，可以想象人们的悲惨生活环境。据 1949 年统计：上海有棚户区 320 多处、17 万间，住着 100 余万人，占城市人口 1/5；天津破危棚屋 57 万平方米；西安有 116 处，30 万平方米棚屋草房；重庆的捆绑结构住房达到 195 万平方米，全市有 30% 的居民居住在这种破败、闷暗的房屋中；广州有 7 万居民以浮船为家，常年漂泊江上。据北京、上海、重庆等十余个大城市的统计，多数城市人均居住面积只有 3 平方米多一点，最低者如重庆、大连，只有 1 平方米多。共和国建立后，紧急解决城市劳动者的住房问题，已迫在眉睫。

为此，政府在各大中城市，以较少的投资建设了大量"工人新村"。一般地说，这些新村规划比较简单，住宅简易，大多数为平房或 2~3 层建筑，有的地方将这批房屋作临时住宅应急，待日后有条件时拆除改建。在一些大城市，规划和设计比较正规，并深入地探索了"工人新村"这种全新的居住形式。根据共和国初期在全国 50 个城市的调查结果，平均每人居住面积 3.6 平方米，政府规定采用每人居住面积 4 平方米作为设计标准，正规住宅每户平均 50 平方米上下。

上海的住宅建设，具有一定的代表性。几年内，全市共投资 648 万元，使棚户、简屋区 227 处得到了改善；整理、铺筑道路 71 万平方米，敷设下水道 192 公里，开辟火巷 326 公里，受益居民达 100 万人；同时政府按照方便生活，充分利用城市原有的市政公用设施和生活服务设施，配套齐全，提供较好居住条件的原则，先后陆续投资建设了九个住宅新村，即曹杨、甘泉、长白、控江、凤城、鞍山、日辉、天山及长航新村等。这九个新村用地 128.8 公顷，建筑面积 60 万平方米，共建设住宅单元 2.183 万套，解决了一大批人民群众的居住问题，同时也开创了上海成批建设住宅新村的道路。

上海曹杨新村，规划设计始于 1951 年，建筑师汪定曾主持，主要合作者金经昌、周镜江等。该新村位于上海的西北郊，原来是居住环境十分恶劣的贫民区。新村始建于 1951 年，1953 年一期基本完成，此后 30 年间仍有续建；一期建设占地 23.63 公顷，建筑面积 11 万平方米，建成住宅 4000 套。到 1975 年，新村占地 158.5 公顷，建筑面积 56 万平方米，容纳六万多人。

在规划中，充分考虑地段内的自然地形，建筑顺应小河走势，因地随坡就势，采用自由布局，创造了一个环境优美宜人的居住区，颇有"田园城市"的意味。住宅多为 2~3 层，人均居住面积约 4 平方米，平面简单、光线充足，但由于当时对住房的需求量过大，多数只能采取大居室的单室户。

外部淡黄粉墙、红色瓦顶，楼梯间窗略带装饰，形式简朴。除住宅外，在新村中心设立了各项公共建筑，如合作社、邮局、银行和文化馆等；新村边沿设菜市，便于日常生活；小学及幼儿园不设在场内，平均分布在独立地段。新村绿化呈点、线、面的结合，构成一个有机的体系。

但当时对新村规划也提出了一些问题，如"不切实际地"过早考虑小汽车出入；街坊规划得较小，从而提高了道路密度；新村内不引入公交线路，居民乘车不方便；用地相对不够经济。不过，在急需的条件下，住宅状况能得到如此改善，实属非常之举；建筑师自动地运用合乎时

图 2-009　上海，曹杨新村，1951 年始建，中心区总平面示意图，规划设计：汪定曾等

图 2-010　上海，曹杨新村，1951 年始建，鸟瞰

图 2-011　上海，曹杨新村，1951 年始建，
沿河居住环境，规划设计：汪定曾等

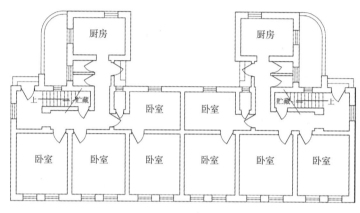

图 2-012　上海，曹杨新村，1951 年始建，
Ⅰ型住宅平面

图 2-013　上海，曹杨新村，1951 年始建，
住宅外观

图 2-014　上海，曹杨新村，1951 年始建，
幼儿园

宜的规划和设计手法，处理自己面临的全新问题，亦属难能可贵，在新的社会条件下，开创了中国现代居住区规划和建筑设计的先河。

北京，西郊百万庄住宅区，是以居住干部为主的居住区，1953 年基本建成。占地 21.09 公顷，1510 户，居住人口 7846 人。住宅以 3 层为主，公共建筑 1~2 层。住宅布局以双周边式为主，人均建筑面积 6.59 平方米。双周边式的住宅布局，使区中心留出了大片的绿地和儿童游戏场地，并保证了住宅周围的安静；住宅的间距仅为高度的 1~1.5 倍，在当时显得拥挤，在日照和住户之间的干扰方面有所不足。住宅外观朴实，采用红砖墙、坡屋顶，局部简单装饰。

图 2-015　北京，百万庄住宅区，1953 年，总平面示意，规划设计：宋融、张开济指导（右上）
图 2-016　北京，百万庄住宅区，1953 年，住宅外观（右中）
图 2-017　北京，百万庄住宅区，1953 年，干部住宅（右下）
图 2-018　北京，百万庄住宅区，1953 年，住宅入口细部（左）

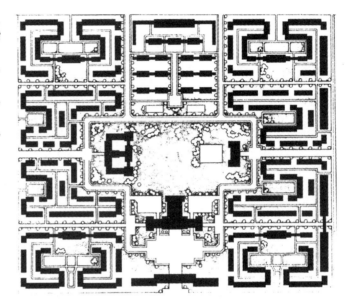

北京复兴门外真武庙邻里，于1951年兴建。规划采用了西方"邻里单位"设计思想，住宅为二层花园式小楼和三层里弄式邻里住宅，居住舒适，环境优美。联系到上海曹杨新村的"田园城市"，可以看到1950年代之初西方城市规划和住宅建筑设计思潮，在新条件下的自发延续和发展；但由于该邻里追求环境效益，难以顾及当时的经济状况，故得不到推广。

北京同期的居住区建设，还有三里河居住区、国棉一厂生活区等。

天津中山门工人新村，是1950年代初天津市第一个大规模建设的居住区，新村占地约92公顷，建筑面积16.45万平方米，建设住房1.01万间。新村设计以"邻里单位"理论为依据，采用比较规整又有适当变化的路网，有良好的房屋朝向以及基本配套的生活服务、文化教育设施；内部道路为八卦形，将新村划分为12个街坊，围绕中心的公园布置，中学、小学、百货、副食等公建安排在中心公园的周围。住宅每户由一间住房、半间厨房组成，10~12户组成一排，排与排之间作为庭院，10~20排左右组成一个里弄，5~6个里弄组成一个街坊。公共设施比较简陋，共用上下水、公厕。这些住宅的设计标准很低，但是，新村当年设计，当年施工，当年竣工，当年进住，使大量无家可归的人搬入了新居，解了燃眉之急。

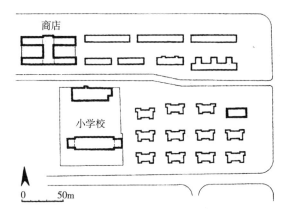

图2-019　北京，复兴门外真武庙邻里，1951年始建，总平面图示意（左）
图2-020　北京，复兴门外真武庙邻里，1951年始建，住宅外观（右）

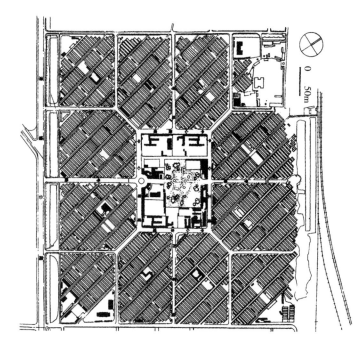

图2-021　天津，中山门工人新村，1950年，总平面示意图
图片引自：天津市城乡建设管理委员会编《天津建设五十年》

图 2-022　天津，中山门工人新村，1950 年，住宅 1998 年拆除前外观

　　天津同期的居住区建设还有西南楼、吴家窑居住区等。

　　各地都有类似的新村建设展开，如济南的工人新村、鞍山的工人住宅区以及沈阳铁西工人住宅区等。这些成片居住区的规划和建设，有许多自发延续了广有影响的田园城市规划思想，规划设计考虑经济、简朴，能快速解决居住问题。

2. 医院建筑

　　1950 年代初，中国现代医院数量少、规模小、功能不全、设备简陋，且集中在大中城市。比较正规、合乎科学化管理要求的少数医院，主要集中在上海等大城市。当时医院总数（不包括港澳台地区）约计 2600 所，病床总数约 8 万张，城市每千人口平均仅有 0.2 张病床，农村及县城更是缺医少药。医院建筑布局多为分散式，以门诊、病房为主。辅助科室只限于药房、检验科、放射及手术室，占用建筑面积比例较小。病房多为大病室，只有少量小病室作为一、二等病房，建筑物单体多数为砖混结构。

　　三年国民经济恢复时期，在大城市进行了有限的新建，不过，卫生福利设施还是得到了改善，医院数量从 1949 年的 2600 所达到 3540 所，增加了 940 所；门诊部、所增加到 28281 所。医院的设计也取得了显著的成就，出现了像武汉医学院医院和北京儿童医院这样令人注目的建筑精品。

　　广州市第一人民医院，前身是慈善机构方便医院（建于 1899 年），1952 年与广州市立医院合并扩建。建筑师充分考虑风向，组织总图的通风。门诊及服务设施合理布局，流线紧凑。医院的建筑形式十分简洁，连续的水平阳台形成水平的线条，完全是现代建筑的手法，与今日的设计几无区别。

　　武汉医学院附属武汉医院（今同济医院），建筑师冯纪忠 1952 年春主持设计，1955 年 5 月全部落成。武汉医院为综合性教学医院，一期 500 张床位，建筑面积 1.93 万平方米。由于基地先期已有大批宿舍和几幢教学楼建成，为适应基地偏于一隅的狭小面积，且考虑尽量节约基础

图 2-023 广州,第一人民医院,1950 年,病房楼外观,建筑师:佘畯南、祁淑芬、马震聪

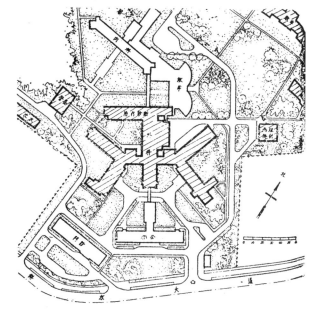

图 2-024 武汉,武汉医学院附属武汉医院,1952—1955 年,总平面图,建筑师:冯纪忠等

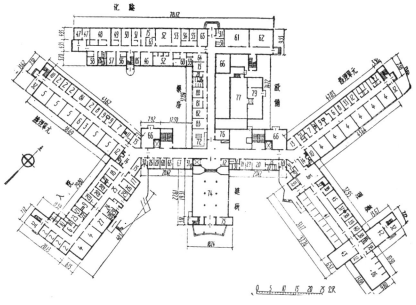

图 2-025 武汉,武汉医学院附属武汉医院,1952—1955 年,首层平面

图 2-026　武汉，武汉医学院附属武汉医院，1952—1955年，立面（左）
图 2-027　武汉，武汉医学院附属武汉医院，1952—1955年，入口细部（右）

工程，其体形略呈"米"字形，建筑4层为主，局部5层。平面设计，综合贯彻安静、清洁和交通便捷的医疗运作原则，四翼护理单元分区明确，争取最好的护理环境和医疗条件。建筑体量丰富，细部设计精致，入口反曲面实墙及"十"字开窗，成为医院建筑的符号。屋顶设自由曲面的平台，活跃了室外空间的气氛，显示现代医院建筑。设计期间，苏联的影响已经显现，甲方工程师要求推翻沿用"弹性理论"的结果，采用苏联提倡的"塑性理论"计算（可以节约材料），拉长了工期，赶上了雨季。[①] 40年后的1993年，作品获得"中国建筑学会优秀建筑创作奖"（1953—1988年）。

北京，儿童医院，是北京最大的专科医院，一期建筑面积3.6463万平方米，门诊2000人次／日，600张病床。建筑设计严格地按照专业儿童医院特点，门诊大厅有完善的预检部，各区隔离严密、路线分明，各科为独立单元，双走道两次候诊，并有家长的候诊面积。病房有探视阳台，地下室设陪住母亲室。医疗区布局灵活，庭院宽阔，绿地丰茂。建筑的檐头出挑轻巧，角部微微起翘，使人联想到传统建筑飞檐的神韵，栏板有传统格构饰，古朴中透着简洁。山墙错落开窗，手法自由。烟囱水塔合二为一，并以方塔造型加以装饰，成为建筑群的制高点。外墙为北京地方青灰机砖清水墙，局部配以水刷石，与北京建筑特有的灰调浑然一体。1950年代之初，波兰、罗马尼亚、保加利亚以及民主德国等建筑代表团参观北京时，对儿童医院有一致好评。1957年，建筑师华揽洪被错划为"右派分子"，殃及他主持设计的北京儿童医院建筑，建筑也被批判得一无是处。1993年与武汉医院一起，获得"中国建筑学会优秀建筑创作奖"（1953—1988年）。

北京，友谊医院，为苏联红新月会捐赠全套医疗设备而兴建，当时苏联专家已经来华，苏联建筑师穆欣出示文艺复兴式的三段式构图图案供建筑师参考，由于医疗建筑现代功能较强，并没有采用宫殿式大屋顶。由于建筑师具有良好的中国建筑素养，在设计中恰当地处理了建筑的细部，使得建筑具有现代面貌又不失中国风格，是特定条件之下产生的佳作。

---

① 王伯伟主编.建筑人生——冯纪忠访谈录[M].上海：上海科技出版社，2003：38-39.

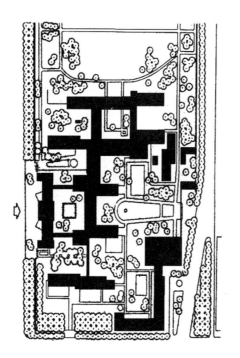

图 2-028　北京，儿童医院，1952—1954 年，总平面图，建筑师：华揽洪、傅义通（左）

图 2-029　北京，儿童医院，1952—1954 年，鸟瞰（右上）

图 2-030　北京，儿童医院，1952—1954 年，局部立面（右下）

图 2-031　北京，儿童医院，1952—1954，山墙处理，远处为烟囱和水塔合并造型

图 2-032　北京，友谊医院，1952 年始建，建筑师：张镈等

同时期还有一些医院建成，对这类技术性极强的建筑，大多数功能组织良好，形象简朴，表达了现代建筑的设计思想和手法。

青岛，纺织管理局医院，是集门诊、医疗、病房和办公为一体的综合建筑群，占地面积9.3公顷，建筑面积4300平方米，200张病床。建筑沿等高线布置，主入口开在山墙上。从规划到单体设计，功能合理形体简练。底部基座用当地石材砌筑，表现出当地匠人处理石材的高超技艺。横窗端部点缀石块装饰，略显地方情趣。是带有地方材料特点的典型现代建筑实例。

3. 教学建筑

1949年之前的中国教育很不发达，与众多的人口不相适应，1949年全国校舍建筑面积345万平方米。有一定规模和水准的学校，大多由教会和外国开办或资助。三年国民经济恢复时期，仅在原有校园之内填平补齐，大规模的建校活动，则是在1952年全国高等学校院系调整之后。

上海，同济大学文远楼，设计者青年建筑师黄毓麟（1927—1953），毕业于之江大学，当时只有26岁，合作者有哈雄文等。令人无限感慨的是，就在设计完成的当年，作者却英年早逝了。

建筑约5000平方米，平面按功能需要灵活布置，在最接近入口的部位布置阶梯教室，以利于疏散。阶梯教室部位的立面，其开窗直接反映内部阶梯地面。阶梯教室的室内布置，考虑合理的视线和音响效果，后来又在小桌板上设计了简易的弱电小台灯，以利于学生在放幻灯时

图2-033 青岛纺织管理局医院，1952年，设在山墙上的主入口，设计：华东建筑工程公司

图2-034 上海，同济大学文远楼，1953—1954年，正面，建筑师：黄毓麟、哈雄文

笔记。交通流线简洁通顺,室内踏步、楼梯和扶手栏杆的处理,在干净流畅中不忘点以简单装饰。廊壁上可布置作业,利于交流、评图。

外部体量组合灵活,正面和背面两个入口,处理手法尤其灵活:正面门廊做不对称处理,与不对称体量相呼应,圆形断面的廊柱毫无装饰,入口处的切角斜面点缀块石,结合台阶成为重点的现代装饰。背面入口上卷弧形雨棚,造型新颖。弧形雨棚的角部、台阶平台的角部、阶梯教室踏步的角部,都镶嵌方形石块,统一点出母题。

文远楼并非风格化的现代建筑,它是中国建筑师掌握现代建筑手法的有力例证。值得特别提出的是,作者那时已经自发探索现代建筑的中国化,如通风孔的图案取自钩片栏杆;壁柱顶端做传统云纹;反复使用的小方块石头母题,令人想到木结构的榫头。这些努力,开辟了共和国建筑师自动探索现代建筑中国化的先例。

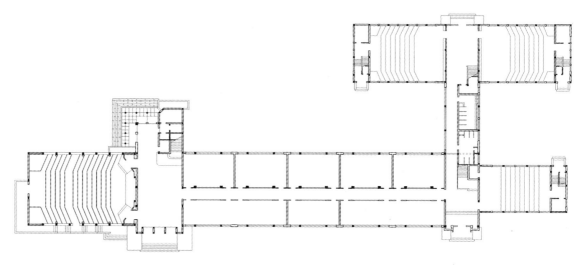

图 2-035　上海,同济大学文远楼,1953—1954 年,首层平面,建筑师:黄毓麟、哈雄文

图 2-036　上海,同济大学文远楼,1953—1954 年,阶梯教室内部(左)
图 2-037　上海,同济大学文远楼,1953—1954 年,北面入口(右)

广州，**中山医学院建筑群**。建筑师夏昌世在规划和设计中善于结合环境，特别注重结合亚热带的气候特点进行建筑创作。教学楼设计采用多种遮阳手法，在建筑上形成阴影，既遮蔽阳光又丰富了立面。该建筑群于1993年获得"中国建筑学会优秀建筑创作奖"（1953—1988年）。

夏昌世大约同时期设计的广州华南工学院图书馆，也是造型简洁、自由灵活的平屋顶建筑，富有现代感。

济南，山东机械学校学生食堂，据传校舍为上海圣约翰大学建筑系教师规划设计，1952年部分建筑落成后，因推广民族形式而变更设计。食堂为钢筋混凝土框架结构，顶部开设气窗，利于食堂通风采光。立面框架之间全部开窗，并有一个斜度，犹如玻璃橱窗。

同时兴建的学生宿舍，虽然是2层的红砖结构，但屋顶和山墙处理新颖，是当时少见的手法。

长沙，湖南大学工程馆，建筑师柳士英是中国早期留学日本的留学生，1921年回国从事建筑教育和设计。工程馆是工程学科使用的教学和办公建筑，设计手法体现了尚简的现代思想。入口处一根支柱托起实墙体量，高耸的半圆楼梯强调出建筑的重点，其余部分统一在横线条的平整体量之中，表现出内部功能相同。联想到日后他设计的民族形式的礼堂，充分表现出中国建筑师多能的设计技巧。

此外，像大连医学院教学楼、西安第四军医大学等建筑，也是这个时期典型的现代建筑作品。

图2-038 广州，中山医学院教学楼，1953年，建筑师：夏昌世（左）
图片引自：杨永生主编《中国建筑师》
图2-039 广州，中山医学院生物楼，1953年（右）
图片引自：建筑工程部建筑科学研究院编《建筑十年》

图2-040 济南，山东机械学校学生食堂，1952年

图 2-041　长沙，湖南大学工程馆，1953 年，
建筑师：柳士英

图 2-042　大连医学院教学楼，1950 年代初，
建筑师：汪坦

图 2-043　西安，第四军医大学，1950 年代初

4. 商贸展览及商业建筑

　　为繁荣经济，改善人民生活，1950 年在全国的一些大城市先后举办了物资交流会或土特产展览会，如天津、武汉、济南和广州等地。这些会所，大都是些临时建筑，例如用帐篷或围栏搭建展出的场所，闭幕之后即行拆除。

　　在广州，把场馆建设成半永久性建筑，展览过后，在原址上发展成为公园。广州的文化公园就是由华南土特产展览交流大会发展而来。

广州，华南土特产展览交流大会，1951 年春，选定西堤灾区为会址，时任广州市政建设计划委员会副主任和总工程师的林克明建筑师，与建设局共同筹划工程事宜。当局决定采用半永久性建筑，12 个展览馆由一批建筑师分工负责，以不同的作风提出方案，建筑既统一又呈多样。参加设计工作的建筑师有：林克明、谭天宋、夏昌世、陈伯齐（省际馆）、余清江、黄适、杜汝俭、郭尚德、黄远强、冯汝能、朱石庄等，技术图纸在半月之内完成。12 个展览馆有：林产馆、物资交流馆、工矿馆、日用品工业馆、娱乐馆、手工业馆、水产馆、交易服务馆、水果蔬菜馆、农业馆、省际馆、食品馆和大门等。这些建筑，规模都不大，满足功能要求，利用普通材料，且造价便宜。建筑体形活泼，不事装饰，全是平顶细柱的方盒子建筑。交流大会之后，开辟为广州文化公园。

物资交流馆，建筑的入口设半圆形柱廊，比例纤细的柱子有力地支撑着厚重的屋盖。建筑的侧墙开锯齿形窗，调节光线的方向，又丰富了墙面。使用普通材料，做出轻巧建筑。

图 2-044　广州，华南土特产展览交流大会，鸟瞰
图片引自：中国著名建筑师编委会.中国著名建筑师林克明

图 2-045　物资交流馆，1951 年，建筑师：谭天宋

图 2-046　物资交流馆，1951 年，侧面锯齿形侧墙

水产馆，建筑由水环绕，过小桥进入建筑。入口轻快亲切。展厅为环形展线，适应南方气候，设计了可调的玻璃百叶窗。建筑有圆形内院，围合水池。有意思的是，建筑出口为"停靠"的船形建筑，与水产呼应。

林产馆，是主要场馆之一，建筑体量呈台阶状收向入口，入口有挺拔的柱子冲出建筑的轮廓之外。正面设大片玻璃，两侧开窗呈翼状。

由于这是一批半永久的建筑，加上建设需要快速、高效地设计和施工，建筑师轻松地采用现代建筑手法的同时，做出了许多令人难忘的细部设计。

1954年3月26日《人民日报》读者来信组转给《建筑学报》一封署名林凡的读者来信，对这组建筑提出了激烈的批判,指称这组建筑是资本主义国家的"臭牡丹"。在提倡"民族风格"的日子里，该建筑群同样受到了严厉的批判。

商业建筑中的百货公司或百货大楼，曾是1950年代之初各地广泛建立的类型，成为城市繁荣的标志。这些建筑的功能和结构，也比较适于现代建筑的手法，尽管有些建筑采用了一些纹饰，以增加商业气氛。

图 2-047　水产馆，1951 年，建筑师：夏昌世

图 2-048　水产馆，1951 年，内院

图 2-049　水产馆，1951 年，手动　　　图 2-050　水产馆，1951 年，船形出口
玻璃百叶窗细部

图 2-051　林产馆，1951 年，建筑师：
林汝俭
图片引自：《建筑学报》1954（02）图片

北京，**王府井百货大楼，**位于王府井大街的中段，在著名的传统商业街东安市场对面，是北京第一个新建设的大型商店。建筑师杨廷宝主持设计，巫敬桓、杨宽麟等参加。一至三层为营业大厅，四层以上为办公室及礼堂，地下室为设备间和仓库。现代的功能和结构，给建筑师以探新的机会，建筑体量为简单的矩形，中部高起之处，三开间为空廊，加强了建筑的重点。檐口采用传统的额枋、雀替形式，局部饰以中国建筑纹样，与建筑师过去设计的同类建筑有一定的内在联系。

5.办公建筑

如前所述，上海、天津等城市新建办公建筑较少，北京因办公建筑不足需要，有少量建设，许多为军用，北京西郊比较集中。其他城市如武汉、兰州等地，也有相应的建造。这些建筑的业主虽然是军政机构，但所取方案则是现代建筑的思路，与民用建筑情况无异。

图 2-052　北京，王府井百货大楼，1951—1954 年，建筑师：兴业投资公司设计部：杨廷宝、巫敬桓、杨宽麟等

图 2-053　北京，某部办公楼，1950 年代初
图片引自：龚德顺

图 2-054　武汉，军区司令部大楼，1950 年代初

图 2-055　太原，山西省委办公楼，1950 年代初

图 2-056　抚顺公安局，1950 年代初

6. 旅馆建筑

因供国际会议或接待苏联专家之需，建设了为数不多但令人瞩目的旅馆建筑。建筑的基本构思，依然是现代建筑原则，有些已经开始探索加入中国传统因素，以展现新面貌。

北京，和平宾馆，位于北京金鱼胡同，是 1949 年后所建的第一座宾馆，原系利用社会游资建造的一所中等标准青年会式的"联合大饭店"。1953 年施工至 4 层时，值"亚洲与太平洋区域和平会议"拟在北京召开，经政务院决定，饭店转供和平会议使用，即对原设计客房部分略作修改，1953 年夏落成，命名为"和平宾馆"。

宾馆建筑面积 7900 平方米，主楼客房为一字形。设计对环境有周到的考虑，前院保留两棵大榆树、一口井和部分平房，用不对称手法处理建筑的入口。为解决交通问题，建筑上开了"过街门洞"，汽车穿过建筑可停在后面，既可免除日晒，又不致沿街杂乱。同时，在宾馆前面保留并整理出一组四合院（原系清末大学士那桐住宅），可供外宾使用。

设计切合当时社会经济情况，立面干净利落，符合现代建筑艺术规律。在后来受苏联影响批判"结构主义"之际，这座"方盒子"建筑被苏联专家糊里糊涂地指为"结构主义"建筑。学界对此建筑自有公允评断。1993年荣获"中国建筑学会优秀建筑创作奖"（1953—1988年）。1990年代，建筑的原有环境被彻底改变，周围建起豪华的新和平宾馆，原设计意图消失殆尽。

北京，新北京饭店， 在原北京饭店旁加建，东面的老建筑是西洋古典式样，西面则遥对故宫建筑群，地处需同时照应中西古典建筑环境的敏感地带。

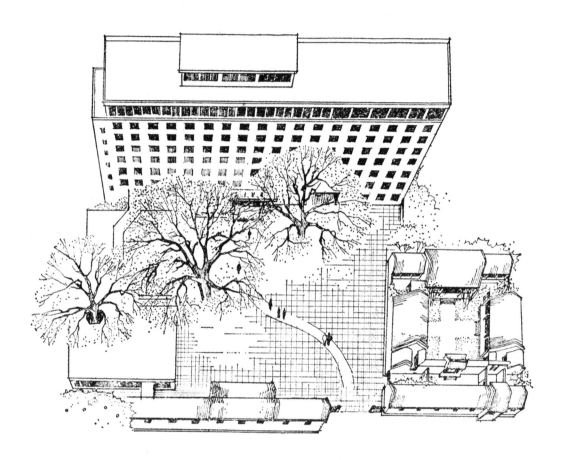

图 2-057　北京，和平宾馆，1953 年，建筑师：杨廷宝；示意鸟瞰图
图片引自：《建筑师》01 期，32 页

图 2-058　北京，和平宾馆，1953 年
图片引自：建筑工程部建筑科学研究院编《建筑十年》

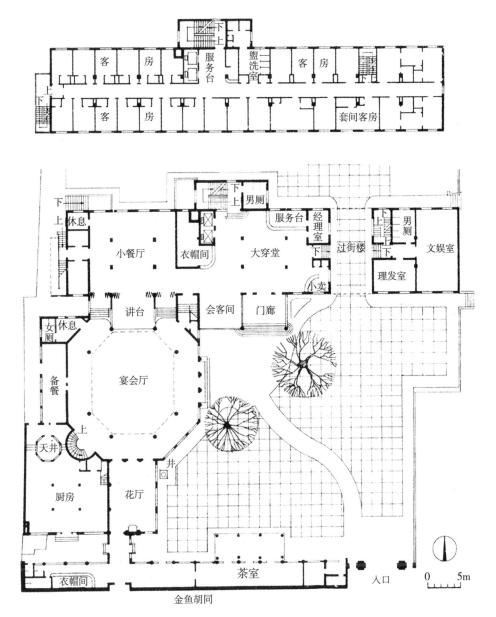

图 2-059　北京，和平宾馆，1953 年，平面

图 2-060　北京，和平宾馆，1953 年，1980 年代金鱼胡同的环境

图 2-061 北京，和平宾馆，
1990 年代的环境

图 2-062 北京，新北京饭
店，1954 年，建筑师：戴
念慈
图片提供：中国建筑设计研
究院张广源

建筑体量巨大，入口的门廊、上部的空廊以及大片的墙面，和旧有建筑取得一定联系；在空廊的两端，做了用直线简化了的重檐体量结束空廊，并取得中国建筑的神韵。墙面为水刷石，选用本地的暗红石子，具有石材质感，并在色彩上和宫墙协调。门厅采用了古代皇宫大殿的装饰。建筑的基本功能处理良好，形式既有传统的传承，又有现代的创新。1993 年荣获"中国建筑学会优秀建筑创作奖"（1953—1988 年）。

成都，建委招待所，为招待苏联专家而建，有当时比较先进的卫生设备，适应专家需要。建筑整体运用现代手法，如在雨棚处采用了纤细的钢管柱子，构造轻快。

西安，人民大厦，由西北工业建筑设计院建筑师、雕塑家洪青主持设计，建筑面积 1.1 万平方米，客房 190 套，是 1950 年代初为苏联专家建造的招待所，也是当时当地规模最大、标准最高的旅馆建筑。作为雕塑家的建筑师洪青，以强烈的雕塑感，塑造了富有装饰艺术（Art

图 2-063　成都，建委招待所，1950 年代之初

图 2-065　西安，人民大厦，1953 年，细部雕刻

图 2-064　西安，人民大厦，1953 年，建筑师：洪青
图片提供：中国建筑西南设计院，摄影：高原、张立力

Deco）意味的中部主体建筑形象，也应该算是对早期现代建筑的一种延续。在建造过程中，遇到"民族形式"浪潮，一些部位加了"大屋顶"。

7. 观演建筑

　　各地有一些对礼堂建筑的需要，也适于大众观演娱乐。各地因财力不同而有相应的建设，在条件较好的抗战陪都重庆，就出现了像西南人民大礼堂那样富丽壮观的建筑。

　　杭州，人民大会堂，共和国成立后在杭州建设的第一个礼堂，简洁地处理简单的方块体量，只把中部入口重点做了梁枋和彩画处理，门口周边的白色边框，设计了具有象征意义的圆形"工"字图案。值得指出的是，作为业主的军管会人员，曾要求把礼堂的座位数目设计成 1949 个，以纪念中华人民共和国建国的年份。类似这种用数字隐喻某种内容做法，在以后的建筑设计中时有发生，"文化大革命"中达到高潮。

图 2-066　杭州，人民大会堂，1951 年，建筑师：唐葆亨
图片提供：浙江省建筑设计院唐葆亨

图 2-067　杭州，人民大会堂，1951 年，入口细部

重庆，劳动人民文化宫大礼堂，位于文化宫院内，平面呈扇形，无休息厅；立面亦为扇形的弧面，只有毫无装饰的 6 根流线型柱子，支持着简单的檐口。室内设计有新艺术运动的风格，作者在一些局部设计了具有全新内容的图案，如栏杆处的"和平"字样，以表达对新生活的向往。

在这些较大型项目中，有些小品的建筑手法更为大胆有趣。文化宫的大门是当时少见的反弧形简单体量，是新思维的表现。文化宫内风景点的五星亭，也有反映当时政治思想设计，如"五星亭"的命名，亭内顶所做的图案设计，表现出和平建设的意愿。

图 2-068　重庆，劳动人民文化宫大礼堂，1950 年代初，建筑师：徐尚志

图 2-069　重庆，劳动人民文化宫大礼堂，1950 年代初，门厅及楼梯间（左）
图 2-070　重庆，劳动人民文化宫大礼堂，1950 年代初，栏板上有"和平"字样的装饰图案（右）

图 2-071　重庆，劳动人民文化宫大门

大连，人民文化俱乐部，位于中山广场的东北面，布局遵从圆形的广场，体量前部的界面略呈凹弧形。观众厅采用直径为 29 米的薄壳结构，内部有良好的视听条件。面向广场的正立面，石头贴面丰富了界面的质感，手法简洁，有鲜明的现代建筑特征。

青岛，纺织管理局俱乐部，与纺织管理局医院同时建设，建筑有可供各种演出的观众厅，并设有办公和其他活动的用房。建筑呈不对称布局，有一个造型简单的高塔调整水平构图。在现代建筑中采用地方石材，石材基座砌筑精致，石缝平均在 3 毫米以下。

其他如济南的八一礼堂、武汉的洪山礼堂等，都具有明显的现代建筑特征。

图 2-072 重庆，劳动人民文化宫中的五星亭

图 2-073 重庆，劳动人民文化宫五星亭内部象征科技的图案：左侧有建筑、右侧有火车轮廓

图 2-074 大连，人民文化俱乐部，1951年，设计：旅大市土木建筑公司设计科

图 2-075 青岛，纺织管理局俱乐部，1952年，华东建筑工程公司设计

重庆，西南人民大礼堂，是在国民经济三年恢复时期以民族形式颂扬新政权的赞歌，是未经全国号召就采用民族形式的建筑特例。重庆曾是抗战时期国民政府的陪都，有着较为优越的物质基础和设计力量。征集方案的过程中，张嘉德、徐尚志、唐璞等4位建筑师各有方案，4个方案之中有3个是现代建筑形式和手法，地区的首长贺龙等选中了集仿清式古典建筑特征的方案。

建筑利用山坡地势，以99步台阶烘托，给建筑的宏伟壮观打下了先天的基础。建筑运用各种清式屋顶组合处理。中部圆形礼堂，为三重檐金宝顶，令人想到祈年殿；堂前二重檐歇山门楼，轮廓有如天安门。另有方形及八角形二重檐攒尖亭式建筑各两座，位居建筑两翼，用长廊与中部对称相连，总体形象丰富、色彩辉煌，山城雾中，犹如仙山琼阁。建筑面积1.85万平

图 2-076　济南，八一大礼堂，1950 年代初

图 2-077　武汉，洪山礼堂，1950 年代初

图 2-078　武汉，洪山礼堂，门厅，1950 年代初

图 2-079　重庆，西南人民大礼堂，1951—1954 年，鸟瞰，建筑师：张嘉德

图片提供：重庆市建筑设计院陈荣华

图 2-080　重庆，西南人民大礼堂，1951—1954 年

图片提供：重庆建筑工程学院建筑系李再深

图 2-081　重庆，西南人民大礼堂，1951—1954 年，观众厅

图 2-082 重庆，西南人民大礼堂，1951—1954 年，观众厅后部回廊

方米，高 65 米，圆形礼堂大厅屋顶跨度 46.33 米。建筑装修用楠竹 35000 余根。但圆形厅堂声学效果不佳，且结构复杂，宝顶等处消耗黄金 300 两，每次维修耗资以数十万乃至上百万计。若干部位功能欠妥，招致两翼配楼长期闲置。大礼堂功能上的若干缺欠和艺术上的强烈感染力形成强烈对照，给人们留下了重要论题。

四、文物保护困于两全

北京是一个充满了历史遗迹的古都，光辉的文化名城。中国人民解放军在准备攻占这座历史名城时，就开始考虑对历史文物建筑的保护。1948 年 12 月中旬，在解放军进攻北平之前，张奚若带领两名军人来到建筑家梁思成在清华园的住所，他们摊开军用地图，请梁思成标上重要古建筑，以备与傅作义和谈破裂被迫攻城时禁止炮击。此举深深地打动了这位终生热爱中国古建筑的学者，成为他认识中国共产党并热爱新政权的开端。

共和国成立之后，党和政府对文物保护有一定的重视，1950 年 5 月 24 日，政务院颁发了《古文化遗址及古墓葬调查发掘暂行办法》；7 月 6 日，政务院又发布《关于保护文物、建筑的指示》，要求各级政府重视古文物、建筑的保护。1953 年 3 月 24 日，中国人民政治协商会议全国委员会文化教育组开会，讨论革命建筑及名胜古迹的保护、修整，保护地下文物及考古发掘等问题，文化部长郑振铎在会上作了报告。8 月 14 日，政务院发布命令，重申 1950 年的有关指示；10 月 12 日，颁发《关于在基本建设工程中保护历史及革命文物的指示》。通过以上的这些指示可以看出，政府在保护文物古迹方面的努力是一贯的，许多城市的重要文物建筑如广州中山纪念堂的维修，就是一个恰当的例子。

但是，时代的局限，客观条件的局限以及领导人认识的局限，使得北京这座古老而充满文化遗存的城市，在保护和建设二者之间的关系方面难以两全，留下了值得争论的话题，如北京的城墙、牌楼、天安门前的古建筑群的存废以及所谓"新北京"的建设问题。

（一）牌楼的拆迁

随着城市交通量的增加，位于交通要道上的东单、西单、东四、西四等牌楼，对城市交通越来越多地发生不利的影响。交通管理部门和道路建设部门主张拆除。以梁思成为代表的一些专家学者，坚决反对拆除，认为不应单纯从城市交通的观点对待牌楼，应该从城市整体规划的角度，分别不同情况予以保护。代表政府最高领导的总理周恩来介入了争论，"梁思成以富于诗意的文学家语言，夕阳渐落西山景色下的优美画面来描述历代帝王庙前的一对牌楼，而周恩来则以李商隐的'夕阳无限好，只是近黄昏'的诗句来回答梁思成。最后对牌楼做了保、迁、拆三种处理方式，即在公园、庙坛之内的可以保下来；大街上的除了国子监街的两座外，都迁移或拆除，东、西四牌楼，东、西交民巷牌楼，前门五牌楼，大高玄殿三重牌楼都拆掉，东西长安街上的两座牌楼迁到了陶然亭公园里。"[1]"文革"中，陶然亭公园里的牌楼被下令拆除。

（二）城墙的存废

北京城墙的存废，是共和国成立之后尖锐争论的又一焦点问题。主张拆除的人士认为，城墙是古代的防御工事，是封建帝都的遗迹，已经完成了历史使命。如今的城墙阻隔城乡交流，妨碍城市交通，限制城市发展，况且已经破烂不堪，有了故宫的城墙，外城墙已失去保护价值。以梁思成为代表的对立看法是，北京的城墙是古城格局的有机组成部分，是举世无双的纪念物，也是一件艺术杰作。在现代的条件下，城墙可以和护城河以及周围地带结合，改造成世界独一无二的绿带公园。[2] 城墙的存废问题，分歧巨大，建筑师和学者多数主张保留，苏联专家在对待古迹文物方面，更多地持保护的态度，苏联专家组组长勃得烈夫曾经提出如何保护城墙的具体的建议。

拆除城墙是中共中央决定的。

> "毛主席在《反对党内的资产阶级思想》一文中提到：'进城以来，分散主义有发展。为了解决这个矛盾，一切主要的或重要的问题，都要先由党委讨论决定，再由政府执行。比如，在天安门建立英雄纪念碑，拆除北京城墙这些大问题，就是经中央决定，由政府执行的。'（毛选五卷 95 至 96 页 1953 年 6 月 12 日）"[3]

虽然作出了拆除城墙的决定，1952—1965 年间一直没有付诸行动。对于城墙如何拆法，北京市政府一直持十分慎重的态度，研究是否可能保持城楼、保持城墙四角，全部拆迁还是拆除一半。"即使朝阳门 1956 年因有坍塌危险无力修缮而拆除，还决定把材料保存下来，足见市委、市政府对城楼存废的慎重态度。直到 1965 年，'文化大革命'前夕，在强调战备的特定条件下，

---

① 董光器. 北京规划战略思考 [M]. 北京：中国建筑工业出版社，1998：102.
② 梁思成. 关于北京城墙存废问题的讨论 // 梁思成文集·第四卷 [M]. 北京：中国建筑工业出版社，1988：47.
③ 董光器. 北京规划战略思考 [M]. 北京：中国建筑工业出版社，1998：106.

在修建环城地铁的过程中,陆续拆除了城墙,所幸在周总理的关怀下,保留了正阳门和前门箭楼,由于'文革'结束,尚未来得及拆除的德胜门箭楼也得以幸免,保存了下来。"[1]

（三）中心的西迁

1949 年 5 月,北京都市计划委员会成立,开始研究北京的规划问题。当时,一方面邀请国内专家,如梁思成、陈占祥、朱兆雪、赵冬日、华南圭等人研究方案,同时也聘请苏联专家如莫斯科市苏维埃副主席阿布拉莫夫、规划专家巴兰尼可夫等人协助制定规划。中外专家对北京的城市性质、规模、格局和功能分区的意见基本一致,但对首都的行政中心放在何处出现分歧。

一种意见主张把行政中心放在旧城,持这种意见的有中国专家华南圭、朱兆雪、赵冬日。其理由是:充分利用旧城原有的市政设施,可以节约大量的投资,避免旧城的衰落。北京是一个足够美丽的城市,是中国千年来保存下来的艺术宝库,应该发挥其文物价值、顺应自然发展。另一种意见主张,把行政中心西移至月坛与公主坟之间,持这种意见的主要是梁思成和陈占祥。其理由是:旧城布局完整,难以插入庞大的行政中心。北京是有计划建成的壮美城市,其中包含着古代的规制和无比的艺术魅力。在西郊建立行政中心,有足够的发展余地,有利于创造全新的中国格局的建筑,可以做到新旧两全。

"在当时负责城市建设的赵鹏飞(建设局长)和曹言行(卫生工程局长)基本赞成前者的主张,认为把行政中心放在旧城区'是在北京已有的基础上,考虑到整个国民经济的情况及现实的需要与可能的条件以达到新首都的合理的意见,而郊外另建新的行政中心的方案则偏重于主观愿望,对于实际可能条件估计不足,是不能采取的'。从阿布拉莫夫专家在规划讨论会上的讲词中也曾提到:'市委书记彭真同志曾告诉我们,关于这个问题曾同毛主席谈过,毛主席也曾对他讲过政府机关在城内,政府次要机关是设在新市区。我们意见认为这个决定是正确的,也是最经济的。'说明把行政中心放在旧城区也反映了中央的态度。"[2]

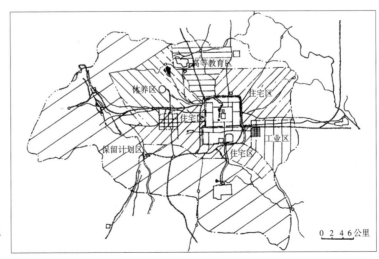

图 2-083　北京分区计划,[苏]巴兰尼可夫方案

① 董光器. 北京规划战略思考 [M]. 北京:中国建筑工业出版社, 1998:107.
② 董光器. 北京规划战略思考 [M]. 北京:中国建筑工业出版社, 1998:88.

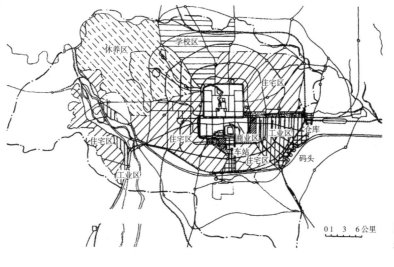

图 2-084　北京市都市计划要图，朱兆雪、赵冬日方案

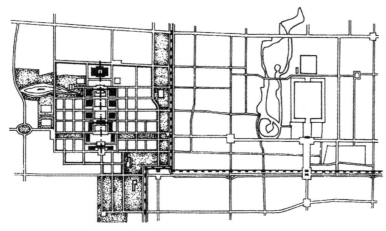

图 2-085　行政中心与旧城之关系图，梁思成、陈占祥方案

由于行政中心位置的争议，迟至 1952 年底正式规划方案尚无定局。不过，许多建设工作已经按照前一种意见展开。这个争论，直到如今依然是一个话题。

五、被遗忘的新开端

1949—1952 年的三年，很难构成一个历史阶段，但是它设计并开始建造了一批现代建筑优秀作品，表现出现代建筑在建设新社会中的能力和魅力。这些作品，不论在功能合理性和艺术处理方面，均达到相当高的水准。

可是，这些优秀作品一出世就遭到了抹煞，被苏联的所谓社会主义的建筑理论批判，后来甚至连同它们的作者一起被政治运动冲击，以至于在长长的岁月里没人公开提到它们。40 多年以后，中国建筑师最崇高的社团——中国建筑学会，把最高的学术奖赏授予这些有代表性的建筑，足以表现出它们在建筑师的心中从来就不曾泯灭。

三年国民经济恢复时期的这批中国现代建筑作品，岂止是"自发延续"现代建筑，应当是中国现代建筑的新开端，一个当时被抹煞了、以后被遗忘了的新开端。

第三章

民族形式的主观追求：第一个五年计划
时期，1953—1957 年

一、计划经济登路程

（一）过渡时期总路线

三年的国民经济恢复，在政治上巩固了共和国的人民民主专政政权，社会结构也发生了巨大的变化：在农村，40% 的农民加入了互助组，出现了几百个农业合作社；在城市，一半左右的资本主义工业被纳入不同形式的国家资本主义轨道。在经济上，国家的工农业生产已恢复到或超过历史的最高水平，财政经济状况有了根本的好转（表3-1）。

1952 年与 1949 年经济综合指数之比较[1]　　　　　　　　　表 3-1

项目（单位）	1952 年	1949 年	1952 年为 1949 年的 %
社会总产值（亿元）	1015	557	182.22
工农业总产值（亿元）	810	466	173.82
农业总产值（亿元）	461	326	141.41
工业总产值（亿元）	349	140	249.29
其中轻工业总产值（亿元）	225	103	218.45
重工业总产值（亿元）	124	37	335.14
建筑业总产值（亿元）	57	40	142.5
运输业总产值（亿元）	35	19	184.21
商业总产值（亿元）	113	68	166.18
国民收入（亿元）	589	358	164.53
人均国民收入（元）	104	66	157.58
人均居民消费水平（元）	67	50	134.00

在这种局势下，1952 年 9 月毛泽东提出：要在十年到十五年基本上建成社会主义，不是十年以后才过渡到社会主义。[2] 此后，他相继批判了共和国初期奉行的"确立新民主主义社会秩序""由新民主主义走向社会主义"等主张。1953 年 12 月，中共中央批准并转发了中宣部关于党在过渡时期总路线的学习和宣传提纲《为动员一切力量把我国建设成为一个伟大的社会主义国家而斗争》。这个文件对过渡时期总路线作了完整的表述：

> "从中华人民共和国成立，到社会主义改造基本完成，这是一个过渡时期。党在这个过渡时期的总路线和总任务，是要在一个相当长的时期内，逐步实现国家的社会主义工业化，并逐步实现国家对农业、对手工业和对资本主义工商业的社会主义改造。这条总路线是照耀我们各项工作的灯塔，各项工作离开它，就要犯右倾或'左'倾的错误。"

---

[1] 本表根据《中国统计年鉴》有关资料制作。
[2] 中共党史研究 [J]，1988（1）：19.

这条总路线由 1954 年 2 月召开的中共七届四中全会正式批准，随后载入第一届全国人民代表大会第一次会议通过的宪法之中。过渡时期总路线的提出，表明中国共产党正式放弃建设"新民主主义共和国""为巩固新民主主义制度而斗争"的口号，从这时起，就逐步向社会主义过渡。

（二）苏联援建 156 项

中共中央在提出过渡时期总路线的同时，即由周恩来、陈云主持着手编制发展国民经济的第一个五年计划（1953—1957 年）。"一五"计划的重点是进行重工业建设，规定的基本任务是，"集中主要力量进行以苏联帮助我们设计的 156 个建设单位[①]为中心的、由限额以上的 694 个建设单位组成的工业建设，建立我国的社会主义工业化初步基础……"计划在五年内，全国经济建设和文化建设的支出总额为 766.4 亿元，折合黄金 7 亿两以上，其中用于基本建设的投资为 427.4 亿元，占支出总数的 55.8%。

苏联在中国的第一个五年计划编制制定和实施过程中，起过重大的作用，斯大林曾对此提出了一些原则性意见，苏联国家计划委员会和经济专家对"一五"计划也提出许多具体的意见，并给予大量的援助。除了前面提出的 156 项之外，1956 年 4 月苏联部长会议副主席米高扬率团访华时，决定再援助中国兴建 55 个新的工业企业，作为对 156 项的补充。此后落实了 150 个项目，其构成是：军事 44 个，冶金 20 个，化工 7 个，机械 24 个，能源 52 个，轻工和医药 3 个。

以斯大林为首的苏联政府，对中国的援助虽然不是无偿的[②]，却还是真诚的。自 1950 年起的短短 5 年内，苏联政府先后确定给中国 3 亿美元和 5 亿卢布的长期低息贷款，动员了大批人力、物力帮助中国编制计划、援建项目、供应设备、传授技术、代培人才，并派出 3000 多位专家和顾问来华帮助建设。[③]

东欧社会主义国家的援助也是重要的，德意志民主共和国、捷克斯洛伐克、波兰、匈牙利、罗马尼亚、保加利亚等 6 国，也援助中国建设了 68 个工业项目。在共和国建立之初，这些及时而真诚的援助，对处于困难状况之下的中国来说是至关重要的。

知道了这些，就可以理解，为什么中国在建国初期会从自己所熟悉的现代建筑思想急剧转向自己不甚理解的苏联社会主义建筑方向。

（三）文艺界的思想

文艺、学术思想的斗争，与政治斗争乃至与保卫无产阶级专政政权直接关联，是中国现代

---

① 所谓 156 项，实际是 154 项，由于 156 项工程公布在先，所以仍称"156 项"。此后实际进行的是 150 项，"一五"计划期间施工 146 项。
② 援助中国的协议规定，用战略物资偿还，如钨砂、铜、锑和橡胶等。
③ 中共党史研究室. 中国共产党历史·第二卷（1949—1978）[M]. 北京：中共党史出版社，2011：219.

政治和文化演进过程中的一个十分独特的现象。建筑的艺术属性，使得建筑界在相当长的时期内被认为是文艺领域中的支脉，文艺界和学术界的风声，必然吹起建筑界的波澜。

1951 年 5 月 20 日，《人民日报》发表《应当重视电影〈武训传〉的讨论》的社论，从如何评价武训这个历史人物，引申到如何看待中国近代历史和中国革命道路等带根本性的问题。毛泽东在审阅和修改这篇社论时，特别批评一些共产党号称学得了马克思主义，但是一遇到具体的历史事件、具体的历史人物（如像武训），具体的反历史的思想（如像电影《武训传》及其他关于武训的著作），"就丧失了批判的能力，有些人竟向这些反动思想投降"。全国各主要报刊转载了这篇社论，各地组织文教机关、团体进行学习讨论，并在报刊上发表大量文章，展开对该电影及武训其人的批判。把武训这样的具体历史人物摆在近代中国的历史条件下重新考察，帮助人们从中分清什么是人民革命，什么是改良主义，以提高人们的认识是有必要的，也是当时正在重新学习的思想文化界所十分需要的。但是，当时的具体作法有明显缺点，即把思想认识问题不适当地提到向反动思想"投降"的政治高度，在教育文化界开了用政治批判解决思想问题的不好的先例，不利于通过充分民主讨论达到分清是非的目的。[①]

在开展对电影及武训其人批判的同时，还开展了对梁漱溟等一些学者的批判。

在建筑界，针对梁思成的批判就是在这个时期进行的。幸运的是，梁最终得到了中央首长的保护，没有形成全国批判"二胡、二梁"[②]的局面。

二、"一边倒"里看得失

1953 年第一个五年计划开始，5 月，中国第一座精密机械工具制造厂哈尔滨量具刃具厂开工（1955 年 1 月投产）；7 月，中国第一汽车制造厂在长春开工（1956 年 7 月出产了第一辆解放牌国产汽车）；10 月，中国西北第一座大发电厂西安第二发电厂落成；12 月，鞍钢三大工程开工生产，中国第一座现代化纺织机械厂国营榆次经纬纺织机械制造厂全面完工；1954 年 2 月，毛泽东亲自确定第一拖拉机制造厂的厂址在洛阳。

这些规模空前的工矿企业，大部由苏联帮助设计和安装，大批来到中国的苏联专家，在中国工程技术人员的辅助下，共同工作。中国的建筑工作者，第一次面临如此宏伟和复杂的任务，也第一次碰到他们过去所不熟悉的工业建设和相关的管理等问题。在不久之前，还是个体自由职业者，如今刚刚转入国家设计机构或国营公司的建筑工作者，不论从思想上、技术上或管理上，都难以适应新的需求，从这个角度讲，当时向苏联学习是必要的。

向苏联专家学习是既定政策，甚至是政治任务。在建筑界，比较有影响的苏联专家有：

① 中共党史研究室. 中国共产党历史·第二卷（1949—1978）[M]. 北京：中共党史出版社，2011：149.
② 指胡适、胡风、梁漱溟、梁思成。

图 3-001 哈尔滨量具刃具厂,1953—1955 年,苏联建筑工程部设计总院设计

图 3-002 长春,第一汽车制造厂,1953—1956 年,苏联援建
图片提供：长春第一汽车制造厂基建处

图 3-003 洛阳拖拉机厂,1958 年,建筑师：北京工业建筑设计院陶逸钟等

建筑工程部的顾问穆欣、萨瓦斯基，清华大学的阿谢甫可夫等人，他们的活动，受到当局的极大重视，在建筑界具有广泛的影响。

建筑界的这个向苏联学习的运动，始于《人民日报》于 1953 年 10 月 14 日发表社论《为确立正确的设计思想而斗争》中说：

> "在近代的设计企业中，有两种指导思想，一种是资本主义的设计思想，一种是社会主义的设计思想。以资产阶级思想为指导的设计原则是一切服从于资本家追求个人的最高利润的目的，设计人员受资本家的雇佣，为实现资本家的意愿，同时也为提高自己的名望和物质待遇而进行设计……资产阶级的设计思想是孤立的、短视的，没有国家和集体的观念，又常常是保守落后的。"

> "由此可见，设计的正确与否，是一个立场、观点、方法问题。技术本身是没有阶级性的，但如何对待、使用技术，则有鲜明的阶级性。由于阶级立场、观点、方法的不同，往往同样的技术水平，可以设计出完全不同的工厂，起着完全不同的作用。而社会主义思想指导下的设计，比之资本主义思想指导下的设计不知要优越多少倍。"

> "由此可见，要提高设计水平，改进设计质量，克服设计中的错误，就必须批判和克服资本主义的设计思想，学习社会主义的设计思想，特别是向苏联专家学习，向苏联帮助我国所作的设计文件学习，从检查我们的设计错误、总结我们设计的经验中学习。"

苏联是第一个社会主义国家，它的建设经验，对于正在开始大规模建设社会主义的中国，无疑是极其重要的。然而，苏联经验并不都是成功的，苏联成功的经验并不都适合中国的情况。学习苏联终究不能代替对自己道路的寻求。这就犹如攀登一座人迹未至的高山，一切攀登者都要披荆斩棘、开辟道路。[①]

（一）社会主义建筑模式初创

1. 工业体制的形成

随着 1953 年中国第一个五年计划实施，大规模的基本建设在全国范围展开。计划新建的工业企业项目，限额以上[②]的有 694 项，其中 472 项分布在内地，222 项在沿海城市。以后又把限额以上的项目增加到 754 个，其中的 156 项重点工程多数安排在内地，城市建设也就围绕着工业建设在全国各重点城市展开。

---

① 中共中央党史研究室. 中国共产党的九十年——社会主义革命和建设时期 [M]. 北京：中共党史出版社，党建读物出版社，2016：465.
② 为管理重大基建项目，国家制定基建投资限额，如规定钢铁工业的投资限额为 1000 万元，纺织工业为 500 万元。凡大于国家制定的限额者，为限额以上的项目。

为适应这个形势，1953年9月，政府决定将建筑力量转向工业建设，此后各大区的设计院，均改为工业建筑设计院，并于1955年完成这一体制的转变。在这个转变过程中，主要汲取了苏联的工业建筑设计管理体制和管理经验，例如机关的组织机构、技术管理、建筑法规、标准设计等，大体上搬用了苏联现成的体制，以适应当时的建设要求。又如建筑设计程序中的初步设计、技术设计和施工设计三段设计体制、总工程师技术负责制等。

第一个五年计划所建立起来的设计、施工和其他相应的体制，在长期的运行过程中，也发现了不少弊端，如设计单位规模庞大、管理烦琐、效率低下等，并几次试图加以革除，但无显著效果。一直到改革开放之后国民经济从计划经济向市场经济的转型时期，才看到设计单位从根本上加以改革的可能。

2. 工业建筑的引入

工业建筑的设计和建设，是第一个五年计划时期所碰到的全新事物，中国建筑师过去从来没有进行过如此规模和复杂程度的设计工作。苏联援建的工业项目及苏联专家来华，恰好提供了中国所不熟悉的工业建筑经验。从工业厂区的规划，到厂前区的设计、车间工艺布置、各工种的设计配合与协调、各设计阶段的技术文件的编制等，都有一套完整的成熟制度。特别是在车间生活间、工厂绿化、工业建筑的艺术面貌等方面，都力图体现对工人的关怀。由于中国当时缺少建筑法规、规范和标准，大都全部翻译苏联的相关文件而借用，以使建设有个可行的基本依据，但也为日后的弊端埋下了伏笔。

苏联帮助援建的工业项目，成了中国技术人员实习的场所，利用这一条件培养了大量的技术人才。建筑工程部设计院曾派30多人的技术队伍到第一汽车厂实习；专业配套的苏联专家队伍21人，受聘到设计院工作两年，传播有关技术管理和方法。此后的许多工程，如洛阳拖拉机厂、矿山机械厂、轴承厂等工程同时并进，均由建筑工程部设计院独立承担设计，国内31个拖拉机制造厂，也由该院配合一机部设计院完成设计。

苏联援建的项目，也有许多项目缺乏对中国国情的了解，难以适应灵活的工艺变化，造成了日后使用和发展的不便。例如，工艺先进但难以应变的第一汽车制造厂所生产的解放牌卡车，其产品20余年一贯制，难以看出任何变化。

3. 城市规划的经验

1950年代之前，除了南京、上海、重庆、长春、大连和青岛等一些大城市和原半殖民地性质的城市外，绝大多数的城市没有经过城市规划。为了适应第一个五年计划大规模建设活动的需要，政府建立了城市规划设计和管理机构，并开始了新的社会主义性质的城市规划。五年内，重点对兰州、西安、包头、洛阳等8个城市进行了规划，并对郑州等150个城市和工人镇进行了全面规划。全国新建城市有39个，大规模扩建的城市有54个，一般扩建的城市有185个。过去中国的城市规划力量薄弱，经验也严重不足，难以承担如此规模的规划任务。

苏联建设社会主义的城市已经有了40余年的经验，有关城市规划的实践和理论已经初成，特别是在城市的工业区规划、居住区规划、规划标准、指标定额、远近期结合以及城市的艺术面貌和精神功能的发挥等方面，具有比较丰富的经验，而这些正是当时的中国所缺乏的。苏联的专家和中国技术人员的合作实践，在丰富自己的经验的同时，也培养了许多城市规划人才。

4. 大量性新住宅

共和国成立之前的住宅布局和形态，适应着过去社会分化的生活方式，有独立式住宅或别墅、毗邻式住宅以及里弄式住宅等，当然还有贫民窟里自发建造的简陋住处。居住方式，大多以起居室为中心，展开其他的日常活动。这种住宅布局和居住方式，已经很难适应大规模新建的工矿企业职工和机关人员的居住需求。

苏联在经济性住宅和大量性住宅建设方面，积累了独特的经验。苏联专家十分强调加大进深、减小开间，以降低造价。取消起居室，改为走廊式布置，并增加独立房间，显然是从有限户室面积的条件下增加居室的办法。住宅的标准化和构件的系列化、定型化，给大量性的住宅建设提供了条件，同时也注重住宅外观的民族形式和环境美化。

由于当时中国居住水平较低，对住宅的需求量大，落后的建筑工业尚不能实现大量的工业化，所以远远不能达到苏联住宅模式的标准和工业化水平。后来又有了"合理设计，不合理使用"的主张，造成多户合用一个居住单元。由于单元缺少家庭聚居的面积以及多户共用卫生、厨房设备等，时常引起邻居纠纷，造成了事实上的不合理设计，不合理使用。

在居住区规划方面，也引进了一些新的概念，如小区和街坊等，也是过去所很少接触的内容。苏联地处寒冷地带，在规划中，周边式的布局颇为流行，这种模式在中国早期的规划中很有影响，但出现大量西晒的房间。

5. 建筑技术革新

苏联的建筑设计和施工技术，为中国提供了一些具体的经验。在建筑设计方面，注重建筑总体布置和城市环境，尽管在很大程度上是指艺术环境，这在1950年代之初算是比较先进的观念了。提倡使用定型设计或标准设计，这对处于快速发展时期弥补设计力量不足、加快施工进度具有直接的帮助。在结构计算理论方面，不用英美的"弹性理论"而采用苏联的"塑性理论"，以节约钢材和水泥。苏联专家主张在建筑上尽量采用砖混结构，认为经过正确的设计，砖混建筑的刚性比钢筋混凝土结构大得多。地安门宿舍、北海办公大楼以及7层的建筑工程部大楼等建筑，都采用了砖混结构，材料和资金相对节约，这在当时，不失为节约的"适宜技术"。施工的机械化、构件的标准化以及流水作业法、冬季施工法等技术的推广，对于当时的建设具有重要的意义。

由于引进某些技术时缺乏分析，这些技术在起到积极作用的同时，也留下了一些负面影响。例如，在全国各地长期沿用适于苏联寒带地区的工业建筑结构体系，形成所谓"肥梁、胖柱、深基础"，长期以来很少有所改造和发展。在苏联的设计经验中，还有一条叫做"设计为施工服务"

图 3-004　长春，第一汽车制造厂，生活福利区住宅，1954 年，建筑师：华东建筑设计院王华彬和第一汽车制造厂基建处
图片引自：建筑工程部建筑科学研究院编《建筑十年》

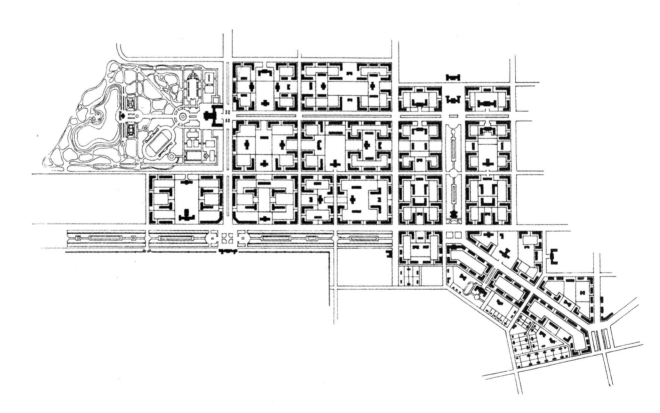

图 3-005　长春，第一汽车制造厂，生活福利区住宅，1954 年，周边式布局规划图，建筑师：华东建筑设计院王华彬和第一
汽车制造厂基建处；引自建筑工程部建筑科学研究院编《建筑十年》

的经验，即施工方便优先，这一条经验给建筑界留下了阻碍设计进步的巨大障碍。1954年1月20日，建筑工程部设计院副院长汪季琦向建筑工程部所作的报告中说道：

> "……特别是最近结合国家过渡时期总路线的传达与苏联展览馆设计经验的介绍而展开的设计工作自我检查运动（即思想改造），使他们（指设计人员——引者注）明确了设计首先是为施工服务的目的……
>
> ……在建筑设计上要根据苏联展览馆的经验，注意总体布置，各专业工种的联系与为施工服务的设计方法……"

这是一个貌似合理实质有害的口号，由于照顾到工期或一次性的施工便利而修改设计，有可能牺牲长久性的建筑功能或使用安全。这种口号可以表示社会主义国家工人当家做主，作为知识分子的建筑师，应当处在为工人服务的从属地位。此口号日后的久远流传，大大地妨碍设计的合理化，为设计工作带来长久的损失，一直到建筑设计转入市场化之后，这种现象才得到克服。

6. 建筑教育改革

1952年全国高等院校院系调整之后，大力引进了苏联的教学体制、方法和教材。1954年教育部在天津召开有苏联专家指导的统一教材修订会议，1956年夏，有苏联专家指导的第二次教材修订会议在北京举行，从此建立起以苏联建筑教育为蓝本的中国建筑教育体制。该体制之

图3-006 在市场经济的条件下，施工单位亮出"施工服从设计"的口号，1980年代

学制为 5 年、6 年两种，以培养建筑师为主要目标，要求通晓中外建筑历史，加强美术教育，设置雕塑、人体写生等课程，加强了结构、施工、设备等有关技术课程，并开设了工业建筑课程，有的设立了工业建筑专业。

苏联建筑教育注重基本功，注重文化修养，也注重技术课程。它的基本体系脱胎于法国巴黎的美术学院（Ecole des Beaux-Arts，即布扎）体系，我国第一代建筑师在美国所受建筑教育也是来自这个法国的体系，一个源头的两股建筑教育思想，于共和国成立之初在中国高等建筑院校相会，成为建筑教育的主流。这是一个成熟的也是保守的体系，虽然在不同时期曾经多次尝试对它加以改革，其成效不尽理想。

（二）苏联的社会主义建筑理论及历史渊源

共和国建立之初，苏联社会主义文化大举进入中国，是中国现代文化历史中十分独特的现象。这些理论，对学科本体的叙述过程中，表现出许多共有的特点：

在学科的理论中，充满了强烈的国际、国内阶级斗争观念，矛头直接指向抽象的敌人——帝国主义和资本主义；学术文献中，大段地引用马列主义经典作家和斯大林的论述，而极少出现完整的对立面理论；由于文献多是译自俄文，许多译文晦涩难懂，难以兼得信、达、雅的真意。

集中引进苏联社会主义建筑理论，理论源头模糊不清，缺乏客观的历史参照，恰恰这些理论对中国建筑历史有过重大影响，并在中国寻找"构成主义"建筑。故有必要对苏联建筑理论中所涉及的艺术史背景加以极为简略的考察和澄清。

1. 从构成主义到俄罗斯古典主义

俄国和苏联，曾是活跃的西方现代艺术发源地，当世界进入 20 世纪的前后，具有辉煌艺术传统的俄国，绘画中出现了真正意义的"抽象"（Abstraction），雕塑中出现了"构成"（Construction）等现代艺术中至关重要的概念，许多艺术家期望用新时代的这些革命性艺术，为新建立的苏维埃政权服务。

（1）以革命艺术的名义：构成主义建筑

构成主义（Constructivism）艺术的俄国源头是 K. 马列维奇（Malevich, Kasimir 1878—1935）的至上主义（Suprematism）绘画及其后来的三维化。这一过程，把雕塑的"体量"艺术，发展为"空间"艺术；把单媒介（材料），扩展为多媒介；把"雕"和"塑"的方法，变为"构"的方法；让静的雕塑"活动"起来。当构成艺术大大地拓展其艺术手段和表现力的时候，构成主义建筑（Constructivist architecture）应运而生。

紧靠十月革命前后的早期构成主义建筑，只是形式上有创造性的建筑图案。顶峰是 V·塔特林鼎鼎大名的作品第三国际纪念碑设计（1920 年展示了巨大的木制模型）。

晚期的构成主义建筑，以维斯宁兄弟（A.L.Vesnin & V.Vesnin）的莫斯科劳动宫设计竞赛肇始，还有一批构成主义建筑在 1920 年代至 1930 年代之初建立起来，已经同当时国际上正在兴起的现代建筑汇为一川。

（2）以社会主义的名义：古典主义建筑

当苏联将要开始第一个"五年"计划（1928—1933年）之际，当局发觉，许多文学家、艺术家及其社团的主张和行动，正是敌对的资本主义或帝国主义营垒中所流行的东西，这是敌人争夺艺术阵地的阶级斗争，必须整肃。

图 3-007　至上主义构图，1915 年，[俄]K. 马列维奇（左）
图片引自：Herbert Read 著 A Concise History of Modern Painting，牛津大学出版社，1974.
图 3-008　第三国际纪念碑方案设计，1919 年，建筑师：[苏] 塔特林（图中右边的人物为塔特林）（右）
图片引自：Amy Dempsey：Style School & Movement

图 3-009　早期构成主义建筑：庄员宿舍设计，1920 年，建筑师：[苏] 克林斯基（左）
图片引自：纽约现代艺术博物馆编的 Deconstructivist Architecture，1988.
图 3-010　晚期构成主义建筑：劳动宫设计，1922—1923 年，建筑师：[苏] 维斯宁兄弟（右）
图片引自：纽约现代艺术博物馆编的 Deconstructivist Architecture，1988.

图 3-011　朱耶夫俱乐部，1930 年，建筑师：[苏] 戈洛索夫
图片引自：A.M.Zhuravlev，A.V.Ikonnikov，A.G.Rochegov：Architecture of the Soviet Russia，1987，Moscow.

在建筑界，活跃的建筑师社团和以构成主义建筑为代表的现代建筑方向，遭到了清算。1925 年苏共中央通过了"党在文学方面的政策"的决议，决议中讲道："……正如一般阶级斗争在我国没有停止一样，阶级斗争在文学战线上也没有停止。"[①]

苏联的建筑师社团现代建筑师联盟（OCA）、新建筑师协会（ACHOBA），由于它们的构成主义立场而遭到取缔，批判构成主义的矛头，也同时指向国内外假想的敌人：资本主义国家的"资产阶级形式主义"建筑。

在批判构成主义的文献中，我们可以明白地看到两点：一、构成主义是国外阶级敌人的战友；二、俄罗斯古典主义传统建筑是构成主义建筑的对立面。这样，古典主义就成为社会主义建筑同资本主义建筑即现代建筑作斗争的有力武器。

共和国建立之初，对苏联国内上述艺术背景一团模糊。加上，当时把"构成主义"翻译成"结构主义"，不但引起人们对建筑结构的联想，无形中又同今天我们常说的结构主义哲学碰面，使得 1950 年代遗留下来的问题，至今依然是未了的公案。

2. 社会主义内容以及民族形式

苏联建筑理论反对构成主义建筑和现代建筑，最响亮的两个口号是"社会主义内容、民族形式""社会主义现实主义的创作方法"。

---

① （苏）耶·安·阿谢甫可夫. 苏维埃建筑史（城市建设文集，内部发行）[M]. 北京：建筑工程出版社，1955：46.

图 3-012　莫斯科地铁，阿尔巴特斯卡亚车站，1953 年

图 3-013　莫斯科地铁，基辅斯卡亚 – 克里采瓦亚车站，1954 年

　　1925 年，斯大林在一次题目为"东方大学的政治任务"演说中提出前一个口号：

　　"我们正在建设无产阶级的文化……内容是无产阶级的，形式是民族的——这就是社会主义所走的全人类的文化"①

　　苏联舆论，经常满怀骄傲地谈论俄罗斯的古典文化传统，常常在批判资产阶级艺术的同时，以俄罗斯古典主义艺术或建筑取而代之。在极力推崇古典艺术传统的气氛中，建筑的"民族形式"得到了落实：俄罗斯以及加盟共和国各民族的古典主义艺术和建筑，就成了苏联社会主义艺术和建筑的新形式。

　　至于"社会主义内容"，一般是同宣扬优越的社会制度相联系的。

① 耶·安·阿谢甫可夫. 苏维埃建筑史（城市建设文集，内部发行）[M]. 北京：建筑工程出版社，1955：45.

"建筑的内容，并不像某些还没有抛弃形式主义残余的理论家所说的那样是建筑功能的表现，而是反映现实的客观规律的最普遍的思想……

建筑是最能反映，例如，像伟大时代这样客观上存在的现象。这在绘画中也能反映……而在建筑中，这是最全面和最直接地被反映着，因为建筑的主要艺术任务是：直接地和明显地肯定时代的伟大和美丽。"[①]

从中国《建筑学报》创刊号所转载的这篇重要的苏联建筑理论文章中，我们看到的是：建筑的内容不是功能，而是思想，最能反映思想的是艺术。在实践过程中，苏联建筑非常突出艺术上的作用，而且综合运用其他造型艺术手段一并促成。实践这种思想的一个极为典型的实例就是莫斯科地下铁道，在此类实用性极强的地下建筑里，竟动用了如此华丽的装饰手段，使一个普普通通的交通运输工具变成"人民的地下宫殿"。

"社会主义内容、民族形式"口号的提出，实际上把建筑创作理论引向意识形态斗争的道路。具体选用俄罗斯古典主义建筑艺术成就作为主要建筑手段，运用绘画、雕塑等相关艺术为辅助手段，完成一个时代的纪念碑。在苏联的第一个五年计划开始前后，苏联共产党和政府，以此为武器，为构成主义建筑敲响了丧钟，为建筑的复古和装饰运动，打开了大门。

3. 社会主义现实主义创作方法

在传入中国的建筑理论中，没有比"社会主义现实主义的创作方法"这一创作口号更难以确切理解的了。

1932 年 10 月 26 日，苏联作家在高尔基的寓所召开会议，斯大林出席了这次会议，发表了他对于苏联文学艺术创作方法的意见。他说：

"真实地表现我们的生活，那么他在生活中就不能不看到，不能不表现使生活走向社会主义的东西。这就是社会主义的艺术。这就是社会主义现实主义。"[②]

这是一个表述十分简约的原则，我们可以从一些比较有权威的文献里，对"社会主义现实主义"的含意作些基本的了解。

"'社会主义现实主义'这个名称本身便说明这种艺术方法的两个最重要的特征。第一，这是现实主义，也就是说，是一贯力求按照生活的真正社会内容来全面地真实地反映和认识生活的艺术。第二，社会主义现实主义是具有共产主义党性的艺术，也就是说，构成它的灵魂是为共产主义的胜利而进行自觉的和有目的的斗争。"[③]

---

① 米涅尔文.列宁的反映论与苏联建筑理论问题 [J].建筑学报 1954（1）：10.
② 苏联科学院哲学研究所，艺术研究所.马克思列宁主义美学原理 [M].陆梅林等译.北京：生活·读书·新知三联书店，1962：698.
③ 同上：699.

这段话里说得明白,"社会主义现实主义"一是"反映生活",二是"具有党性"(即阶级性)。在文学艺术作品具有党性、真实地反映生活,这比较好理解,问题是建筑的"党性"是什么?建筑中的现实生活又是什么?却十分费解。难怪中国科学院副院长张稼夫在中国建筑学会成立大会上的讲话中说:

> "什么是社会主义现实主义呢?我想我们现在还拿不出一套完整的规格和标准,但我们绝不能因此而踌躇不前。"①

不过,这个口号的实质内容并不难寻,依然是寻求古典主义。

> "对于社会主义现实主义艺术来说,同古典艺术传统的联系是理所当然的,因为社会主义现实主义艺术不是脱离世界艺术文化历史的大道的,它是世界艺术文化的继续和发展。但是也有另外一些比较特殊的原因使我们有必要重视古典作家的遗产。克服形式主义的主观主义的这种要求,使那些探索着新道路的艺术家们特别迫切地感到要研究古典现实主义的经验教训。"②
>
> "卓越的建筑师如舒舍夫、福明、舒柯、塔玛年、若尔托夫斯基等等的创造性的成就在反对形式主义和结构主义的思想中达成了。这些创造性的成就是为建设新苏维埃生活的思想,是为共产党的思想所鼓舞。"③

这样,"社会主义现实主义的创作方法"同"社会主义内容、民族形式"相会在古典主义的大道上,加上建筑的党性和艺术性,这就是当时苏联社会主义建筑理论的实际特征。

尽管在理论探讨的过程中,就如何正确对待古典传统,如何处理艺术和技术以及功能之间的关系,如何最大限度地体现对劳动人民的关怀等问题作了许多理论上的补充,但就其结果来看,尖顶加柱廊的建筑形象,已经成为批判构成主义建筑之后苏联建筑无可置疑的形象。

(三)理论不明看建筑

建筑理论的最终目的是要指导建筑创作,人们一定会在具体的建筑中看到建筑形象对建筑理论的明确注释。

1.古典建筑的柱廊

西洋古典建筑是文艺复兴运动以来的国际式建筑,当苏联建筑寻找民族形式之际,目光直指俄罗斯古典建筑,具体到古典建筑柱式的柱廊。如新西伯利亚的歌剧芭蕾舞剧院,简直就是一栋古代建筑;斯大林格勒(今伏尔加格勒)A.M.高尔基大剧院,就是一栋罗马建筑。

---

① 参见:张稼夫.张稼夫在中国建筑学会成立大会上的讲话 [J].建筑学报,1954(1):3.
② 苏联科学院哲学研究所,艺术研究所.马克思列宁主义美学原理 [M].陆梅林等译.北京:生活·读书·新知三联书店,1962:693.
③ (苏)耶·安·阿谢甫可夫.苏维埃建筑史 // 城市建设文集(内部发行)[M].北京:建筑工程出版社,1955:48.

图 3-014　新西伯利亚，新西伯利亚歌剧芭蕾舞剧院，1931—1945 年，建筑师：[苏] 戈林伯格等
图片引自：A.M.Zhuravlev，A.V.Ikonnikov，A.G.Rochegov：Architecture of the Soviet Russia，1987，Moscow

图 3-015　伏尔加格勒，高尔基大剧院，1945—1952 年，建筑师：[苏] 库林诺夫
图片引自：A.M.Zhuravlev，A.V.Ikonnikov，A.G.Rochegov：Architecture of the Soviet Russia，1987，Moscow

2. 低层建筑高尖顶

　　俄罗斯的尖顶建筑，也叫"帐篷顶建筑"。全苏农业展览馆的主馆、白俄罗斯馆都是这种构图。其构图的特点是，强烈的中心对称，在较低的主体建筑上，耸立高高尖顶，其高度甚至超过主体建筑数倍，尖顶常常饰以金箔，周围有丰富的装饰。苏联在中国建设的几个建筑，如北京（苏联）展览馆，上海中苏友好大厦以及北京广播大楼等，都属于这类构图。

图 3-016　全苏农业展览馆主馆，建筑师：[苏] 舒柯（左）
图片引自：A.M.Zhuravlev，A.V.Ikonnikov，A.G.Rochegov：Architecture of the Soviet Russia，1987，Moscow
图 3-017　莫斯科，北部河港码头，1937 年，建筑师：[苏] 鲁赫里亚德夫（右）
图片引自：A.M.Zhuravlev，A.V.Ikonnikov，A.G.Rochegov：Architecture of the Soviet Russia，1987，Moscow

3. 高层建筑哥特化

莫斯科 1947 年开始设计和兴建的 8 栋高层建筑，体量大多作竖向划分，强调体量高耸，屋顶以塔尖结束，显示哥特风韵和民族风情。不过，这些高层建筑在 1954 年即被当作"腐朽的、夸大的、浮华的典型"而受到批判。

4. 纪念性和象征性

苏联的民族形式具有强烈的纪念性、象征性和装饰性。苏维埃宫进行了 4 轮设计竞赛，是追求纪念性的巅峰之举。1939 年 4 月苏维埃宫建设委员会正式批准了三人合作的综合方案，建筑为层垒上升的圆柱状，圆柱落在约容纳 2.5 万人的会堂上。总高度 415 米（后增至 460 米），仅顶部的列宁像就高达 80 米（后加至 100 米），其纪念性的尺度无以复加。

位于莫斯科列宁山上的莫斯科大学主楼，曾经以其宏伟的体量、纪念性的构图影响过中国新建的高等学府，但是它的造价比普通高校成 10 倍地翻番，平面过于复杂，中国建筑师戏称其平面为"蛤蟆式"。

象征性建筑的顶级是莫斯科苏军剧院，代表红军的五角星剧院平面和五角星柱子断面，在现实中却无法识别，因造价超出而没有完成的顶部，留下了简陋的痕迹。

图 3-018　莫斯科的城市建筑轮廓之一，摩天大楼的怀旧

图 3-019　莫斯科，沃斯塔尼亚广场上的高层住宅，1950—1954 年，建筑师：[苏] 波索欣等

图片引自：A.M.Zhuravlev，A.V.Ikonnikov，A.G.Rochegov：Architecture of the Soviet Russia，1987，Moscow

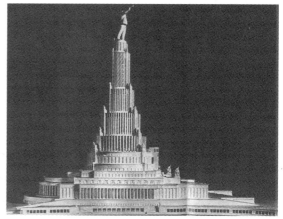

图 3-020　莫斯科，斯摩棱斯克广场上的高层办公楼，1948—1953 年，建筑师：[苏] 格里福里赫等（左）

图片引自：A.M.Zhuravlev，A.V.Ikonnikov，A.G.Rochegov：Architecture of the Soviet Russia，1987 年，Moscow

图 3-021　莫斯科，苏维埃宫方案模型，1934 年，建筑师：[苏] 约凡、舒柯、格里福里赫（右）

图片引自：A.M.Zhuravlev，A.V.Ikonnikov，A.G.Rochegov：Architecture of the Soviet Russia，1987，Moscow

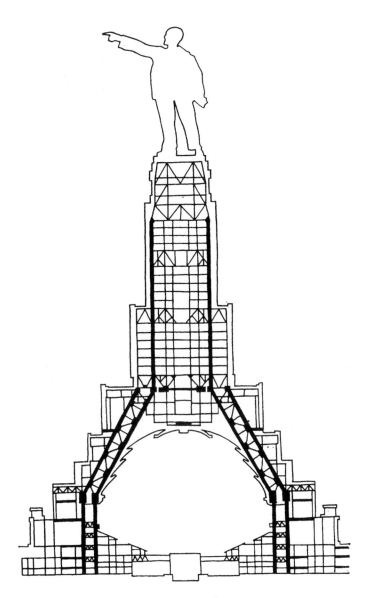

图 3-022　莫斯科，苏维埃宫
方案剖面，1934 年，建筑师：
[苏] 约凡、舒柯、格里福里赫
图片引自：A.M.Zhuravlev，A.V.
Ikonnikov，A.G.Rochegov：Archi-
tecture of the Soviet Russia，1987，
Moscow

图 3-023　莫斯科大学主楼，
1949—1953 年，建筑师：[苏]
鲁德涅夫等
图片引自：A.M.Zhuravlev，A.V.
Ikonnikov，A.G.Rochegov：Archi-
tecture of the Soviet Russia，1987，
Moscow

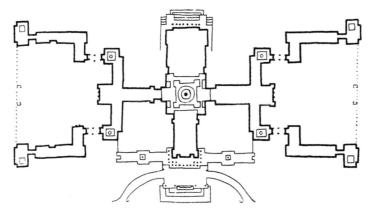

图 3-024　莫斯科大学，1949—1953 年，
平面，建筑师：[苏]鲁德涅夫等
图片引自：A.M.Zhuravlev，A.V. Ikonnikov，
A.G.Rochegov：Architecture of the Soviet
Russia，1987，Moscow

图 3-025　红军剧院，1934—1940 年，建
筑师：[苏]阿拉比扬等
图片引自：A.M.Zhuravlev，A.V. Ikonnikov，
A.G.Rochegov：Architecture of the Soviet Russia，
1987，Moscow

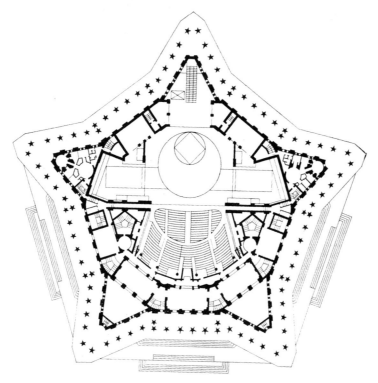

图 3-026　红军剧院，1934—1940 年，平面，
建筑师：[苏]阿拉比扬等；平面和柱子断
面都是象征红军的五角星
图片引自：A.M.Zhuravlev，A.V.Ikonnikov，
A.G.Rochegov：Architecture of the Soviet
Russia，1987，Moscow

这就是深深地影响共和国初期现代建筑的一段苏联建筑史，也是中国相关著作中难以容纳的一段外国历史，不了解这段历史背后的渊源，就很难理解 1950 年代中国现代建筑的曲折路程，及其经久不衰的影响。

三、苏联社会主义建筑理论的中国化及其后果

苏联建筑文化的引进，给中国建筑师带来了冲击和困惑，一是中国原有现代建筑文化潮流与来自苏联本土的古典建筑文化发生了碰撞；二是建筑设计和学术问题，竟被纳入资产阶级和无产阶级两个阶级、社会主义和资本主义两个阵营的阶级斗争之中。

（一）建筑学会应运而生

1950 年，在北京成立了中华全国自然科学专门学会联合会（简称"科联"）和中华全国科学技术普及协会（简称"科普"）。在全国科联的倡导下，建筑界知名人士梁思成、范离和王明之等 25 人，作为原始发起人向全国各地联络，征得了签名共 296 人，成立了中国建筑工程学会筹备委员会，推举梁思成为主任委员，范离、王明之为副主任委员。1953 年起，在中央建筑工程部和各省市局的支持下，各省市的学会筹备工作也在积极进行，到 7 月底，上海、天津、长春、广州、开封、兰州 6 地成立了分会，北京、南京、昆明、武汉、福州、青岛、西安 7 地产生了地方筹备委员会，各地登记的会员 1572 人，中国建筑学会成立的条件已经成熟。

1953 年 10 月 23 日至 27 日，中国建筑工程学会第一次代表大会在北京文津街中国科学院院部正式开幕，北京、天津、上海、南京等 16 个地区和特邀代表参加了会议。中国科学院副院长张稼夫致辞，全国科联副主席吴有训讲话。大会有两个重要的报告：一是梁思成的"建筑艺术中社会主义现实主义的问题"；一是汪季琦的"改进建筑设计工作为完成和提早完成国家第一个五年经济建设计划而斗争"。身为中共中央宣传部副部长、文化部副部长的周扬，最后作了长篇发言，并特别为大会组织了一次同文艺界知名人士交换有关建筑创作意见的座谈会。参加会议的文艺界知名人士有艾青、郑振铎、刘开渠等，这是把建筑视为一种艺术，把建筑界看作与文艺界有亲缘关系的一种表现，从周扬的发言中也可以清楚看到这一点。会议通过了中国建筑学会的会章，选出了第一届理事 27 人，建筑工程部副部长周荣鑫当选为理事长，梁思成、杨廷宝当选为副理事长，汪季琦任秘书长。大会成立了组织委员会（主任委员：贾震）、编辑委员会（主任委员：梁思成）、中国建筑研究委员会（主任委员：陈明达）、学术研究委员会（主任委员：庄俊）。

报告人之一汪季琦是中央人民政府建筑工程部设计院副院长，报告总结了几年的建筑设计工作，提出了工作的重点向工业建设的转向。之后，他把主题指向了与"设计思想""工作态度"

有关的"民族形式"问题。由于这个时候一些有代表性的"民族形式"建筑已经陆续在设计和施工，他的报告对"复古主义"已经有所警惕，在这个问题上，比之苏联和东欧社会主义国家的某些认识更加清醒。他说：

> "在此想起一个问题，就是建筑设计的原则要适用、经济、美观，三者应通盘考虑。目前大家对民族形式问题，迫切要求讨论，这是完全必要的，但注意力似乎太注意形式，而对适用与经济，多少有放松之感。
>
> 至于建筑形式，我们反对世界主义，我们同时也反对复古主义，世界主义服务于帝国主义，复古主义要把人们拖回到封建时代去。
>
> 新的民族形式是个艰苦的创造过程，现在我们被两种思想的倾向所苦恼，一面是世界主义（形式主义，结构主义），一面是复古主义，弄得不敢下笔。"

报告力图运用"新的民族形式"这一概念与复古主义划清界限，说明是对民族遗产的"利用"而不是"投降"。从实际的效果看，这种意见并没有阻挡住强大的复古主义倾向，他本人在不久以后，也不得不为复古主义倾向的后果在报纸上检讨，负担起一方搞复古主义的领导责任。

当选理事长的建工部副部长周荣鑫，在闭幕会议上作了总结报告，他也肯定了建筑是艺术，但他更多地强调满足人民物质生活方面的需要。他在明确提倡民族形式的同时，举例告诫不能变成"古迹的风格"，以"大胆创作"寄希望于未来。这些同样是颇为审慎的见解。会上，还有人对于在提倡民族形式的同时所表露出来的复古主义倾向持不同意见，如来自上海的建筑师汪定曾等，但这些意见没有得到重视。很多人，希望能取得一些民族形式的图样或规定，以便带回去具体贯彻。

早在 1953 年 4 月，就已经印刷了前面提到的《中国建筑参考图集》，供设计人员作为"建筑设计参考图集"。这是营造学社收集的中国古代建筑珍贵资料，是一部很有价值的古代建筑参考图集。不过，在提倡民族形式的浪潮中出版古代建筑的设计参考资料，客观上起到了推进复古倾向的作用。

这里不能不提一下建筑学会编辑委员会于 1954 年 6 月出刊了第一期《建筑学报》。《建筑学报》创刊之际，既是学习苏联建筑理论并使之中国化的重要时刻，也是第一批民族形式建筑设计"复古主义"倾向已见端倪之际的理论支持。学报的《发刊词》中说：

> "本《学报》有明确的目的性，它是为国家总路线服务的，那就是为建设社会主义工业化的城市和建筑服务的……本《学报》将以行动来响应毛主席所提出学习苏联的号召，以介绍苏联在城市建设和建筑的先进经验为首要任务。其次是介绍我们自己在建设中的经验，通过本刊开展批评与自我批评。此外，批判地介绍祖国建筑遗产及优良传统，也是学报的重要任务。在新中国的民族形式、社会主义内容的建筑创造过程中，学习遗产是一个

重要环节，因为中国的新建筑必然是从中国的旧建筑发展而来的。在这一点上，我们要学习苏联各民族的建筑师创造性地运用遗产的观点和方法。"①

在这本 52 页的创刊号杂志里，介绍苏联城市和建筑的文章 3 篇计 28 页，同时刊登了继承和发展传统的文章 2 篇计 8 页，编辑的倾向十分明显。

《学报》刚出了第二期就因为"反浪费"运动的开展而第一次停刊，预示了中国建筑学术步履之艰难。至改革开放时，《建筑学报》曾停刊三次，可以想见建筑与国家政治、经济形势关系之密切。

（二）梁思成建筑理论的悲剧

在建筑学会成立大会上，影响最大的还是梁思成的报告"建筑艺术中社会主义现实主义的问题"，在这之前，他曾在外地做过多次讲演，这也是进入 1950 年代以来梁思成活跃探讨建筑理论的高潮。然而，就此也开始了梁思成建筑理论活动的悲剧。

梁思成是一位学贯古今中外的建筑家，1924—1928 年先后在美国宾夕法尼亚大学建筑系、哈佛大学研究生院完成学业，分别获学士和硕士学位。宾夕法尼亚大学的学院派教育，哈佛大学的世界建筑史的研究，使他对西方古代建筑有深刻的兴趣和功底，毕业之后赴欧洲的考察，加深了对西方古代建筑以及对现代建筑的认识。1932—1946 年，任中国营造学社法式部主任，对于中国古代建筑有开创性的研究和深厚的感情。1946 年任清华大学建筑系主任后，曾赴美考察"战后美国建筑教育"，1947 年被外交部推荐，任联合国大厦设计顾问。在美国的一年多时间里，他还考察了近 20 年来的现代建筑，同时访问了具有国际意义的现代建筑大师劳埃德·赖特、瓦尔特·格罗皮乌斯、伊利尔·沙里宁等人，对国际现代建筑理论和动态深有体察。此后他提出"体形环境"的教学体系，并在建筑教育中加入了抽象构图练习。据此观察，梁思成在抗战胜利以后至 1950 年代初，其主要的建筑思想应该处在现代建筑运动强烈影响之下。

1. 艺术问题的政治论证

但是，这样一位对现代建筑有实际体察并持正面态度的学者，在"建筑艺术中社会主义现实主义的问题"的报告中，对现代建筑所持的批判态度，以及在建筑艺术中加入阶级性和党性的引述，不能不使人感到这种转变缺乏应有的逻辑。

他在报告中肯定了几年来的建筑成绩，批判了"不容忽视的缺点"。

"一九五二年建造的许多宿舍，包括北京大学新建的教职员住宅、清华大学新建的教职员住宅和学生宿舍，都是一排排像营房的处理……比这高一筹的，如上海的曹杨新

---

① 重点符号为引者所加，中国的《建筑学报》首要任务是介绍苏联，其次是介绍自己，对苏联经验重视之程度可见一斑。

村，总体布置完全是一个资本主义国家的'花园城市'，实际方面考虑很不够。此外，各城市新建的美国式方匣子数目也不算少。更严重的，如某些工厂建造完工才发现当地没有水源……

今天有必要在此提出的是我们过去设计中的另一方面的缺点，而这缺点到今天还是未受到应有的重视。我们在过去四年中，似乎忘记了这样一个事实，那就是建筑除却它的工程结构科学技术方面外，还有它的艺术方面的事实。不可否认的，建筑是一种艺术。如同其他艺术一样，它是反映我们的社会生活和社会意识即我们这个时代的思想情况的。"

在论证过这些"不容忽视的缺点"和建筑的艺术性之后，他谈了建筑艺术的阶级性或党性。

"清华大学建筑系的苏联专家阿谢甫可夫教授说：'艺术本身的发展和美学的观点与见解的发展是由残酷的阶级斗争中产生出来的。并且还正在由残酷的阶级斗争中产生着。在艺术中的各种学派的斗争中，不能看不见党派的斗争，先进的阶级与反动阶级的斗争。'（论建筑中形式与内容的统一）……"

"在中国，这阶级斗争还是同民族解放斗争密切地结合着的。毛主席给我们指出：'在民族斗争中，阶级斗争是以民族斗争的形式出现的，这种形式表现了两者的一致性。'（统一战线中的独立自主问题）。在今天的中国，在建筑工作的领域中，就是苏联的社会主义的建筑思想和欧美资产阶级的建筑思想还在进行着斗争，而这斗争是和我们建筑的民族性的问题结合在一起的。这就是说，要充满了我们民族的特性而适合于今天的生活的新建筑的创造必然会和那些充满了资产阶级意识的，宣传世界主义的丝毫没有民族性的美国式玻璃方匣子的建筑展开斗争。我们还先要肃清过去盲目崇拜西洋建筑的心理。在中国的一些所谓西洋建筑却是具有民族性的，但是别的民族的民族性，而不是我们自己的民族性。它们是和我们过去的文化没有发展的关系的，是被帝国主义侵略者硬搬到我们的土地上来的，并且是以此来抹杀我们自己建筑的传统的。它们所反映的正是百年来帝国主义文化侵略的影响。"

在建筑艺术中论证阶级性和党性问题，并不是梁思成所熟悉的思想方法，报告中的相关论证，大都是引用别人的话，他对欧美的经典现代建筑并不至于深恶痛绝，但报告却采取了完全敌对的态度。他的报告有一个十分合乎逻辑的结论：建筑艺术有阶级性，阶级斗争常以民族斗争的形式出现，因此，在建筑中搞不搞民族形式，是个阶级立场问题。梁思成给开创中国的、不脱离过去遗产、能"把对祖国的具体感觉传达给人"的民族形式建筑，设立了路标。也把苏联的理论"中国化"。

2. 两张中国建筑想象图

1954 年《建筑学报》创刊号上发表了梁思成的论文《中国建筑的特征》，这是一篇论述中国古建筑的文章，但对于当时探索民族形式的影响不可低估，因为它概括出可以明确认识并能具体操作的中国建筑九大特征：

①由台基、屋身和屋顶组成；②围绕庭园和天井；③木结构；④斗栱；⑤举折，举架；⑥屋顶占着极其重要的位置；⑦大胆用朱红色和彩画；⑧木构件交接处加工成为装饰；⑨用琉璃瓦、木刻花、石浮雕、砖刻作装饰。

文章在举出特征之后说：

"这一切特点有一定的风格和手法，为匠师们所遵守，为人民所承认，我们可以叫它做中国建筑的'文法'。建筑和语言文字一样，一个民族总是创造出他们世世代代所喜爱，因而沿用的惯例，成了法式。

由这'文法'和'词汇'组织而成的这种建筑形式，既经广大人民所接受，为他们所承认、所喜爱，于是原先虽是从木材结构产生的，它们很快地就越过材料的限制，同样的运用到砖石建筑上去，以表现那些建筑物的性质，表达所要表达的感情。"

图 3-027　未来民族形式建筑的想象图之一，
建筑师：梁思成
图片引自：梁思成著《梁思成文集·第四卷》

图 3-028　未来民族形式建筑的想象图之二，
建筑师：梁思成
图片引自：梁思成著《梁思成文集·第四卷》

梁思成在相距不久的另一篇论文《祖国的建筑》中，进一步发展了这一思想，他直接用自己所画的两张图，表达了他心目中民族形式的建筑理想。他在解释这两张图时说：

> "这两张想象图，一张是一个较小的十字小广场，另一张是一座约三十五层的高楼。在这两张图中，我只企图说明两个问题：
>
> 第一，无论房屋大小，层数高低，都可以用我们传统的形式和'文法'处理；
>
> 第二，民族形式的取得首先在建筑群和建筑物的总轮廓，其次在墙面和门窗等部分的比例和韵律，花纹装饰只是其中次要的因素。"[①]

这两张草图是一个相当准确的建筑预言，不论是1950年代的民族形式建筑，还是1990年代追求中国传统和中国气派的建筑，可以说都没有脱出这一范式。不过，这种形式并不完全是梁思成的独创，看一看1930年代的《中国固有之形式》，就可以找到它的根源，梁思成的新贡献在于具体预设了中国民族建筑的形象并提出了建筑的语言学问题。

3. 超前出现建筑语言学

梁思成在他这个活跃的建筑理论时期，提出了"建筑语言学"思想，虽然这是一个有待进一步深化的思想。

梁思成在《中国建筑的特征》一文中用"文法"来比喻建筑的"法式"。他把建筑的梁、柱、枋、檩、门、窗、墙、瓦等比作"词汇"，把构件与构件之间，个别建筑物与个别建筑物之间的处理方法和相互关系视为"文法"，他说：

> "也如同做文章一样，在文法的约束性之下，仍可以有许多体裁，有多样性的创作，如文章有诗、词、歌、赋、论著、散文、小说等。建筑的'文章'也因不同的命题，有'大文章'或'小品'。大文章有宫殿、庙宇等，'小品'如山亭、水榭、一轩、一楼……运用这文法的规则，为了不同的需要，可以用极不相同的'词汇'构成极不相同的体形，表达极不相同的情感，解决极不相同的问题，创造极不相同的类型。"

梁思成提出建筑的语言学问题的同时，还提出建筑的"可译性"问题。他说：

> "在这里，我打算提出一个各民族的建筑之间的'可译性'问题。
>
> 如同语言和文学一样，为了同样的需要，为了解决同样的问题，乃至为了表达同样的情感，不同的民族，在不同的时代是可以各自用自己的'词汇'和'文法'来处理它们的。"[②]

① 梁思成. 祖国的建筑. 梁思成文集·第四卷 [M]. 北京：中国建筑工业出版社，1986：156–157.
② 梁思成. 中国建筑的特征 [J]. 建筑学报.1954（1）：39.

张镈在回忆梁思成 1953 年成立建筑学会时的一次讲演时提到：

> "他草画了个圣彼得大教堂的轮廓图，先把中间圆顶（dome）改成祈年殿的三重檐。第二步把四角小圆顶改成方形、重檐、攒尖亭子。第三步，把入口山墙（pediment）朝前的西洋传统做法彻底铲除……同样可以把意大利文艺复兴时期的杰作，改成适合中华民族的艺术爱好的作品。"[①]

梁思成提出的建筑语言学和"可译性"，只是一个有意义的创意，没有得到深化。

然而，梁思成主动把苏联的社会主义建筑理论中国化的过程，显示出他学术性格的矛盾。前面提到的史实表明，他本是一位深谙现代建筑运动精髓的建筑家，却对三年恢复时期的中国现代建筑作品严词批判；作为建筑学者，却借用自己并不熟悉的"残酷阶级斗争"的武器对待学术问题。他的理论困境在于，对传统建筑研究的善意，却指引了通向复古主义的道路；他的建筑语言学和建筑可译理论生不逢时，在"洗澡水"里一同被"倒"掉了。而曾经被他借用过的"阶级斗争"武器，后来也无情地把他自己打翻在地。

（三）社会主义阵营打倒资本主义方盒子

提倡民族形式，不是梁思成个人的事，也不只是中国建筑界的事，而是苏联主导的整个社会主义阵营同资本主义阵营政治斗争在建筑领域中的反映。

比中国先行一步，东欧的社会主义国家，也在苏联建筑的影响下，发生了和中国一样的事情。批判的武器一面对着国外的帝国主义，一面对着国内的"资产阶级"，其锋芒在任何时候都是对准罪恶的资本主义方盒子建筑。

1. 东欧也自发延续方盒子建筑

（1）在德国，1908 年 A. 卢斯（Adolf Loos）以他顽强的建筑理论"装饰就是罪恶"，扫荡了建筑罪恶的残余——装饰，奠定了现代建筑的基本形象和理论——方块和方块建筑的美学。

1950 年代之初，德国现代建筑的后人们，在苏联建筑理论的政治影响下，把这些方盒子当成罪恶。东德时任副总理乌布利希在 1951 年 12 月 8 日德国建筑科学院成立纪念会上说：

> "在英美占领区中，新建的高楼也不比纳粹政府的逊色。这些成为西德许多地区的重要景色的'方盒子'，难道不正是美帝国主义者把西德看作他的军事基地，并蔑视我们的民族文化的干涉政策的最明显的表示么？

---

① 张镈. 我的建筑创作道路 [M]. 北京：中国建筑工业出版社，1994：70.

由于所谓房屋式样的形式主义和功能主义，尤其是美国带进西德的那一套方式，把建筑完全引到了死巷里去。因而我们就更应当应用德国建筑的古典遗产和其他国家的进步艺术，尤其是苏联的，来做好新德国的建筑事业。"[1]

在《西德建筑的悲剧》一文中，可以看到对这个问题的充分阐述。[2]

（2）1952年4月16日，在波兰建筑师第一次代表大会上，作为客人的莫斯科市总建筑师阿·弗拉索夫，毫不客气地批评东道主，当面教他们和其他社会主义国家一道学习苏联的经验：

"我们认为，对友好的波兰同道建筑师来讲，研究并了解这些经验是有益的，对其他的人民民主国家的建筑师来讲也同样是有益的。掌握苏联的经验乃是意味着加速解决摆在你们面前发展中的创造性的问题。这种经验的研究可以及时掌握避免可能发生的错误。

遗憾的是，这些世界主义的现象，在华沙市的恢复中仍然存在着。按道理，波兰人民要深深地感谢建筑工作者和设计工作者，他们在华沙建立了百货公司，可以在这里选择或购买新的货物，但是我确信波兰人民、华沙市民对百货公司的建筑感到失望。对这些缺乏艺术思想内容的冷淡的玻璃盒子感到失望。非常遗憾的是，虽然波兰人民已经解放8年，但是在展览会上仍然可以看到结构主义的作品，特别是若干工业建筑……我记得贝鲁特同志[3]对这个问题曾作过著名的发言，他说：'在这些形式中仍然存在着资产阶级世界主义的残余，表现在暗淡无光的盒子式的房屋上，表现在冷酷的形式主义上。'"[4]

从这些言论中，不但可以看到苏联建筑师大国沙文主义嘴脸，更可以体会到东德、波兰与中国等社会主义国家，在二战之后的恢复时期，都曾经合乎发展规律地延续过现代建筑运动之路，同时也都是在强大的政治压力之下，逆潮流而动，被迫走向和古典遗产相结合的"民族形式"复古之路。

（3）在匈牙利，有意思的是，工业大学里的"反动派"集合起来支持"反动的"摩登建筑的代言人玛约尔教授，而且，由匈牙利劳动人民党的政治局委员里瓦伊亲自参与对他的批判。之所以对玛约尔展开如此强大的批判，是因为他的理论影响实在广泛，他认为摩登建筑有许多很好的原则，古典建筑有许多形式主义的东西，特别是因为他认为苏联的建筑理论是混乱的，不值得学习。党和国家领导人出面批判，往往祭起政治武器，肯定是以民族形式的胜利和摩登建筑的失败而告终。

① [德]瓦·乌布利希.国家建设事业与德国建筑界的任务[J].建筑学报，1954（2）：53-77.
② [德]柯·马葛立芝.西德建筑的悲剧[J].建筑学报，1954（2）：78-85.
③ 引者注：当时的波兰总统。
④ [苏]阿·弗拉索夫.在波兰建筑师第一次全国代表大会上的发言[J].建筑学报，1954（2）：88-89.

2. 穆欣批判：寻找中国的结构主义

苏联建筑专家穆欣，在中国寻找靶子，矛头只好指向普通的中国现代建筑。张镈在《我的建筑创作道路》一书中说：

> "1952年，由总建筑处接待的城建方面苏联专家穆欣是有代表性的人物。他不像建筑工程部的专家巴拉金那样诚恳、谦虚；又不像市都委会请来的女专家图敏斯卡娅那样以自己的教训来开导别人。穆欣专家自认是马列主义专家，是爱国主义的英雄。他认为，苏联建国初期，在十几个帝国主义和资本主义国家包围之中，在建筑艺术风格上，想用资本主义的国际式来腐蚀、影响无产阶级专政下的苏联艺术……为此，他说，北京的和平宾馆和西郊新建的办公楼，都是方盒子，大玻璃窗的结构主义作品。认为我们中了结构主义的'流毒'太深。
>
> 这个批判大会是由总建筑处在灯市口某大楼召开的。我第一次听到这种有哲学理论的批判……为此，我在会上请专家拿点样板，给予启发。不料看到的全是文艺复兴时期的住宅和大尖塔、教堂式的建筑。表示不解后，再度受到批判。"[1]

1950年代具有欧美留学背景的建筑师，很少了解苏联早期的"结构主义"，也并不认为苏联提出的样板多么高明，尤其是许多中国建筑师见多识广具有留学经验，但是都在不同程度上承受着建筑领域中的阶级斗争式的批判。

关于苏联的"结构主义"，一直到1982年童寯教授的著作《苏联建筑》[2]问世，第一次简明地解释了构成主义的来龙去脉，填补了中国现代建筑理论中的一个漏洞。

3. 一封来信：方盒子是栽不活的臭牡丹

前面已经提过，1954年3月26日，人民日报读者来信组转给《建筑学报》的那封既神秘又尖刻的林凡读者来信，来信有个气度很大的题目——《人民要求建筑师展开批评和自我批评》。来信指出：

> "但另外我非常惊讶地发现，好多报纸杂志把一些并不优美的甚至于可以说是恶劣的、方块形的、构成主义和别的颓废派别的建筑物的照片大登特登，文字上为它作介绍、作宣传，好像说这些恶劣的东西是我们建设中新的成功的标志似的。这样做实在没有好处。请听听一位波兰朋友（波兰展览会的设计家）看了广州的某些建筑物之后说：'这些建筑像小孩子玩的积木一样，太难看了！'一位老太太走到岭南文物宫的一个建筑物面前，看了那个倒立的上粗下细的屋柱说：'我怕！是不是会垮下来！'效果多坏！人民不喜欢它，我们的朋友不欣赏，而我们的摄影记者、编辑同志还拿它当宝贝，实在奇怪！

---

① 张镈. 我的建筑创作道路 [M]. 北京：中国建筑工业出版社，1994：71-72.
② 童寯. 苏联建筑——兼述东欧现代建筑 [M]. 北京：中国建筑工业出版社，1982.

本来像这样性质的一群公用的建筑物，很可以把它设计成由中国式的亭台楼阁交错组成的结构完整的一个整体，而建筑师却把美国式的香港式的'方匣子''鸽棚''流线型'硬往中国搬，他不知道这些资本主义国家的'臭牡丹'在中国的土壤中栽不活，他不知道他设计出来的东西必须完成两重任务：即实用的和优美的。他根本忘了斯大林同志指示的建筑必须为人的信条。"

写信的读者自称是"部队里的机关工作人员"，但显然熟悉建筑界内部情况，甚至正确地使用"构成主义"一词，有理由认为，作者背景不凡。

"来信"是对方盒子现代建筑批判的强音，也是尾声。这一年，第一批"民族形式"建筑相继问世，以批判大屋顶为核心的第一次反浪费运动开始了。

四、探索民族形式从屋顶开始

梁思成在《中国建筑的特征》一文里所举出的中国建筑的 9 个特征中，有 5 个特征与建筑的屋顶直接关联，可见，在中国建筑中的确"屋顶占着极其重要的位置"。自然，探索从民族形式开始，继续讲述着 20 世纪之初与外国建筑师开创的"中国式建筑"和 1930 年代"中国固有之形式"建筑相关的"大屋顶"的故事。

（一）民族形式的纪念碑

民族形式的探求从来没有这么广泛。从地区看，中国的东西南北中均有明显的反映，即便是很少设计宫殿式大屋顶的地区，也有实例；就民族而言，除了被认为汉族多使用的宫殿式大屋顶建筑之外，还有有少数民族所常用的不同屋顶形式，这是 1950 年代之前十分少见的，可以说有一定创新；在一些外来建筑影响较深的地方，也有比较鲜明的西洋古典建筑和地域性建筑的式样。可贵的是，我国地域性建筑成为一支活跃的探新力量。

1. 中国宫殿式

在新功能、新技术和建筑材料的建设条件下，仿古代宫殿和庙宇的"大屋顶"模式（如仿清式、宋式或辽式等）。整体建筑上下分屋顶、墙身和基座三段；屋顶一般敷设琉璃瓦，檐口有相应的木结构装饰构件，如斗拱、檐椽和飞檐椽；梁枋部位有彩画点缀。中国宫殿式看上去雄伟壮观，具有强烈的纪念性，适于表达新政权建立之后的"民族自豪感"和正统感。

北京，四部一会办公楼，位于北京阜成门外三里河路口，建筑面积 8.49 万平方米，是政府四个部和一个委员会的办公大楼，故称"四部一会"。主楼地上 6 层，中部 9 层，原设计是钢筋混凝土框架结构，后来接受苏联专家郭赫曼的意见，改为砖混结构，是国内最高的砖混结构

图 3-029　北京，四部一会办公楼，1952—1955 年，建筑师：北京市建筑设计院张开济

图 3-030　北京，四部一会办公楼，1952—1955 年，主体（左）
图 3-031　中国建筑吻兽装饰的革新：用和平鸽形象取代（右）
图片提供：中国建筑设计研究院，张广源

建筑。总平面布局采用当时苏联盛行的周边式，平面房间是大进深，一般为 17 米，个别为 21 米，以力求节约土地、材料和能源。

　　为使建筑有鲜明的民族形式建筑轮廓，同时可以隐藏高层建筑的电梯机房、水箱等，各楼的主要入口部分的上部加以双重檐庑殿攒尖顶屋顶，屋顶的承托部分，自下而上收分，以衬托屋顶雄浑壮观。檐口下面的斗栱和梁枋均作仿石建筑处理。大片墙面的窗户内陷，以显建筑厚实稳健。这是共和国第一批民族形式建筑的尝试，尽管在许多方面力求合理节约，但在艺术处理方面的花费掩盖了这些努力。

北京，**地安门机关宿舍大楼**，位于贯通天安门和地安门的北京城市主要轴线上，该轴线上古建筑林立，位置极为敏感。在这个充满古代建筑的环境里，建筑师主要考虑的是如何创造民族形式以适应环境。建筑的主要入口部位自道路退后 10 米，同时以绿地加以衬托，中部体量和角部的几个重点部位，使用绿色琉璃瓦顶，其他部位是平顶作屋顶花园。屋顶檐口下面的檐枋、斗栱、柱子采取复杂的彩画以示重点，其余大部分墙面作浅灰绿粉刷。作为特定环境之中的建筑，用与古代建筑群相协调的手法，是比较可靠的方法，特别是在北京中心的制高点——景山上，有良好的景观，成为住宅建筑景观效益重于经济效益的特定实例。

图 3-032　北京，地安门机关宿舍大楼，1954 年，正立面，建筑师：中央建工部设计院陈登鳌
图片提供：中国建筑设计研究院，张广源

图 3-033　北京，地安门机关宿舍大楼，1954 年，自景山的景观

北京，**新侨饭店**，位于崇文门内西侧，同仁医院对过，建筑面积约 2.14 万平方米，客房379 间，每间平均 56.4 平方米。原草图由都委会建筑师白德懋提出，上海华东建筑工程公司女建筑师张玉泉于 1952 年末主持技术设计。由于方案延续了现代建筑设计手法，建筑平面不规则，立面不对称，在施工图已经告竣后，苏联女专家等认为太"洋"，决定推翻原案由张镈重作。

建筑师注重建筑与古建筑崇文门的协调关系，并强调建筑高度与干道的比例约为 1/2。总体布局吸收中国古典园林的手法，充分利用已经施工的基础，在东、北、西三面围合布置客房，把中部的空间留作庭园和公用厅堂。建筑立面采用挂落板式平顶以呼应传统。

图 3-034　北京，地安门机关宿舍大楼，1954 年，细部

图 3-035　北京，新侨饭店，1952—1953 年，北京市建筑设计院建筑师张镈

北京，**友谊宾馆**，位于北京西郊，建筑面积2.4万平方米，客房380间，是接待苏联专家的招待所。设计利用当时已经完成的新侨饭店图纸加以修订，中部做重檐歇山屋顶，屋顶内设电梯间和消防水箱，重檐的下檐，与两侧盝顶拉平，以压缩体量。墙身采用灰色磨砖，不多做装饰，仅在顶层琉璃剪边檐口下作抹灰，上嵌琉璃墙花。底部用假石墙及挂落板，划清基台部位。屋顶的琉璃吻兽，作内容革新，处理成"和平鸽"状，恰与古老吻兽的轮廓相符，山花内容亦反映和平景象，表现了战后渴望和平建设的社会心态。

长春，**地质宫**，位于长春市中心地带，是在伪满拟建"宫廷府"正殿原有基础上兴建，占地面积27公顷，建筑前面有411.5米×468.5米的公共绿地。建筑功能按博物馆设计，后转作长春地质学院教学主楼使用。平面严谨对称，设有电梯空调，各类教学用房齐备，顶层设置了遥望平台。立面中部稍加凸起，冠以歇山屋顶，覆绿色琉璃瓦；朱红柱子、白色围栏、米色墙身，色彩丰富；在门前中轴30米处设大台阶，并在两侧展开作检阅观礼平台。作为当时典型的民族形式作品，曾经在媒体上被公开批评。

图 3-036 北京，友谊宾馆，1953—1954年，建筑师：张镈
图片提供:北京市建筑设计研究院,摄影:杨超英

图 3-037 长春，地质宫，1954年，建筑师：长春建筑设计公司王辅臣等

南京大学东南楼，位于南京大学校园，建筑面积约 7000 平方米，内部主要由教室、实验室组成。平面为"工"字形，坐东朝西，与原来的校园建筑图书馆、北大楼等布置浑然一体。采用歇山屋顶，出檐和细部有辽代建筑遗风。墙身为青灰清水砖墙，配以钢筋混凝土仿石台阶、栏杆，细部处理精到。

南京，华东航空学院教学楼，位于南京华东航空学院（后为南京农学院）教学区，考虑到地段地形的起伏和使用功能，将平面错落布置，底层地坪采用 3 种不同标高，以减少土方工作量。立面为不对称构图，入口取法于中国牌坊，旁边高起的楼梯间配以重檐十字脊屋顶，东西两侧教室，采用绿色琉璃瓦盝顶和传统的檐口装饰纹样。在运用传统屋顶的建筑中，采取不对称手法、在同一建筑上采取多元屋顶的处理均不多见。

建筑师杨廷宝在 1950 年代初期，既设计了具有现代建筑设计思想的和平宾馆，也设计了改良现代建筑的王府井百货公司，又设计了传统形式的南京大学东南楼民族形式建筑，反映出建筑师扎实的功底和应变能力，他是体现中国第一代建筑师群体特征的代表之一。

图 3-038 　南京大学东南楼，1953—1955 年，建筑师：杨廷宝

图 3-039 　南京，华东航空学院教学楼，1953 年，建筑师：杨廷宝

兰州，西北民族学院教学楼，位于兰州龙尾山北麓，西北民族学院 1952 年建院，同期建设的有大礼堂以及各类教学楼。建筑布局采用了中国庭院式，单体建筑为传统大屋顶，室外以园林手法处理，室内有丰富的民族风格纹样装饰。

重庆宾馆，原设计是一座平屋顶建筑，在设计过程中，正值北京召开建筑学会成立大会，在倡导民族形式的高潮中，加上了中部的大屋顶。

广州，广东科学会堂，位于中山纪念堂西侧，是全国第一个科学馆。建筑面积 8850 平方米，其中科学会堂设有 900 座位，并有阶梯式报告厅、小报告厅、教室等。由于地处中山纪念堂西侧，建筑处理与之在风格上协调，故在"反浪费"之后依然采取改良的民族风格。屋顶为绿色琉璃瓦，檐口不作檐椽之类的构件，梁枋、雀替、栏杆等，也作了简化处理。

图 3-040　兰州，西北民族学院教学楼，1954 年，建筑师：甘肃省建筑工程局设计公司阳世镠（左上）
图片提供：甘肃省建筑设计研究院阳世镠
图 3-041　兰州，西北民族学院艺术系教学楼，1954 年，建筑装饰细部（右上）
图片提供：甘肃省建筑设计研究院阳世镠
图 3-042　重庆宾馆，1955，建筑师：徐尚志（左下）
图 3-043　广州，广东科学会堂，1957—1958 年，建筑师：广州市建设局林克明，谭荣兴等（右下）
图片引自：中国著名建筑师林克明 [M]. 北京：科学普及出版社，1991.

长沙，**湖南大学图书馆，**湖南大学地处风景优美的岳麓山脚下，拥有传统久远的岳麓书院。作者在设计中，充分考虑到这些环境因素条件。绿色的琉璃瓦顶与周围的绿色环境相互融合，红色砖墙闪烁于绿丛之间。建筑处理具有南方传统地域建筑特色，屋顶有微妙的曲线，细部不拘法度，形式自由。

长沙，**湖南大学礼堂，**民族形式的处理具有地方色彩，屋顶曲线、细部处理如多种开窗形式，山墙上丰富的屋檐组合，均不拘官式法度，手法自由自在。

图 3-044　广州，广东科学会堂，细部，1957—1958 年

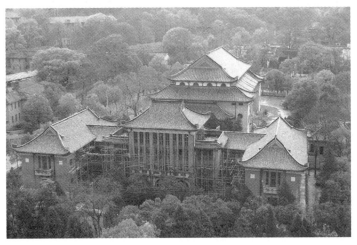

图 3-045　长沙，湖南大学图书馆，约 1955 年，建筑师：柳士英

图 3-046　长沙，湖南大学礼堂，约 1955 年，建筑师：柳士英

杭州，上海总工会屏风山疗养院，疗养院位于屏风山，建筑面积 7000 平方米，200 床位。建筑布局结合屏风般的山势地形，因地制宜、高低曲折。甲、乙、丙三段依主次排列，连成整体。建筑参仿古代辽、宋建筑，外部浑厚雄壮，内部简朴，为南方民族形式一例。

哈尔滨，中共哈尔滨市委办公楼，由于哈尔滨长期在俄国和日本建筑的影响下，当地建筑的中国古典传统并不明显。市委办公楼这种性质的建筑采用民族形式，有它的思想意义，所以在全国性的民族形式的浪潮中也有波及。各部位设计进行了简化处理，装饰节制，尤其没有特意制造入口的纪念性气氛，使建筑看上去朴素得多，是地方上探索民族形式的实例。

武汉，东湖行吟阁，位于东湖风景区，是纪念屈原的小型风景建筑，武汉较早的民族形式建筑之一。建筑为三重檐，四坡攒尖顶，上覆绿色琉璃瓦，屋顶比较轻快。建筑前面设有屈原行吟雕像。

西安，建委办公楼，是古都西安民族形式一例，建筑处理有较大的革新。正面处理成两层通高的巨柱通廊，以上退层并设屋顶，退层的女儿墙即是通廊的檐口。檐口以下有方形巨柱，简化的雀替额枋，点出古典装饰。这座建筑处理不拘法式，手法灵活多样，是地域民族形式探新作品。

图 3-047　杭州，上海总工会屏风山疗养院，1953—1955 年，建筑师：林俊煌等
图片提供：林俊煌

图 3-048　杭州，上海总工会屏风山疗养院，1953—1955 年，民族形式的室内设计
图片提供：林俊煌

图 3-049 哈尔滨，中共哈尔滨市委办公楼，1955 年，建筑师：张驭寰

图 3-050 武汉，东湖行吟阁，1950 年代初
图片提供：中南建筑设计院

图 3-051 西安，建委办公楼，1950 年代初

济南，山东剧院，山东剧院是一个成功利用地形的民族形式建筑。门厅地面标高位于楼座和池座的标高之间，向下半层可达池座，向上半层可至楼座。建筑在民族风格的格局下，用普通的灰砖外墙，体量和装饰比较简单，室内设计朴实无华，仅在局部点出中国建筑构件的神韵。同期济南的民族形式建筑还有山东宾馆等。

体育建筑一向是运用大跨度、新结构获得新造型的建筑类型，与体育活动的特点相关，其形象应当轻快而具张力感。这里所举大约同期的几个体育建筑，它们有相对先进的结构，在结构的计算上也有对经济性的追求而且相当成功。但在造型方面，难以靠屋顶体现民族形式，只有在重点部位加以简化了的传统构件或装饰，点出和传统建筑的关系。尽管这些体育建筑不属于大屋顶"宫殿式"，但给这些建筑包上了相当厚实的外衣，大大地降低了空间结构在造型中的积极作用，量感有余，动感不足，掩盖了体育建筑应有的性格。

北京体育馆，由三座并列的体育用房组合而成：中部为6000余观众席的比赛馆，西面为2000观众席的游泳馆，东面为训练馆，总建筑面积3.37万平方米。结构设计经过比较，屋顶结构均采用钢屋架，比赛大厅跨度为56米（满外），游泳馆和训练馆分别为36米和30米，屋顶的用钢量分别为57.5、32.86和32.5公斤/平方米，与当时的单层工业厂房指标大致相当（40~50公斤/平方米）。

图 3-052 济南，山东剧院，1954 年，建筑师：倪欣木

图 3-053 济南，山东剧院，1954 年，处于池座和楼座之间的门厅

图 3-054　北京体育馆，1953—1955 年，
建筑师：北京市规划管理局设计院杨锡镠

图 3-055　天津市人民体育馆，1956 年，
建筑师：建工部天津民用建筑设计院
虞福京、郭仲文、张家臣等

天津市人民体育馆，建筑面积 1.56 万平方米，比赛大厅观众席 5300 座位，四面等排矩形。比赛大厅屋盖为弧形角钢联仿网架，这在当时是先进的结构体系。入口门廊遵循明间宽、次间稍窄的传统格局，建筑造型如柱式、额枋、雀替、斗栱等传统装饰构件，均作简化，并用单一水刷石材质和色彩加以淡化、统一。设计者还融这种意图于灯柱、花池、大门、围墙等建筑小品的设计之中。

重庆体育馆，建筑面积 8700 平方米，5000 座位。设计充分利用了地形，底层看台下段约有 1500 座位，全部利用地面原有石底面凿成。比赛厅跨度 37 米，屋顶结构为钢制拱形桁架，总用钢量仅 76 吨。馆内功能布置合理，设施齐全。建筑体量有石建筑的厚重感，在两个入口处作牌坊式处理，并做重点装饰，恰当地把握了总体上的主次。据作者介绍，体育馆的原设计是运用现代建筑设计手法，比赛厅为圆形，具有体育建筑的性格，后因提倡民族风格而修改成现状。

广州，广东体育馆，建筑位于越秀公园对面，基地面积 2.813 万平方米，建筑面积 1.8 万平方米，比赛厅 5600 个观众座位，大厅采用跨度为轴线 49.8 米的钢筋混凝土反梁薄板刚架结构。建筑设计时期已经进行过"反浪费"运动，建筑各局部已经大大的简化，总体上仍有石建筑的厚重感。它是当时南方地区在体育建筑中处理民族形式的孤例。

广东体育馆于 2005 年 5 月爆破拆除，媒体称，是"中国爆破史上规模最大、世界爆破史上技术最新……也是中国建筑史上速度最快的一项爆破拆除工程"[1]。

---

① 参见石安海主编. 岭南近现代优秀建筑 1949-1990[M]. 北京：中间建筑工业出版社，2010：107.

图 3-056　重庆体育馆，1953—1954 年，建筑师：西南工业建筑设计院徐尚志
图片提供：中国建筑西南设计院

图 3-057　广州，广东体育馆，1956—1957 年，建筑师：广州市建设局林克明
图片引自：中国著名建筑师林克明 [M].北京：科学普及出版社，1991.

2. 少数民族式

把少数民族地区的传统屋顶或其他部件，在新的条件下加以改造利用，成为建筑构图中心。在新疆有伊斯兰风格的圆顶、尖拱，在内蒙古自治区有蒙古包式的圆顶。这种探索在 1950 年代之前比较少见，因而能在一个时期使人耳目一新，丰富了中国民族大家庭的建筑文化。

北京，伊斯兰教经学院，位于原宣武区（现西城区）南横街，靠近牛街，建筑用地 1.2 公顷，建筑面积 9600 平方米，由主楼、食堂、宿舍三部分组成，可容学员 400 名。主楼约 5600 平方米，面向南横街一字排开，西翼首层为 800 座位礼堂，二层为礼拜殿，可供千人礼拜。中部为 4 层中央大厅，为连接东、西两翼的交通枢纽兼作礼堂和礼拜殿的前厅。东翼为 3 层的教室及行政用房。主楼的建筑艺术处理着重强调中央大厅及西翼，中央正门入口做成高大的伊斯兰式尖拱空廊，屋顶设计成五个大圆拱顶，亦为伊斯兰建筑常用的形式。西翼礼拜殿外，设断面为八角的柱子，尖拱外廊，柱头、柱脚、檐头、栏杆等装饰为伊斯兰风格，是探索少数民族形式之作。

乌鲁木齐，新疆人民剧场，位于南门广场，占地面积约 1.8 公顷，建筑面积 9850 平方米，观众厅座席 1200 个。建筑师把当地建筑中某些具有印度风格的伊斯兰建筑概念，应用于设计之中，正面的柱式来自维吾尔古宅中的木柱式，门廊和舞台台口采用了经过变形的尖拱，各部的装饰采用伊斯兰的特殊做法，并聘请民间的艺人与建筑师密切合作。细部制作精细，色彩丰富华丽，对于少数民族地区的建筑风格进行了成功的探索。

图 3-058　北京，伊斯兰教经学院，1957 年，建筑师：北京市建筑设计院赵冬日、朱兆雪等
图片提供：北京市建筑设计研究院，摄影：杨超英

图 3-059　北京，伊斯兰教经学院，1957 年，入口细部

图 3-060　乌鲁木齐，新疆人民剧场，1956 年，建筑师：新疆维吾尔自治区设计研究院刘禾田、周曾祚等

图 3-061　乌鲁木齐，新疆人民剧场，1956 年，门廊细部

图 3-062　乌鲁木齐，新疆人民剧场，1956 年，观众厅

图 3-063　乌鲁木齐，人民电影院，1955 年，新疆建设兵团设计处设计

图 3-064　乌鲁木齐，人民电影院改造后

　　乌鲁木齐，人民电影院，位于小十字圆形广场的一角，故正面采用弧形平面，与之呼应。建筑面积 1801 平方米，1000 座席。这座建筑较早地采用了少数民族的尖拱门廊，柱头的处理具有伊斯兰建筑装饰风韵，是新疆第一批探索少数民族地区民族风格的成功作品。

　　同期新疆探索伊斯兰风格民族形式的建筑还有许多，如北京的新疆驻京办事处；新疆博物馆等。

　　伊克昭盟（今鄂尔多斯市），成吉思汗陵，为纪念蒙古民族英雄成吉思汗，在伊克昭盟伊金霍洛区原成陵旧址修建陵园。蒙古人行密葬，不建陵，该陵是成吉思汗的衣冠冢，成吉思汗所留衣物，几百年来曾辗转鄂尔多斯、甘肃、青海，1954 年迁回伊克昭盟。陵寝 4 月 23 日奠基，次年落成。陵园建筑面积 1820 平方米，背山面河，四周一片草原，环境壮美。建筑平面呈"山"字形，照顾到展览和举行仪式的多种需要。中央的纪念堂为八角形，上设重檐，饰以蓝色琉璃瓦，顶部中央覆盖蒙古式圆顶及宝顶，并镶嵌以黄色琉璃砖纹样，体现出蒙古民族建筑风格，是当时探索内蒙古民族形式典型实例之一。

图 3-065 伊克昭盟，成吉思汗陵，1955 年，建筑师：内蒙古工程局直属设计公司郭蕴诚等

图 3-066 呼和浩特，蒙古说书亭
图片引自：建工部建筑科学研究院编《建筑十年》

同期探索蒙古少数民族新建筑形式的还有呼和浩特蒙古说书亭以及稍后的蒙古赛马场等，它们的共同特点是，有一个类似于蒙古包的圆顶，上面做些繁简不同的装饰。

3. 中国地域式

中国宫殿式建筑在共和国成立前就受到许多质疑。在提倡民族形式的过程中，许多建筑师不赞成这一方向，他们把眼光投向不同地域的民居建筑形式，寻求别类的民族形式的灵感。地域性民居建筑，没有官式宫殿或寺庙古典建筑的宏伟气派、复杂装饰和强烈的纪念性，建筑更为朴实、亲切，设计中具有民间智慧。这个时期的地域式建筑的民族形式探讨是开创性的，是具有显著成就的领域之一。

北京，外贸部办公楼，作为 1950 年代之初的政府机关办公大楼，建筑师徐中并不着眼气魄宏伟的"官式"建筑模式，而是转向比较亲切的民间"小式"。建筑由中间的主楼和两侧的配楼围合成为一个正面庭园，庭园衬托着主体建筑。主楼体量平平，中部并不凸起，不追求纪念性。

图 3-067 北京，外贸部办公楼，1952—1954 年，总体，建筑师：天津大学徐中

图 3-068 北京，外贸部办公楼，1952—1954 年，配楼

所有建筑的屋顶采取当时极为普通的灰色机制瓦作卷棚顶，檐口用天沟封住，既免去了烦琐的檐椽装饰，又不失于单薄。山花搏风的处理类似硬山，赋绿色，构造简单而有装饰性。开窗比例尺度宜人，窗台抹灰处理作栏杆状图案，并与下层的遮阳板相结合，处理精巧。由于管理机构专家梁思成等认为不合传统大屋顶建筑法度，迟迟不许该建筑开工。建成后，友邦建筑师来京参观时，得到好评。40 年之后的 1993 年，获"中国建筑学会优秀建筑创作奖"（1953—1988 年）。

天津大学校园和第九教学楼。徐中同时期的作品，还有天津大学的校园、教学楼、图书馆等建筑群。在校园建设中，由于自身平衡土方需求并降低造价，在基地上挖土填方，以抬高建筑地坪标高，同时自然形成湖面，利排雨水不受水患，校园形成以水面为轴的建筑群。

天津大学第九教学楼，屋顶中部，设置了十字交脊歇山屋顶，受正定隆兴寺摩尼殿抱厦的启发，山花朝前，富有装饰性；建筑的局部有简化的中国建筑纹样。建筑的外墙使用天津地方特有的浅棕色过火砖（俗称"琉缸砖"，砖上有过火的琉缸突起，俗称"疙瘩"），强度大而肌理独特；屋顶用普通水泥板瓦，墙身局部采用水刷石，在校园建筑群中全是这种材料及做法。

图 3-069　天津大学以水面为轴，水面两侧绿化后面是教学楼建筑群

图 3-070　天津大学第九教学楼，1954 年，建筑师：天津大学徐中、冯建逵、彭一刚等（左）

图 3-071　天津大学第九教学楼，1954 年，入口细部（右）

　　天津大学图书馆，设计中也是以地方材料为前提的朴素做法，并求得空间的灵活。如门厅设单跑楼梯直登二层，上二层后楼梯两侧是开放舒畅的阅览空间。图书馆和教学楼的细部力求革新，如门头的造型，用普通的材料，良好的比例和精心设计的形象取得效果。

　　上海，鲁迅纪念馆，位于鲁迅故居附近的虹口公园，为纪念鲁迅先生逝世 29 周年，将鲁迅墓由沪西万国公墓移此。公园和纪念建筑的规划，采取自由活泼的布局，尽量扩大原有的水面，并注意交通路线和分区，以同时满足各种群众活动的需要。

　　纪念馆建筑面积 2659 平方米，根据纪念馆的性质，结合鲁迅先生的性格，建筑设计具有绍兴地方民居的风格，采用黛瓦、粉墙，毛石勒脚、马头山墙等，造型简洁、朴实，明朗、雅致。是探索地域性民族形式建筑的优秀实例。

　　上海，同济大学教工俱乐部，位于同济大学宿舍区。平面布局不是以静止的投影式，而是由外向内，再由内向外，随着人的流动和视线转移，采用了空间导向、空间延伸和空间流动等建筑手法，来创造合理的功能和艺术的完美。建筑尺度亲切，形式如朴实无华的民居。此建筑曾因手法借鉴现代建筑而受到批评。于 1993 年获"中国建筑学会优秀建筑创作奖"（1953—1988 年）。

图 3-072　天津大学图书馆，1957 年，建筑师：天津大学徐中、冯建逵、彭一刚等

图 3-073　天津大学图书馆，1957 年，单跑楼梯间和开放的阅览空间

图 3-074　天津大学某教学楼门头

图 3-075　上海，鲁迅纪念馆，1956 年，建筑师：上海市民用建筑设计院陈植、汪定曾、张志模等（左）

图 3-076　上海，鲁迅纪念馆，1956 年，细部（右）

图 3-077　上海，同济大学教工俱乐部，1957 年，建筑师：王吉螽、李德华

图 3-078　上海，同济大学教工俱乐部，1957 年，室内

厦门大学建南大会堂，是爱国华侨陈嘉庚在 1950—1954 年间第二次为厦门大学大规模建校期间建立，第一次是在 1921—1937 年间。

建南大会堂为陈嘉庚自聘工程师，并按自己的意愿设计建筑，体现"古今、中西相结合"的思想。会堂观众厅可容纳 4500 人，巧妙利用山坡地形作地面升起；会堂面临约 4000 平方米的椭圆形运动场"上弦场"，建筑与地形的良好配合，使得建筑更加壮观。建筑的台基、基座、墙身皆吸取西洋古典建筑的手法，并采用了爱奥尼柱式，这在中式建筑里面极为少见，反映出华侨文化对域外文化的开放态度；屋顶吸取闽南民居屋顶加以扩大，屋脊起翘、檐角高扬、檐口重重，具有丰富而轻快的轮廓。同期的华侨博物馆，贯彻了陈嘉庚同样的设计思想。

厦门，集美学村，亦为爱国华侨陈嘉庚创建，并亲自参加设计。这些建筑在满足学校建筑功能的前提下，把华侨建筑文化所特有的地域性和域外文化相结合。建筑采用福建民居屋顶，精巧的砖工和石工制作，富有感染力。

学村的集美学校是一个突出的实例，建筑面临宽阔的湖面一字展开，中段体量突出，有重檐阁楼式闽南民居屋顶，为构图中心；其余各段虚实相间，既反映功能又富于变化，建筑细部透露出海外建筑的影响。民间巧匠把红砖、白石加工成工艺品式的建筑细部，十分耐看。

图 3-079　厦门大学建南大会堂，1950—1954 年，陈嘉庚、刘建寅设计

图 3-080　厦门，华侨博物馆，约 1956—1958 年，陈嘉庚等设计

图 3-081　厦门，集美学校，1950 年代中①，陈嘉庚等设计

　　南薰楼，高 15 层，在高层建筑中融汇民间建筑精神，在中国至今也少见。各重点部位设计了种种亭台楼阁，构图十分丰富。华侨博物馆也是 1950 年代中期的作品，同样体现了陈嘉庚的设计思想。

　　陈嘉庚最后的建筑活动，是在海边选址，建造他的陵墓"鳌园"。陵墓运用民间雕刻的手法，在纪念碑上刻下多种事件和故事，充满了建筑文化的地方风情。

　　集美学村可以说是对于地域建筑的自发探求，从建筑的地域和华侨文化的背景来看，当国内建筑深受苏联所谓民族形式影响时，不会对学村建筑形式造成强劲的外来影响。

---

①　集美学校的建设年代有不相同的几种说法，确切年份待考。

图 3-082 厦门，集美学校，1950 年代中，入口

图 3-083 厦门，集美学校，1950 年代中，细部

图 3-084 厦门，集美学校，南薰楼，1950 年代末，陈嘉庚等设计（左）

图 3-085 厦门，陈嘉庚墓"鳌园"，1961 年，陈嘉庚等设计（右）

4. 苏式及西洋古典式

这一时期，也有许多外来的民族形式建筑，主要来自两个方面：一是第一个五年计划期间来自苏联的设计或者合作设计，是苏联本土的民族形式或地域形式，很少改变地在我国兴建，体现出一些异域风情，如北京和上海的苏联展览馆建筑等；二是在一些受外来建筑文化影响较大的城市，如哈尔滨的一些建筑有俄国或西洋古典建筑的影响。

北京，苏联展览馆（今北京展览馆），位于西直门外展览路北端，占地面积 13.2 公顷，建筑面积 2.3188 万平方米，其中主馆建筑面积 1.2711 万平方米，是用来介绍苏联工农产品、文教、艺术成就的展览建筑。

图 3-086　北京，苏联展览馆，1952—1954 年，鸟瞰，建筑师：[苏] 安得烈夫、吉丝洛娃夫妇；中方建筑师戴念慈等；结构
工程师：[苏] 郭赫曼
图片引自：建工部建筑科学研究院编《建筑十年》

图 3-087　北京，苏联展览馆，1952—1954 年，外景，建筑师：[苏] 安得烈夫、吉丝洛娃夫妇；中方建筑师戴念慈等；结构
工程师：[苏] 郭赫曼

建筑平面呈"山"字形，内容包括展览大厅、剧场、电影厅、餐厅和露天展场。建筑是俄罗斯式的民族形式，主体建筑为单层，局部2层，但中央有一个87米高耸云天的黄金色尖塔，塔顶安装巨大的红星，高高尖塔由俄罗斯传统建筑的所谓帐篷顶演化而来。塔基平台的四角各有一个金顶亭子，与金光闪闪的尖塔交相辉映。建筑前面有直径45米的花瓣形喷水池，围绕广场和水池，设有由圆拱组成的弧形单廊，各圆拱中心分别悬挂16个加盟共和国之一的国徽。建筑每平方米造价为833.34元，并消耗大量黄金，这在当时是一个天文数字。当时的住宅造价是50元/平方米，大型公共建筑也不过百元，提倡民族形式的代价可见一斑。

北京，广播大厦，建筑位于西长安街，坐南朝北，是苏联援建的"156项"之一。苏联提供广播电视工艺设计及结构、设备设计，中方建筑师严星华担任建筑设计，包括室内设计。建筑严格符合工艺要求，结合功能方面天线的需要，建筑的中部突起了尖顶，形象合乎逻辑，但也具有苏联建筑尖塔建筑的韵味。

上海，中苏友好大厦，与北京苏联展览馆有同样的用途，苏方的建筑师也相同，中方有建筑师陈植参加。建筑除设有展厅和剧场外，还组织了空间良好的庭院。建筑构图也由中部高耸的镏金尖塔为中心，下设层层柱廊，门口设华丽的柱子和纹样，整个体量层层向上，直入云天，有强烈的俄罗斯风格。

武汉、广州也兴建了类似的展览建筑，出自经济和工期的考虑，武汉和广州的展览馆已经不设尖塔和柱廊，也取消了烦琐的装饰。这些简化了的建筑形象，反而有些现代感和展览建筑的性格。

乌鲁木齐，新疆医学院，新疆医学院属于第一个五年计划时期"156项"援建项目。是由2~3层的砖木结构建筑组成的建筑群。建筑为绿色铁皮屋顶，黄色粉刷墙面，门、窗多有圆拱装饰，檐口等部位有时设古典建筑线脚。为适应气候条件，有些窗台包铁皮以防止冰冻。这些建筑形式，是地域和气候与中国邻近的苏联加盟共和国建筑形式，建筑技术和部分材料来自苏联，虽然是外来建筑，与新疆当地建筑也存在着某种内在的联系。

图3-088　北京，广播大厦，1957年，建筑师：严星华

图 3-089 上海，中苏友好大厦，
1955 年，建筑师：[苏] 安得烈夫、
吉丝洛娃，中方陈植（左）
图 3-090 上海，中苏友好大厦，
1955 年，细部（右）

图 3-091 乌鲁木齐，新疆医学院，
1954 年，苏联提供图纸

图 3-092 乌鲁木齐，新疆医学院，
1954 年，苏联提供图纸

乌鲁木齐，新疆维吾尔自治区政府办公楼，从远方看去，建筑是西洋古典建筑的柱式构图，但柱子的柱头和柱础都融入了伊斯兰建筑柱子的装饰，这种中西结合的方式，在内地十分少见。

哈尔滨，黑龙江农学院，建筑的中部设有圆形的门厅和相应的体量，圆形体量作细柱竖向划分，以增强向上的力量，逐步收缩为尖塔，塔顶有五角星图案为构图中心。建筑细部也有一些类似古典建筑的装饰。农学院礼堂的观众厅，具有西洋古典剧院意味。

哈尔滨，工人文化宫，是一座功能齐备的文化宫，有1600座位的剧场和不同规模的各种活动厅堂，如舞厅、图书室、天文馆等。建筑采用西洋古典建筑形式，但运用了不对称的手法，把不同功能的空间组织到一起。主入口采用贯通3层的巨型科林斯柱式，并在山花中设计舞姿优美的雕塑（今不复存）。由于哈尔滨建筑具有西洋古典建筑的原型，所以文化宫在城市中能和谐存在。

图 3-093　乌鲁木齐，新疆维吾尔自治区政府办公楼，1950 年代中期

图 3-094　哈尔滨，黑龙江农学院，1952 年，建筑师：巴吉斯

图 3-095　哈尔滨,黑龙江农学院,
1952 年，礼堂内部

图 3-096　哈尔滨，工人文化宫，
1956 年，建筑师：李光耀、胡逸民

图 3-097　哈尔滨，工人文化宫，
1956 年，门厅

哈尔滨工业大学建筑学院，建筑以西洋古典建筑为蓝本，竖向三段、横向五段的标准构图。中部方形门廊，设类似多立克柱式，上部为科林斯式跨3层的巨柱式，檐口上面是硬山山花。两翼为巨柱式，檐口上有山花，绿色屋顶。建筑的室内设计与外观一气呵成，同样具有厚重的古典建筑气息。

哈尔滨市人民防汛纪念塔，为纪念哈尔滨市人民战胜1957年特大洪水等三次抗洪胜利而兴建。纪念塔位于中央大街北端广场的中心，斯大林公园主要入口处，塔的背面面临松花江南岸，江北面是著名的太阳岛，环境优美宜人。纪念塔由塔身、围廊、喷水池、音乐台以及广场组成。塔之正面为中央大街底景，塔身下设有一个小型音乐台，塔前设喷水池，有半径为70米的半圆围廊环绕塔身，形成可以容纳4000人的聚会和晚会活动广场。塔的上部为3.5米高的工农兵和知识分子立像，中部设2.2米高的环绕塔柱浮雕，雕刻群众抗洪形象。纪念塔雄壮而不失秀丽，围廊与西洋古典建筑有一定关系，且创造了纪念的气氛，是一个既有外来影响又有创造性的纪念建筑。

图3-098 哈尔滨工业大学建筑学院，1953年，建筑师：斯维里道夫

图3-099 哈尔滨工业大学建筑学院，1953年，门厅

图 3-100 哈尔滨市人民防汛纪念塔，1957—1958 年，建筑师：巴吉斯、李德大、宋永春等
图片引自：哈尔滨建筑设计院照片资料

图 3-101 哈尔滨工业大学主楼的尖塔构图

图 3-102 天津，南开大学主楼的尖塔构图

图 3-103　北京，清华大学主楼，有类似的平面格局

具有中心尖塔构图的苏联建筑，如莫斯科大学主楼，在中国高等学校有着广泛的影响，这里面隐含着对莫斯科大学的强烈隐喻，当时莫斯科大学被认为是中国大学的榜样，它的平面布局和立面构图已经成为固定模式。

（二）摆脱宫殿式的探新

经典的宫殿式建筑极其强烈的纪念性，被当成民族形式的主流和正统。地域性的民间形式，是某些建筑师刻意避免宫殿式大屋顶，追求更加简约的民间小式建筑形式。摆脱宫殿式的探新，则是向现代建筑跨进了一步。一方面建筑的功能或基本体形已经不适合做屋顶文章，另方面建筑师更愿意在现代建筑原则下摸索新路。

这类建筑其基本特征是：注重新功能因素在设计中的主导作用，以平屋顶为基本体型做建筑构图和建筑装饰。不过，如同民族形式的发展一样，也有 1930 年代以来的建筑榜样，比如国民政府外交部，南京国民政府会堂建筑乃至中山陵等。应该说，这次活动，也是继承了前人的探索，在新形势下的新发挥。

北京，建筑工程部大楼，位于西郊百万庄，占地 10 公顷，建筑面积 3.774 万平方米，7 层砖混结构，这在当时的条件下是一种技术革新。建筑师结合功能要求和结构条件，采用了平屋顶。其檐口借鉴我国传统石建筑挑檐做法，挑出钢筋混凝土椽子。由于反复以足尺模型试验，檐口做到比例良好、尺度得当。细部简化传统建筑构件和纹样做装饰，依然可感受到传统的存在。1993 年荣获"中国建筑学会优秀建筑创作奖"（1953—1988 年）。

北京，电报大楼，位于西长安街的显著位置，建筑面积 2.0586 万平方米，主体 7 层，连塔楼 12 层，塔顶高 73.37 米。建筑的功能性强、技术复杂，要求有高效率的工艺运转。因而建筑

图 3-104 北京，建筑工程部大楼，1955—1957 年，建筑师：建筑工程部北京工业设计院龚德顺（左上）

图 3-105 北京，建筑工程部大楼，1955—1957 年，细部（左下）

图 3-106 北京，电报大楼，1955—1957 年，建筑师：建筑工程部北京工业设计院林乐义（右上）

图 3-107 北京，电报大楼，1955—1957 年，入口细部，注意入口侧面的灯柱（右下）

平面紧凑、流线简洁，满足了各种功能要求；建筑体量、立面和室内处理，均无纹样装饰，总体简洁而不简陋。体量的中部略微向前凸出，处理成高大的空廊，既可以突出下部入口，亦可呼应上部钟楼。钟楼一扫古典风气，有全新现代面目，钟楼的结束部造型线条挺拔，形象明快，入口侧面立灯柱与之遥相呼应。在批判"复古主义"的时候，作者努力开拓中国现代建筑风气，是探新的优秀建筑。作品于 1993 年荣获"中国建筑学会优秀建筑创作奖"（1953—1988 年）。

北京，全国政协礼堂，位于西城区太平桥大街，是中国人民政治协商会议全国委员会的所在地。建筑面积 1.3 万平方米，建筑平面对称布置，礼堂首层有 1520 个软席座位，二层为休息大厅，三层为可容纳 1000 人的大会议厅。全部建筑为钢筋混凝土框架结构，中央上下两层大厅为 28.5 米 × 28.5 米方形井字梁结构体系，是当时北京最大的井字梁结构。

立面采取三段式处理手法，外墙的基座为传统的雕花须弥座，墙身剁斧石，女儿墙分别采用望柱式花栏板及平墙式栏板，正门有大台阶和花岗石拱形柱廊。建筑具有西洋古典建筑的韵味，并与中国传统的细部相结合，是大屋顶建筑退潮同时的一条路子。

北京，**首都剧场，**位于王府井大街，占地 0.75 公顷，建筑面积 1.15 万平方米，是中国第一座以演出话剧为主的专业剧场，同时可为大型歌舞和放映电影使用。

观众厅 1302 座（其中楼座 402 席），舞台深 20 米，设有直径 16 米的转台，是当时中国首先也是唯一在剧场使用且自己设计和施工的先进设备。剧场有宽敞的休息大厅，观众厅有良好的视觉效果，前后台功能齐全、使用方便，得到国内外演出组织的好评。

图 3-108　北京，全国政协礼堂，1955 年，建筑师：北京市建筑设计院赵冬日

图 3-109　北京，首都剧场，1953—1955 年，建筑师：中央建工部设计院林乐义

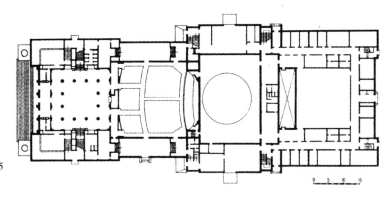

图 3-110　北京，首都剧场，1953—1955 年，平面

形式和室内外装饰，摈弃了古代传统形式，而是利用有代表性的传统符号，如垂花门、影壁、雀替、额枋、藻井以及沥粉彩画等典范，进行再创造。虽然在构造上受到一些批评，但排除了大屋顶束缚，使剧院具有时代感又不失传统精神。建筑获"中国建筑学会建筑创作奖"（1988—1992年）。

北京天文馆，位于西直门外大街南侧，占地面积2.5公顷，建筑面积3500平方米，是普及天文知识、放映人造星空的场所。天文馆分天象厅、讲演厅、展览厅3部分，中心以八角形的交通厅相联系。天象厅为半圆形，屋顶分内外两层，外顶为直径25米钢筋混凝土薄壳结构，内顶为直径23米的半圆球顶，内设548个座位；建筑造型从使用内容出发，正中门厅高起，安放约10米高的傅科摆；天象厅最高，是建筑的主要体量。立面处理略有西洋古典建筑的韵味，墙面、檐头运用中国传统云纹图案等，点出与天的关系。室内重点装饰与天文有关的神话传说内容的绘画浮雕。于1993年获"中国建筑学会优秀建筑创作奖"（1953—1988年）。

广州，苏联展览馆，为了在广州展出苏联经济文化建设成就，广州出资280万元建设苏联展览馆。设计工作由中国建筑师承担，主持人林克明，麦禹喜、佘畯南等十余人参加。建筑面

图3-111 北京，天文馆，1956—1957年，建筑师：北京市建筑设计院张开济
图片提供：北京市建筑设计研究院杨超英

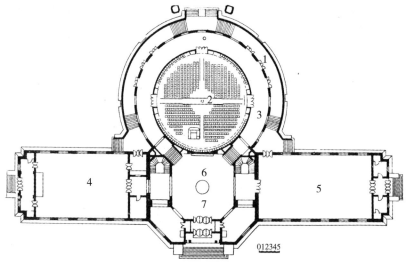

1.舞台　2.天象厅　3.廊道　4.展览厅　5.展览厅兼报告厅　6.门厅　7.傅科摆

图3-112 北京，天文馆，1956—1957年，平面，建筑师：北京市建筑设计院张开济

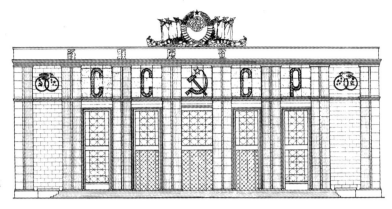

图 3-113　广州，苏联展览馆，1955 年，
正门图案，建筑师：林克明主持设计
图片引自：中国著名建筑师林克明 [M]. 北
京：科学普及出版社，1991.

图 3-114　广州，苏联展览馆，1955 年
图片引自：石安海主编. 岭南近现代优秀
建筑 .1949—1999 卷 [M]. 广州：华南理工
大学出版社，2013：70.

图 3-115　武汉，苏联展览馆，1955 年

积 1.97 万平方米，建筑布局将中央大厅、工业馆、农业馆、文化馆组织成相连的综合体，并将
露天展区、园林、停车分布其中。出自经济考虑，建筑处理简单朴素，唯入口处有苏联图案做
重点装饰，点出展馆主题。工程从设计到建成只有 140 天。

　　武汉，苏联展览馆，也是当时与北京、上海并列的大型苏联展览馆之一。在建设的过程中，
经济要素起了重要作用，因而没有尖塔和烦琐的装饰，在构图上自然地与广州的展馆殊途同归。
这样简化，反而使建筑具有展览建筑的性格。

乌鲁木齐，新疆军区医院，尽管建筑不高、规模不大，但建筑师在探索新型的民族形式方面做出了可贵的努力。为适应医院的需要，在门厅中设置了坡道，门厅和上下楼交通比较通畅。立面为平屋顶，门头有简单的中国建筑纹样，建筑的一端还设计了园林式的圆门，具有汉族地区建筑的影响。后来的乌鲁木齐昆仑饭店和八一礼堂，已经和内地建筑相差无几了。

　　西安，人民剧院，是历史文化名城西安的一个早期剧院，探索了在现代建筑的体量上表现民族形式。作者仅在入口重点装饰了一个门廊，运用具有中国色彩的柱子和梁枋，其余部位均为平整的实体。既显示了剧院华丽的一面，又大大地节约了笔墨。有意思的是，年久之后实墙上长满了绿色的藤萝，使得建筑生气勃勃，似乎具有建筑结合自然的先见之明。

图 3-116　乌鲁木齐，新疆军区医院，约 1954 年

图 3-117　乌鲁木齐，新疆军区医院，门厅

图 3-118　西安，人民剧院，1954 年，建筑师：洪青、吴文耀（左）

图 3-119　西安，人民剧院，1954 年，细部（右）

呼和浩特，内蒙古博物馆，平面以大厅为中心，两翼展开对称布局。中部大胆设计了 3 层通高的圆拱，其中运用了中国梁枋的片段，兼有当地民族形式。两端也以 2 层通高的圆拱结束，使与母题呼应相得益彰。在建筑的顶端设置了一匹骏马，活跃了体量，增添了地域和民族气息，建筑之上设计雕塑，实不多见。

广州，华侨大厦，位于海珠广场，建筑面积 1.8 万平方米，客房 290 套，床位 694 个。与大多数平顶的公共建筑一样，放弃了大量的传统装饰，仅在门头或檐口等部位点出中国建筑纹样，这类建筑已经成为一个时期中国公共建筑的主流。

武汉长江大桥，设计得到苏联专家的帮助，1955 年 9 月开工，1957 年 10 月 15 日正式通车。大桥长 1670 米，宽 23 米，上下两层，上层通汽车、电车和行人，下层通火车。大桥两端设双

图 3-120　呼和浩特，内蒙古博物馆，1957 年，建筑师：内蒙古建筑设计院郭蕴诚等

图 3-121　广州，华侨大厦，1956 年，建筑师：林克明
图片引自：中国著名建筑师林克明[M].北京：科学普及出版社，1991.

图 3-122　武汉长江大桥，1955—1957 年，桥头堡（左）

图 3-123　武汉长江大桥，1955—1957 年，栏板图案：喜鹊登梅（右）

桥头堡，为钢筋混凝土结构的双重四坡攒尖顶，形象简朴。桥头堡设有展厅，有电梯通至上层。大桥栏板的设计和制作十分精良，图案有花鸟、走兽等中国传统装饰式样。大桥采用了比较先进的设计和施工技术。

（三）民族形式大退潮中的第一次反浪费运动

1. 国务院总理的警告：基本建设资金浪费大

1954 年 9 月 15 日至 28 日，第一届全国人民代表大会第一次会议在北京召开，会议期间，颁布了中华人民共和国第一部宪法，周恩来总理作了《政府工作报告》。报告总结了 5 年来国家建设的成就，并尖锐地提出了建设之中的浪费现象。他说：

"工业方面另一个重要的问题是由于许多部门和企业不重视节约资金，不重视管理财务成本而形成的巨大浪费。人民日报最近发表过太原热电厂建设工程中的浪费情况，就是一个惊人的例子。这个工程由于盲目采购材料而积压资金 144 亿元，因为没有及时向国家申请调拨物资损失 25.7 多亿元，因为材料使用的浪费损失 18 亿元，因为劳动效率过低损失 23.5 多亿元，因为工地临时建筑标准过高浪费 23 亿元，而因为工地物资散失和购置家具的浪费所造成的损失还不在内。这种情形在目前的基本建设工程中还远不是少数。不少的基本建设工程还没有规定适当的建设标准，而不少城市、机关、学校、企业又常常进行一些不急需的或过于豪华的建筑，任意耗费国家有限的资金。"①

---

① 亿元指旧人民币，相当新人民币万元——引者。

《政府工作报告》用一个企业为例作出批评，足见浪费之严重，事态之紧急。然而，建筑领域真正的反浪费运动直到1955年初才开始，直接的导因是，苏联的全苏建筑工作者会议的召开，会议上苏联清算了"社会主义内容、民族形式"导致的复古主义给苏联建筑带来的消极后果。

2. "柱廊进行曲"的曲终：全苏建筑工作者会议

1954年11月30日，苏共中央和部长会议召开"全苏建筑工作者建筑师、建筑材料工业部门工作者、建筑机械和道路机械制造工业部门工作者、设计及科学研究机构工作者大会"，简称"全苏建筑工作者大会"，参加大会的共有2200人，其中有苏联的5个建造部门机关代表。中国派出了以周荣鑫为团长的代表团参加了会议，其他社会主义国家也派出了代表。

大会的基本精神是，大量发展预制钢筋混凝土构件、推行机械化施工，以及建筑设计的标准化问题，这也是苏共第19次代表大会所通过的第五个五年计划的指示中所标明的。

很明显，这是赫鲁晓夫上台以来努力扭转斯大林时期所执行政策的一部分。但是，大会上最令人瞩目的，乃是对一个时期以来建筑艺术倾向的批判，因为艺术问题与建筑的工业化问题有直接的关系。对于执行"一边倒"政策的中国建筑界来说，这次会议的精神，特别是如何对待建筑艺术倾向，更是备受关注而敏感的问题。

苏联的有关负责人德盖在会议的报告中说：

> "但在最近时期，很多建筑工作者伤害了关于苏维埃建筑艺术的宗旨、方法和创造方向的指示。这种有害的倾向，主要是脱离了大量工业建筑的实践，不重视劳动人民方便的要求，不考虑技术上的合理和节约国家资金。产生这种倾向的主要原因，是建筑工作者没有正确地了解建筑艺术在生产技术中的组织作用。他们认为建筑艺术只是美术的东西，而不是在建筑工程中的活动范围中。"

赫鲁晓夫狠狠地批评了苏联建筑科学院和建筑师协会，他把矛头指向占据主流地位的唯美倾向，他说：

> "好多年来，赞成美学倾向的集团，在这些建筑艺术机构中一直垄断式地居于领导地位，这一批人用尽各种方法使建筑艺术受他们的影响。凡不同意现在建筑艺术上不正常状态的建筑师们，或是在创作方面与领导集团的看法和已经规定的刻板公式不相符合的建筑师们，他们的设计不被批准，他们的著作不批准付印。所有这些就造成了沉闷气氛，以达到压制和消灭批评，压制各种创意和革新。他们在高等学校培养建筑干部的工作上也表现出美学路线。"[1]

---

[1] 参见周荣鑫1955年1月5日的一份关于全苏建筑工作者会议的报告。

率团参加会议的周荣鑫，在会后国内的一个报告中，列举了会议所批评的内容，建筑形式的问题出在尖塔、柱廊和烦琐装饰上。他说：

"会议指出，很多建筑工作者认为没有塔和尖顶的设计似乎不像是设计。因此每一个城市修建了很多高塔，或者是类似的房屋。这些房屋和塔一看便知是多余的。在任何建筑中，他们总爱安上很多个多余的抱柱，列宁格勒的革命广场有所新建房屋，在第3层楼130米长的位置上安上108根粗达1米的柱子。当地居民形容这所房子是'抱柱进行曲'。在阿尔托夫街开始建筑两所高为24米的新房子，竟安了55和57米高的尖塔。

一些高层建筑，一平方米造价由5470卢布提高至10376卢布（莫斯科乌克兰旅馆），比普通房屋贵2~4倍。莫斯科列宁格勒旅馆创造了新的纪录，每平方米造价是21000卢布，加上设备费，就是32000卢布。

高层建筑的建设对于建筑师的创作有很大的影响。建筑批评界过高地估计了高层建筑的意义，把它提为我们这时代建筑的典范，似乎是各方面都应该模仿的……计算证明：在过高的房屋中，直接有效面积只占全部有效面积的30%~32%。

图3-124　莫斯科，克里姆林宫大会堂及其环境，1961，建筑师：[苏] M.波索欣等
图片引自：A.M.Zhuravlev，A.V.Ikonnikov，A.G.Rochegov. Architecture of the Soviet Russia[M]. Moscow：1987.

图3-125 莫斯科，克里姆林宫大会堂，1961年；完全与
斯大林路线脱离（左）
图3-126 莫斯科加里宁大街的新建筑（右）
图片引自：A.M.Zhuravlev, A.V.Ikonnikov, A.G.Rochegov.
Architecture of the Soviet Russia[M]. Moscow：1987.

建筑师把创造美的立面和房屋内部舒适的安排对立起来，不顾苏联人民对房屋舒适的根本要求。根据美学观点设计，房屋立面凹凸不平。有一所住宅的120个房间，有48个房间被遮暗，不能见到阳光。高尔基大街56号住宅，由于建筑师罗英用了文艺复兴时代的挑檐形式，檐下被遮暗不能使用的房间有600平方米。有的挑檐伸出2米。固定挑檐要用特殊结构耗费几十吨钢材。乌拉索夫在报告中说：'豪华的列宁格勒旅馆缺乏起码的舒适条件，350个房间中有300个房间的使用面积仅9.5平方米。'"[1]

这次会议，基本否定了斯大林时代新、老学院派建筑都认可的"社会主义现实主义的创作方法"和"社会主义内容、民族形式"的建筑方针和政策。以此为契机，经过一个时期的探索，苏联建筑出现了像布鲁塞尔国际建筑博览会苏联馆（1958年）、莫斯科克里姆林宫的新会堂（1961年）和俄罗斯影剧院（1961年）这样面目全新的建筑，说明1950年代之末的苏联建筑，已经完全脱离了"斯大林巴洛克"的窠臼，再现他们前人的构成主义建筑和走向"新建筑"的理想。特别值得注意的是，克里姆林宫的新会堂，不但让苏联建筑回归了现代建筑路线，而且，在克里姆林宫古老的建筑群中，插入了体量庞大、简洁、新颖的方盒子建筑，显示了在文物建筑群中处理新老建筑关系的全新观念。

3. 大屋顶反浪费靶子：梁思成替罪复古主义

1954年12月27日—1955年1月8日，建筑工程部召开第一次全国省市建筑工程局局长会议，

---

[1] 引自周荣鑫1955年1月5日的一份关于全苏建筑工作者会议的报告。

这次会议虽然没有直接涉及全苏建筑工作者会议问题，但已经指出了设计领域复古主义思想。在建工部党组给国务院总理和中共中央的报告中说：

> "在设计工作中必须贯彻的原则，首先是适用、经济，其次才是美观，而不顾适用和经济效果的形式主义思想和一概接收古代建筑艺术形式的复古主义思想必须加以批判，当然对于我国民族形式一概采取否定的态度也是不对的。应当吸取古代建筑艺术中的精华，并充分采用苏联和其他各国在近代建筑上的科学成就，并使两者结合起来，经过创造发展的过程，使之适合于我国人民的需要。"

值得注意的是，在这个报告中第一次把"其他各国在近代建筑上的科学成就"，与苏联的经验"两者结合起来"，不能不说是一种反思态度。国内建设中的浪费征兆，苏联建筑提倡工业化和反对复古的唯美主义的决心，大大促进了中国建筑界的思考："一边倒"还是"两结合"？

1955年伊始，可能是中国建筑界"一边倒"政策的尾声，中国建筑界复古思潮的源头来自苏联，制止由此而造成后果的动因也是来自苏联，这也算是中国建筑界执行"一边倒"政策有始有终的巧合。1955年1月20日，建筑工程部发布《关于组织学习全苏建筑工作者会议文件的决定》，设计和施工两个系统的主要业务部门检查工作，提出改进工作的意见。2月4日—24日，建工部召开了有370余人参加的设计及施工工作会议，以期在全国范围内对全苏建筑工作者会议作出反应。会议突出地批判了"设计工作中的资产阶级形式主义和复古主义倾向"，并点名批评了梁思成。

> "这种倾向的主要表现，就是脱离建筑物的适用和经济的原则，只注意或过多地追求外形的'美观'和豪华的装饰。而以梁思成为代表的少数建筑师在'民族形式'的掩盖下更走向了复古主义的道路。因此，从北京开始，接着在其他城市出现了宫殿式的宿舍、庙宇式的疗养院，城堡式的办公楼。长春有所谓的'地质宫'，西安有所谓的'省府大庙'，重庆、杭州、哈尔滨等地也有天坛和三大殿式的建筑……这些复古主义者认为：采用'民族形式'就是把古代的'宫殿''庙宇'照样搬用，并赞扬这些东西已经是'尽善尽美、无以复加'了……根据北京市统计，从1951年到现在，仅大屋顶一项就浪费230多亿元。古代建筑是以砖木结构和手工业技术为基础的。为了模仿，就要采用虚假的结构和多余的装饰，给施工造成很大困难。因为把钱放在装饰方面，就不得不削减其他设备，不顾使用者的方便。如浴室没有便桶、挂衣钩，厨房没有水龙头，地下室不铺防水层等。有些建筑物由于辅助面积太大，实际使用面积只占40%左右。"

1955年3月28日，《人民日报》发表了一篇社论《反对建筑中的浪费现象》，把这场反浪费的斗争全面推向了社会，继而许多建筑在报刊、电台乃至电影里面作为被批判对象而亮相，许多建筑设计单位的领导乃至建筑师，在传播媒体上开展批评和自我批评。

社论用黑体字写道："当前建筑中的主要错误倾向是什么呢？就是不重视建筑的经济原则"。社论列举了建筑中不注重经济原则而造成浪费的三个表现：

有些机关企业不分轻重缓急盲目建筑，如北京 1953—1954 两年之中建了 86 个礼堂；

追求所谓"七十年近代化、一百年远景"，毫无节制地提高建筑标准和造价；

某些建筑师中间的形式主义和复古主义的建筑思想。

社论再次用黑体字写道："他们往往在反对'结构主义'和'继承古典建筑遗产'的借口下，发展了'复古主义''唯美主义'的倾向"。社论还指出了施工中严重的浪费现象，同时也很坦率地指出应该对此负责的是领导机关。

社论继续使用黑体字写道："建筑中不注意经济的倾向，首先要由有关的领导机关负责。其次是建筑领导机关没有及时提出这一问题加以批判和纠正"。

应该说，面对事关国家经济发展的这样的大失误，这个社论有理有据的批评倒也心平气和、言之有理。例如：

社论并没有把这场运动抬到无产阶级与资产阶级之间"残酷的阶级斗争"的高度，像过去苏联建筑理论所提倡的那样；

社论没有过多地追究建筑师个人的责任，而是首先和其次都是领导机关负责；

社论严肃地提出了中国经济建设中的一个具有久远意义的大问题：国情问题，实际上是经济问题；

社论似乎只差一步就找到了造成这种结果的根源——"一边倒"学习苏联建筑理论的影响。它已经提到了往往在反对"结构主义"和"继承古典建筑遗产"的借口下，发展了"复古主义""唯美主义"的倾向。中国的反浪费运动，没能触及苏联社会主义建筑理论，实为憾事。

然而，反浪费运动事态的发展，似乎还是走了一条不是期望的路：后来过多地追究个别建筑师的责任，特别是梁思成的责任；不适当地把学术问题与政治问题挂钩；降低造价也降过了头，形成了反浪费中的新浪费。第一次反浪费运动，留下了一些以后反复出现的教训。

梁思成首当其冲在报刊上受到点名批判。《建筑学报》相继发表了许多点名批判文章，许多文章还是采取了阶级斗争的观点，不但指梁为资产阶级立场，甚至把他的立场上溯到封建主义。建筑界与梁熟悉的专家，迫于政治形势，也不得不说一些违心的话，在媒体上对梁加以批判。1955 年 5 月 31 日，成立了批判梁思成的专门办公室，设在颐和园畅观堂内，工作了 2 个月后，对梁思成的问题总结出 7 大错误：

一、片面地强调建筑中的艺术问题，忽视建筑中的适用、经济和技术；

二、片面地强调建筑艺术中的民族形式的重要性，几乎把民族形式当作建筑艺术的唯一的最高准则；

三、城市建设中的复古主义思想是建筑的民族形式理论的继续和扩大；

四、复古主义思想的主要理论支柱之一，"建筑艺术形式可以完全超越材料和结构的限制而永恒不变"的理论；

五、在爱国主义的外衣下，贩卖资产阶级民族主义和封建阶级的国粹主义的思想；

六、在建筑艺术思想方面，从折中主义到结构主义再到复古主义，都是追求形式美的形式主义思想；

七、完全否定党对建筑艺术的领导作用。

办公室组织并编写了96篇批判梁思成的文章，准备在各种媒体上发表，但在刘少奇、彭真和周扬等领导人的干预下，没有完全发表，原先准备在电台点名批判的广播稿，最终撤销。

尽管在批判过程中有激烈的言辞，但领导始终把这场批判限定在学术批判的范围之内，其方式也算"和风细雨"。6月16日彭真说，"……现在很多人都作了检讨，只有业主没有检讨，市长没有发言，准备最近开个会，首先由我作检讨，检讨市府应管没管，放弃职守，自由主义。"运动向纵深发展以后，周扬在9月7日说，"现在尚未发现有反革命材料"，梁思成"政治上拥护政府，是政治上愿意靠拢我们的资产阶级学者，应是学术批判"，"'反动'等词句不必说，能少说以少说为妥。最好用'错误''有害'等词。有如'反党'等政治斗争的名词勿用。"

梁思成确实为"社会主义内容、民族形式"口号的中国化竭尽了全力，他在首都计划委员会里的领导地位，足可使他推行他心目中的民族形式和建筑艺术观点。但是应当看到，梁思成实际上并没有能力独自掀起复古主义浪潮，他只是在特定的政治气候条件下，提出了某种建筑模式而已，复古主义是苏联影响和政治气候的直接结果。试想，如果当时梁思成在三年国民经济恢复时期也坚持他早先已经确立的现代建筑立场和方法，他早就结束建筑生涯了，而复古主义风潮照样可以在别人的什么名义下产生。再说，假如梁思成的意见果真具有决定性作用，他为保护北京的牌楼、城墙而近于"拼掉老命"的奔走呼号，也不会如螳臂当车，丝毫也没有挡住这些文物在一夜之间的拆除。其实，梁思成推行复古主义的行动，真的出自他对中国建筑的热爱，出自对党的靠拢，是为新政权服务的积极举动。不过，比之同时期受批判的胡风等人，无论如何是幸运的。在12月20日的一次批判会上，万里说"对于梁先生讲的思想变化及自我批评，我们是欢迎的……是爱国的，是共同建设社会主义的。"转年1月，彭真召见梁思成时对梁说："批判文章都给你看过了吧！我们现在决定报上不发表，因为现在正在批判二胡一梁[1]，假如把你登报，就是批判二胡、二梁了。你的错误性质和他们是不一样的，如果是登报，就是把你一棍子打死了。"对此，梁思成十分感动，他说"党不仅给了我肉体生命，而且给了我政治生命"。

造成建设中的浪费现象，原因极其复杂，比如，周恩来在《政府工作报告》里所说工业建设的例子，与复古主义并无关系，其他方面也有更深层的原因。单就复古主义而言，也是政府号召学习苏联"民族形式"、追求"纪念性"而促成的。建筑师的责任在于，盲目走了一条最容易走的路。

---

① 引者注：指胡适、胡风、梁漱溟。

4. 视而不见的大转变：苏联正纠正过去

这次批判活动也带动了中国建筑理论的发展，自苏联建筑理论的输入，到梁思成研究民族形式的论文，再到批判梁思成的文章，都涉及一些建筑理论问题，也算得上是 1950 年代中国建筑理论的第一次高潮。

批判复古主义活动的明显缺点是：用政治运动的思想和方法对待建筑理论，把学术问题上升为无产阶级同资产阶级的斗争。更应引起思考的是，批判复古主义的过程中，丝毫没有触动复古主义的思想根源——斯大林的以"社会主义内容、民族形式""社会主义现实主义的创作方法"等口号为代表的建筑思想。全苏建筑工作者会议，已经彻底肃清了这些思想。

建工部部长刘秀峰曾于 1955 年 8 月到苏联考察，与苏联列宁格勒城市设计院的两位总工程师卡金和别斯多罗夫谈论民用建筑问题。他们表示，苏联建筑师的方向是设计标准化，建筑工业化。他们说，今天来看，苏联在第一个五年计划时期建筑的住宅是不好的，最近几年来所建的住宅也是不好的，因此可以得出一个结论，苏联人民不需要第一个五年计划时期所建的那种住宅，也不需要最近几年来所建筑的过分注重了美的住宅。从这种态度看，苏联建筑师已经彻底抛弃了过去而面对未来。

时至批判复古主义将近一年 1955 年 11 月 13 日，《建筑》杂志发表社论《进一步加强向苏联专家学习》。社论还说：

> "在向苏联专家学习和贯彻苏联专家建议方面，还存在一些缺点，主要是没有及时采取严密的措施迅速地贯彻苏联专家的建议，不善于组织干部有计划有系统地向苏联专家学习，也不善于把苏联专家的建议很好地组织推广。我们必须切实克服这些缺点，进一步向苏联专家学习。"社论还指出"有些单位，对苏联专家建议重视不够，贯彻不认真不及时，有的单位甚至阳奉阴违，置之不理或拖延应付。"

社论表明，我们依然沿着"一边倒"的惯性，继续着它的"正确性"。不久开展的"反右斗争"，还伤害了一些对苏联建筑思想提意见的建筑师，这不能不说是一种理论的盲目性。

5. 一个无休无尽话题：节约、节约、再节约

1955 年 5 月，反浪费运动向深入发展，注意到了工业建筑和施工方面的浪费现象，《人民日报》在 14 日的社论《展开全面节约运动》中说，"应该承认，目前的浪费现象是相当普遍的，特别是在工业、交通运输业和商业部门中，又特别是在这些部门的基本建设工程中，浪费更是严重。"建筑工程部发出了关于克服工业建筑和施工方面浪费现象的通知。

> "自中央决定检查基本建设方面的浪费现象以来，中央和各地报纸上都发表了许多这方面的材料。但多系揭发民用建筑而且主要是设计方面的浪费现象。工业建筑和施工方面

的浪费情况，还揭发得很不够，而这方面存在的浪费却是更为严重的，对国家建设影响之大远远地超过民用建筑，必须认真检查并大力克服。"

尽管当局认为"工业建筑和施工方面"的浪费情况更为严重，但通常看得见的"非生产性建筑"依然为视线的焦点。1955 年 6 月，运动明显深化，13 日李富春在中央机关、党派、团体的高级干部会议上，作了题为"厉行节约，为完成社会主义建设而奋斗"的报告。接着，《人民日报》6 月 19 日在第一版发表社论《坚决降低非生产性建筑的指标》说：

"在城市建设方面，党中央要求用节约的精神重新进行规划；已经规划的工业城市，一般不允许盖高层建筑；工业不很集中的城市，要尽量利于旧城市旧建筑，不必进行改建；各城市中要分别轻重缓急，逐步举办各种公用事业，不应一切求全、求新。党中央特别要求大大降低非生产性建筑的标准，即：办公室和高等学校的教室每平方米由 100 元降至 45~70 元；住宅每平方米由 90 元左右降至 20~60 元；通用仓库每平方米由 70、80 元降至 40~50 元；车站每平方米由 80~130 元降至 30~70 元。党中央的指示体现了厉行节约、积累资金、集中使用资金于生产性建设的正确方针，全党必须领导人民群众加以坚决执行。"

1955 年 6 月 30 日，薄一波发表了题为"反对铺张浪费现象，保证基本建设工程又好又省又快的完成"的讲话。一系列的降低造价的措施是，非生产性建筑要降，生产性建筑也要降。1954 年中央本来已经指示降低原计划造价的 10%，此后又指示在 1954 年削减的基础上再削减 15%~20%。6 月 19 日社论所提出的具体指标，不是一个采取正常措施可以完成的指标。这是一个异乎寻常的下降幅度，这些指标比降了 2 次的造价还要下降 30%~77%，平均也在 55% 左右，这无论如何是一个难以达到的数字。建工部长刘秀峰在 6 月 30 日在中南工程管理总局党委学习四中全会决议会议上的报告中也颇为难，他说："当时 ① 只提出降低总造价 10%，现在毛主席和党中央指示要降低总造价的 25%，怎么降低呢？"他设想的措施中，甚至提出了"今后要广泛使用竹材代替木材和钢材"，1956 年真的出现了华东师范大学用竹子结构造成的"大跨竹拱的风雨操场"，许多地区推出了"竹筋混凝土"楼板，其范围之广，波及全国，就连新疆也有这种建筑。

由于降低造价的指标过于苛刻，所以采取的措施也就十分严厉，以致失去了道理。例如：北京"四部一会"大楼的北面，正中大屋顶的琉璃构件已经运到现场而不准使用，这样可以不计入造价，而琉璃构件却毁弃在现场。除了构件的浪费之外，至今留下了被削掉脑袋的不完整形像。建工部大楼已近完工，所购置的灯具等装修构件也不得就位，一直躺在库房几十年。

---

① 指 1955 年 2 月 4 日—24 日，建工部召开的全国设计及施工工作会议——引者注。

图 3-127 某工程紧急"下马"之后现状

图 3-128 上海,华东师范大学 24 米"大跨竹拱的风雨操场"正在施工(下左)
图 3-129 新疆乌鲁木齐当年用的竹筋混凝土板(下右)

对此,群众反映说这是"花钱买'节约'"。

在新的设计中,节约已经以降低使用功能为代价,如 1955 年北京工业建筑设计院设计的 55-6 定型住宅,竟然采用 7 开间单元,一室一户,合用走廊,2~3 户共用一间 7~9 平方米的厨房,4~5 户合用一间厕所,不仅完全不顾生活中起码心理需求,而且难以提供基本的生活和卫生条件。武汉体育馆,由于节约造价,把建筑简化成一座砖砌的厂房,而武汉湖北剧场、西安交通大学、西安冶金建筑学院等单位的建筑或校舍,已经因标准过低而影响使用。在上海,有些住宅的阳台钢筋都已经绑扎完毕,为节约而将钢筋锯掉,有的阳台仅挑出 30 厘米作个样子,有的住宅取消纱窗、取消五金。各地还采取了一些不成熟工艺,如使用"竹筋混凝土"楼板、"菱苦土门窗框"来节约钢材和木材。

总之,为了达到降低造价这个政治任务,用尽了合理的、不合理的一切手段,其结果是,造就了一批"留下无用,拆了可惜"的建筑包袱。在这种情况下,当局虽采取了一些补救措施,又适当地提高了标准,但已留下了深深的教训。

反浪费运动在实践中的最大问题,是越过了节约的最低限界,造成另类新的浪费。政府对此应负主要责任,建筑师的责任在于,在强大政治运动中,他们无力坚持科学的立场,实际上,许多措施也是建筑师想出来的主意。不幸的是,基本建设中的浪费、反浪费、再浪费、再反浪费,后来形成了一种无尽的循环。

图 3-130　四部一会大楼北侧取消屋顶之后的现状

图 3-131　武汉体育馆简化如工业厂房

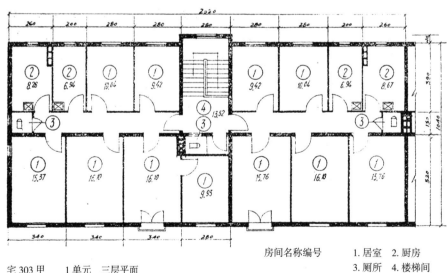

宅 303 甲　　1 单元　三层平面

房间名称编号　　1. 居室　2. 厨房
　　　　　　　　3. 厕所　4. 楼梯间

图 3-132　北京 55-6 住宅平面

图 3-133　北京某简易住宅

6. 结束语也是一个开始：建筑方针的正式确立

在反浪费运动中，结束了第一个五年计划的头三年。

1953 年，围绕着政治问题批判了现代建筑；1955 年围绕着经济问题批判了复古主义。中国的国情和建筑中的经济要素在给建筑师和全社会上课，政府和建筑界重申并确立了"建筑方针"，即："适用、经济，在可能条件下注意美观"。

在建筑界，没有哪条方针能如此广为人知，如此深入到建筑创作的各个时期和各个层面。建筑方针是适用于建筑设计的政策，有时却被当成建筑理论，在许多情况下它又是评判作品的标准，政治运动来了，又成为批判的武器。它在中国建筑创作的统治地位，到改革开放时已达30 余年。

建筑方针是何时、何地、何人、以何种方式提出，目前尚未见诸十分确切的文字记载，有些零星的个人回忆资料，一时也难以找到佐证。从建筑工程部和建筑学会的文字档案分析，可以肯定的是，它的雏形起源于 1952 年，1955 年得到重申和确立。建筑方针的演化过程足以证明，它是中国国情的产物。

（1）档案文献说[①]

① 1952 年 7 月 13 日，第一届全国建筑工程会议印发的讨论文件中说道："根据目前财政经

---

① 以下资料均来自建工部和建筑学会档案。

济技术具体情况并照顾将来，同时根据国防与广大人民需要情况出发，因此目前建筑的设计方针应以 1. 适用 2. 坚固安全 3. 经济的原则为主要内容 4. 建筑物又是一代文化的代表，必须在不妨碍上面三个主要原则要适当照顾美观。我们要求建筑形式要朴实、庄严，能代表伟大祖国的气派"。

② 1952 年 8 月 20 日，建筑工程部的一份报告中说："……设计的方针必须注意适用、安全经济的原则，并在国家经济条件许可下，适当照顾建筑外形的美观，克服单求形式美观的错误观点。"

③ 1953 年 10 月中国建筑学会成立，在各项报告中对建筑方针有如下提法：

"以适用、经济、美观为原则"（周荣鑫报告）

"建筑设计的原则要适用、经济、美观，三者应通盘考虑"（汪季琦报告）

④ 1954 年 1 月 12 日，中央建筑工程部设计院提交建工部的《一年来设计工作的基本总结》里写道："……应用在设计上就是如何贯彻适用、经济、安全与美观的方针。"

⑤ 1955 年 2 月，建工部召开了设计及施工工作会议，会后部党组向中共中央作了报告，在这个报告的初稿中写道："中央提出的适用、经济和美观的原则是正确的，必须把它作统一完整的理解，不能孤立地强调某一方面。尤其在我国目前的条件下，更应特别注意适用和经济，在可能条件下讲求美观"。

在这个报告的二、三稿中，标准的提法出现了："适用、经济，在可能条件下注意美观"，不过，"注意美观"四个字，是由"考虑美观""照顾美观"改来的。

从上面的档案资料看出，建筑方针有一个精炼的过程，其基本要素有：适用、经济、坚固、安全、美观；唯有对美观的限定最费周折，有"注意""考虑""照顾""讲求"等语，可见，美观是最难定位的敏感要素。

（2）戴念慈说

肖桐[1] 在《围绕建筑产品的坚固、适用、经济、美观做文章》这篇论文里说道：

"1991 年的 7 月，我看到《中国建设报》刊载的文章《谈谈建筑创作》，才弄清楚：'适用、经济，在可能条件下注意美观'这句话的由来。戴念慈在文章中说，1949 年他写过一篇文章，提出了民用建筑设计的三要素：适用、经济、美观。是年底，他调到北京工作，将这篇文章送给梁思成教授看了，梁表示赞同，后又转送当时的中共中央办公厅主任杨尚昆同志，杨尚昆同志批复这篇文章时，提出了'适用、经济，在可能条件下注意美观'，到 1955 年初，原建工部在召开的一次全国性会议上，明确提出作为全国的建筑方针，这就是'适用、经济，在可能条件下注意美观'。作为一个主管建筑工程的部门，实际上这条方针是由原建工部制定的。"

---

[1] 肖桐曾任建筑工程部城建局局长、国家建筑工程总局局长、城乡建设与环境保护部副部长。

《建筑师》杂志第41期刊登了戴念慈于1949年8月在上海写的题为《论新中国的新建筑》一篇文章，文章所反映的观点，已经包含了建筑方针的内容，但尚未提出具体的定义。他认为：

> "新中国的新建筑应该是以真理为根据的建筑。新中国的新建筑应该是以人民的合理生活方式为基础的建筑。新中国的新建筑应该是表现高度艺术性的建筑。新中国的新建筑应该是适合中国国民经济的建筑。
>
> 也许有人怀疑说，以上所讲各点，归根结底，还是离不了'真善美'，所谓坚固、适用、美观、经济等等。这一套说法，以往论建筑的何尝没有想到？不错，以往的建筑，那些洋房和宫殿式'中国建筑'，也抬出了'真善美'作为理论根据的。可是以往所说的'真善美'，是以崇拜和恢复封建文化为立足点的'真善美'。我们都认为，因为立足点的不同，对于事物就可能有不同的看法。所以这里提出的'真善美'，所说的实用美观等等，其含义是与过去颇有不同的。"

从文章的内容看，已经具备了方针的全部内容，只是还没有精炼语言、排定顺序，应该说由戴念慈提出此说是有根据的。不过，按照中国引用官方文件或文献的习惯，一般地说，如果对某个方针有了比较固定的措辞，引用者都会沿用标准的说法，而不会擅自加减文字。从前面档案中所见到的在正式会议报告中的用语判断，1955年之前的提法比较多样，此后大体统一，因而可以比较肯定地说，建筑方针是一个集体创作，大约在新中国成立之初，由包括戴念慈等在内的建筑师，在建筑基本原理的基础上，特别是受到维特鲁威"实用、坚固、美观"三要素的启发，结合中国的国情，提出了方针的雏形，并得到建筑主管部门的支持，在1955年的反浪费运动中得到规范和确认，并在全国范围内执行。

建筑方针的起源，依然是一个尚待进一步地实证和研究的话题。

（3）建筑方针：一个适合国情的政策

①建筑方针与经济

建筑方针的经济主轴显而易见。建筑方针中有三个要素："适用、经济、美观"和一个短句"在可能条件下注意"。与维特鲁威的三要素相比，取消了"坚固"加上了"经济"。"经济"要素的突显，是国情现实的需要。"美观"排在最后，"可能条件下"显然是指经济条件。由于"注意"这个词，缺少操作性，留下了模糊的空间。

②建筑方针与理论

有许多权威人士的意见说，建筑方针"第一次改变了这两千年的老提法""是建筑理论上的一个伟大创造""是最根本的理论""中国最正确的建筑理论"，这些说法虽然有当时发言政治氛围的影响，但说方针是理论，并不妥当。建筑方针显然应该与建筑的基本理论相符合，方针与理论的最大不同是，方针是根据国情提出的，会基本符合理论。而建筑理论则具有世界的普适性。

③建筑方针与政治

既是政策，必是政治的产物，应该出自政府或政治家的手笔。建筑方针一旦形成，一经作为政策出台，建筑师就只有执行的义务，讨论和批评并无实际意义。此后几十年间建筑方针所起的作用证明，它不仅是必须遵守的指导方针，而且在许多情况下又是批判的武器，30余年的实践证明，建筑方针的作用正是这样。

五、宽松付出了沉重代价

1954年4月到7月的日内瓦国际会议，结束了印度支那战争，1955年4月的万隆亚非会议，在中印倡导的和平共处五项原则的基础上，提出了促进世界和平与合作的十项原则。国际紧张局势的缓和，使得中国领导人逐渐意识到，某种对华战争或世界大战在近期或短期内打不起来。

1956年2月，苏共召开了第20次代表大会，赫鲁晓夫在总结报告中提出了"和平共处""和平竞赛""和平过渡"的路线，并在《关于个人迷信及其后果》的秘密报告中，揭露了斯大林违背集体领导的原则，破坏法制，进行大规模逮捕、镇压等方面的罪责。苏共20大后，不但内外政策发生了巨大的变化，而且对国际共产主义运动发生了深远的影响。6月波兰的波兹南事件、10月苏联出兵华沙事件、10月的匈牙利事件、捷克斯洛伐克的"布拉格之春"等严重的政治事件，在很大程度上反映了这些国家对苏联一些大国沙文主义的作风和国内采取"一边倒"政策的不满。

（一）1956年的温和春天

1. "一边倒"的终结

1956年春，中国顺利地完成了对于生产资料私有制的社会主义改造，第一个五年计划的完成在望，如何在新的国内外形势之下，探索适合中国的政治和经济建设道路，已是当务之急。

早在1955年底，毛泽东就提出了"以苏联为鉴"的问题，此后，中国领导人认为，破除对斯大林的个人崇拜，揭露其严重的错误，具有一定的积极意义，他们已经看到了苏联模式在政治和经济等方面的缺点。诸如：片面发展重工业，忽视农业、轻工业，片面扩大积累，忽视群众生活，经济管理体制过于集中和管理过死等等。针对这一新形势，毛泽东、刘少奇等领导人开始进行一系列的调查，并在1956年初，采取了一系列的措施。

2. "脱旧帽加新冕"

1956年1月14日—20日，中共中央在北京召开了关于知识分子问题的会议，中共中央书记周恩来主持了会议，并作了《关于知识分子问题的报告》，报告中提出了温暖知识分子人心的著名论点。

> "社会主义建设,除了必须依靠工人阶级和广大农民的积极劳动以外,还必须依靠知识分子的积极劳动,也就是说,必须依靠体力劳动和脑力劳动的密切合作,依靠工人、农民、知识分子的兄弟联盟"。

> 他代表中共中央郑重宣布:中国知识分子的绝大部分"已经成为国家工作人员,已经为社会主义服务,已经是工人阶级的一部分。"①

中国共产党进入城市以后,各方的领导骨干多是从战场下来的工农出身干部,不了解、不熟悉知识分子的特长、心理和工作方式,对他们心存戒心乃至敌意,正如周恩来报告所尖锐指出的"目前在知识分子问题上的主要倾向是宗派主义""低估了知识界在政治上和业务上的巨大进步,低估了他们在我国社会主义事业中的巨大作用。"②

会议肯定了知识分子的作用,为他们"脱资产阶级之帽,加工人阶级之冕",大大地鼓舞了在实际工作中曾感不畅的中国知识分子。使他们更加激动的是,这次会议传达了毛泽东"向科学进军"的指示,提出了制定 1956—1967 年科学技术远景规划的任务,使广大知识分子感到自己有了用武之地。

会后,成立了以陈毅为主任的国家科学规划委员会,集中了 600 多位科学家,经过半年努力,制定了 1956—1967 年全国科学技术发展规划和哲学社会科学发展规划。这一切对促进科学技术和文化的发展,肯定会起积极的作用。

作为知识分子一部分的建筑师,在过去一个时期工作中,他们的建筑创作道路似乎从来就没有正确过。所以,这次会议也令中国建筑师为之振奋。

3."双百方针"出台

苏联的学术批评屡屡出现粗暴现象,推崇一种学派就标为"社会主义",批判一种学派就指为"资本主义"、教条主义、宗派主义、形式主义等,不但对社会科学和文学艺术的繁荣造成了危害,也给自然科学的发展设置了障碍。1956 年 4 月 28 日,毛泽东在一次政治局扩大会议上提出:

> "'百花齐放,百家争鸣',我看应该成为我们的方针。艺术问题上百花齐放,学术问题上百家争鸣。讲学术,这种学术可以,那种学术也可以,不要拿一种学术压倒另一种学术。"

5 月 2 日,在第二次谈十大关系的一次最高国务会议上,毛泽东明确宣布:

---

① 参见:周恩来.周恩来选集·下卷 [M].北京:人民出版社, 1997:160, 162.
② 参见:周恩来.周恩来选集·下卷 [M].北京:人民出版社:166.

"在艺术方面的百花齐放的方针，学术方面的百家争鸣的方针，是必要的，这个问题曾经谈过。百花齐放是文艺界提出的，后来有人要我写几个字，我就写了'百花齐放，推陈出新'。现在春天来了嘛，一百种花都让它开放，不要只让几种花开放，还有几种花不让它开放，这就叫百花齐放。百家争鸣是诸子百家，春秋战国时代，二千年以前的那个时候，有许多学说，大家自由争论，现在我们也需要这个。"①

"百花齐放，百家争鸣"方针的提出，以及随之而来的多方面、成系统地阐述，在文艺界和科学界引起了强烈的反响，人们开始思想活跃、言论开放，对于推动艺术和科学的发展起到了良好的作用。在自由的气氛中，也很少顾忌过去经常出现的阶级斗争场面了。

在建筑界，人们开始大胆地反思前一时期对现代建筑和复古主义的批判，思索着中国建筑发展的最佳路线。

4. 旧理想新开端

1956 年 9 月召开的中国共产党第八次全国代表大会，是中国共产党和中华人民共和国历史上具有划时代意义的一次会议，它及时地对国内的主要矛盾作出了正确论断。会议提出：

（1）今后全国人民的首要任务是发展社会生产力。这与新中国建国初期激烈的阶级斗争以及此后的"以阶级斗争为纲"形成了对照。

（2）在总结第一个五年计划期间经验的基础上，坚持既反保守又反冒进，在综合平衡中稳步前进的经济建设方针。这与此后一再发生的"左倾"、冒进等失误形成了对照。

（3）提出了反对个人崇拜、反对官僚主义、扩大社会民主的任务。这与过去明确规定集权于个人的做法形成对照。

中共八大提出的目标，是一个时代的理想，也包括了实现这个理想的正确方法，因为这是已经 6 年治国和建设经验的总结。然而此后国家形势的发展，偏离了这些目标和方法，待极"左"思潮成为主导之后，其后果是灾难性的。这些理想的重建与实施，已经是 1980 年代的事情了。

（二）春天里的百家争鸣

在共和国成立后的 5~6 年时间里，中国建筑师在建筑创作实践中有一个奇特的经历：自发地延续现代建筑错了，那是结构主义；主动地创造民族形式也错了，那是复古主义；反浪费降低造价也出了问题，形成了一批过于简陋的建筑。建筑师长期陷于"执笔踌躇，莫知所措"的苦闷之中。作为建筑师的群体，人们在思索着：错在哪里？路在哪里？

---

① 参见：薄一波. 若干重大决策与事件的回顾 [M]. 北京：中共中央党校出版社，1991：244.

知识分子问题会议的召开，"百花齐放，百家争鸣"方针的颁布，鼓舞着中国建筑师在不同场合下，运用不同的方式开展"百家争鸣"，他们检讨自己也批评领导，当中国共产党提出帮助党"整风"的时候，这种争鸣活动达到了高潮，他们的态度是大胆的、真诚的。

1. 关于学习苏联

"很多人用教条主义的方法去看待先进经验。不管是否适合我国情况，全部搬用，当作万灵药方。"①

"在学习苏联方面，特别是在苏联批判形式主义以前的一个阶段，以为凡属苏联建筑上的东西一概都好，不加以区别地把苏联建筑中形式主义的东西介绍过来，助长了我们自己过去工作中形式主义和复古主义的气焰。"②

"又如学习苏联问题，不客气说，很多人是教条的，全面照抄的，从总平面以至房间布置完全一样，在工业建筑中更是突出，搬用了全套的苏联平面……最近有人大胆地对苏联设计提出意见，对柱步、房高、楼层结构作了改进，应当是值得欢迎的，应当说某些资本主义的建筑，对我们也有参考价值，也有必要进行研究和分析。"③

"向苏联和人民民主国家学习这是当然的，但是有不同的意见也应当勇敢的善意的提出来。这并不是反对苏联，因为将真实的意见提出来对社会主义阵营只有好处。向资本主义国家学习，学习他们好的方面也是必要的。这并不等于崇拜资本主义……把一些政治斗争的形式不必要的引用到技术上来，这样使我们失去不少有用的经验。"④

"有人并没有注意技术与建筑学发展的关系。而且有时候还抱着一种非科学的态度，拒绝资本主义的近代技术；轻视资本主义国家建设实践中的新事物，把资本主义的技术和政治混为一谈。"⑤

2. 关于学术批判

"有些批评家看到有大屋顶的房子认为是宫殿庙宇，就扣上复古主义帽子。看到无装饰的平屋顶房子，称为方盒子，就加上结构主义帽子。看到有中国装饰但没有大屋顶的房子认为是不中不西，扣上折中主义的帽子。这种少见多怪否定一切的批评方法，使设计人不知往何处走，感到道路虽多，条条不通。"⑥

"自从批判了复古主义和梁思成的错误思想以后，在建筑界已经显得死气沉沉，似乎已中断了对建筑艺术的探讨，只是教条的、空洞的在执行着"实用、经济，在可能条件下注意美观"的原则，因而应当说建筑艺术的创作已远远地落后于我们的时代，没有能反映出我们生产力的

① 董大酉. 在一次创作讨论会上的发言 [J]. 建筑学报，1956（5）：58.
② 鲍鼎. 对在建筑界展开"百家争鸣"的几点意见 [J]. 建筑学报，1956（6）：49.
③ 朱亚农，李锡均. 对当前建筑问题的一些意见 [J]. 建筑学报，1956（7）：59.
④ 邹至毅. 必须在建筑科学中贯彻"百家争鸣"[J]. 建筑学报，1956（7）：60.
⑤ 邓焱. 消除建筑实践中的非科学态度 [J]. 建筑学报，1956（6）：52.
⑥ 董大酉. 在一次创作讨论会上的发言 [J]. 建筑学报，1956（5）：58.

发展，没有反映出国民经济和文化的不断高涨。"①

"对于建筑艺术来说几乎受到的只是指责和批评，尤其是在反复古主义运动中，广大人民群众的批评和谴责，已使得建筑师抬不起头来，使他们不敢提美，不敢提艺术，由于领导上缺乏对建筑创作的支持与鼓励，因而在一定程度上局限了建筑工作者探求掌握古典艺术的积极性，削减了他们创造地运用新的艺术表现方法。"②

3. 关于建筑方针

1957 年 2 月 12 日—19 日，中国建筑学会第二届全国会员代表大会在北京召开，除了解决一般的会务问题之外，多方解释政策，号召"大胆创作"，是这次大会的基调。

这次会议召开的时间，正是展开"百家争鸣"的高潮，建筑师普遍感觉"思想苦闷"，人们反映"现在建筑界死气沉沉""执笔踌躇，莫知所从，左右摇摆，路路不通"。

理事长周荣鑫在会务报告里，分析了问题的原因，并对建筑方针作了充分的阐述。他说：

"为什么很多建筑师会感到下笔踌躇、路路不通呢？这主要是过去批判了结构主义，后来又批判了形式主义、复古主义，学习了反对浪费厉行节约的号召后，收到了很大成绩，而现在很多人在批判片面的经济观点或片面的节约观点。这些批判对不对呢？这些批判是对的。那么问题在哪里呢？"他引用刘少奇的八大政治报告"……为了将来的幸福，我们不能不暂时忍受一些生活上的困难，勤俭建国、勤俭办企业，勤俭办合作社，勤俭办一切事业"，提出了结合中国国情穷白的问题。"不分轻重，不分缓急，不论大小城市，不管市区郊区，想一律照顾社会主义建设远景，各种标准都提的很高，结果离开了现实的基础，主观与客观不一致。我们认为根本矛盾就在这里。"

周荣鑫还引用了副总理李富春 1955 年 6 月 13 日在中央各机关、党派团体的高级干部会议上的报告对建筑方针所作的解释，来统一对建筑方针的认识。"所谓适用就是要合乎现在我们的生活水平，合乎我们的生活习惯，并便利利用。所谓经济就是节约，要在保证建筑质量的基础上，力求降低工程造价。在这样一个适用与经济的原则下面的可能条件下的美观，就是整洁、朴素，而不是铺张、浪费。"

4. 关于现代建筑

值得特别注意的是，在"百家争鸣"的许多言论里，大胆地提出了向资本主义国家学习和提倡现代建筑的问题，这是对"一边倒"政策的一个有力反弹。在报刊上，已经出现介绍外国建筑成就和现代建筑大师的文章，介绍过去批判过的中国"结构主义"作品，如和平宾馆等。

---

① 朱亚农，李锡均. 对当前建筑问题的一些意见 [J]. 建筑学报，1956（7）：58.
② 同上。

不同的观点可以自由地发表议论，其至在《建筑学报》上发表了青年学生朝气蓬勃的文章《我们要现代建筑》和持相反态度的《对〈我们要现代建筑〉一文的意见》等针锋相对的争论文章，这在一年前是不可想象的。在理论上比较活跃的有周卜颐等人，他在学报上撰写了《近代科学在建筑上的应用》和介绍建筑大师格罗皮乌斯的文章。

《我们要现代建筑》虽然是青年学生的文章，但代表了一种追求新方向的渴求和呼唤，其作者之一蒋维泓，经常为《学报》上受欢迎的栏目"国外建筑简讯"提供稿件。这篇文章说：

> "苏联维斯宁建筑师在第聂伯河水电站的设计中采用了大玻璃窗，使得机器间通风良好，工作人员随时可以观察窗外水位的变化情况……在匈牙利首都布达佩斯的航空站采用了大玻璃窗和钢筋混凝土的框架，这样乘客就可以随时看见飞机的起飞和降落，表现了现代航空事业的崭新面貌。现代技术提供的新结构新材料，要求新的形式来表现它们，例如用洋灰做的须弥座和垂花门是丑陋而造作的，但是洋灰做的壳体和框架却是美丽而轻快的。
>
> 现代科学家如果用马车的形式去装饰汽车，或者去改进铜镜的缺点，那这人一定是疯子。可是建筑界居然有人公然主张去研究装配式大屋顶，空心倒挂斗栱。
>
> 解放以来，北京的儿童医院、和平宾馆和甘家口商场都是首先从功能出发并且用了现代建筑的手法处理，我们爱这样的建筑。"[①]

这些认识，对于纠正以意识形态为核心的所谓苏联社会主义建筑理论的片面影响，对于吸取现代建筑运动的优秀成果，具有积极的作用。

5. 关于兄弟国家

由于国际形势的变化，苏联以及东欧社会主义国家建筑界的情况也在发生明显的变化。建筑的"神圣同盟"已经逐渐消解，一起抛弃了复古主义的老路，分别走向一度所极力反对的现代建筑之路。

苏联在赫鲁晓夫的直接领导和参与下，基本解决了居住问题，尽管建筑质量不尽人意。他们与过去明显不同的做法：一是用进一步工业化和标准化的方法，大力降低造价、加快速度，这一点，与中国用削减项目和无限降低使用标准求得降低造价的方法形成对比；二是以建筑的标准化和建筑技术，作为探讨创造建筑艺术的手段，而不再复古。苏联在城市建设和建筑设计方面，从住宅建设起步，重返国际现代建筑运动的主流。

在其他社会主义国家，由于在国际政治关系中与苏联关系的转化，也大大带动了清算过去的进程。加之这些国家邻近或者本是现代建筑的发源地，几乎毫不费力地脱离了原来复古路线而追随现代建筑。比如在波兰，1956年3月召开了波兰全国建筑师会议，总结了过去11年的

---

① 蒋维泓，金志强. 我们要现代建筑 [J]. 建筑学报，1956（6）：56.

建设经验,批判了过去在城市规划和建筑设计中不重视经济、不重视技术的唯美主义倾向。同时,还改变了组织机构,扩大了地方设计机构的权力和责任,恢复创造性的"公权"。由于波兰原有比较深厚的现代建筑基础,他们几乎是立即转向,走向自由而大胆的建筑创作道路,难怪梁思成在一份访问波兰的报告中说:"我们看了两个竞选得了头奖的设计,都是形状非常奇怪的。使我们怀疑这些建筑是否适用,是否经济合理"。

东德、保加利亚、罗马尼亚等国的情形与波兰大体相似。

自 1956 年春到 1957 年春,在两个春天之间的这一年,历史给中国一个极好的机遇。这年,中国提前一年完成了第一个五年计划;中共八大给未来设定了正确的路径和方法;缓和了与知识分子的矛盾;创造了"百花齐放,百家争鸣"的宽松环境;抛弃了"一边倒"的对外政策,建立了独立思考的机制。在未来的日子里,中国似乎不会有任何内外不良因素,可以阻止中国的经济建设和社会进步。

建筑界回应了这种"大好"的形势。

①建筑师大胆地提出向资本主义国家学习这个长期视若蛇蝎的敏感问题,使得先进技术的学习有了两个方向的参照体系,有望结束苏联建筑理论独占中国建筑论坛的局面。

②建筑方针的确立和重申,统一了中国建筑师对于国情的认识,在几经波折之后,找到了建筑创作的一个共同基准。

③建筑师已能敞开思想"百家争鸣",大胆地反思政府和自身在前段时期的缺点和错误,不必担心阶级斗争的棍子。

④尽管苏联建筑理论的影响没有得到彻底清算,复古主义倾向的根源也没有得到清除,但中国建筑师开始了对中国建筑理论的探讨进程,并带有明显的实践品格,即所谓理论联系实际的基本作风。

对中国建筑师而言,似乎也没有任何人为的障碍,阻止他们再次起步,走向健康的中国现代建筑之路。

(三)夏天里的寒潮

1956 年夏秋,国际共产主义运动出现了大的波折,发生了波匈事件。国内也出现了一些群众闹事等未曾预料到的问题。面对这些复杂的新情况,党中央和毛泽东深入思考社会主义社会的矛盾,提出了关于正确处理人民内部矛盾的理论。[①]

1957 年 2 月 27 日毛泽东在最高国务会议第十一次(扩大)会议上,发表了著名的《关于正确处理人民内部矛盾的问题》的讲话,他认为社会主义社会有两类性质完全不同的社会矛盾,一是敌我矛盾,一是人民内部矛盾,前者是对抗性的,后者是非对抗性的,应该用"团

① 中共中央党史研究室. 中国共产党的九十年——社会主义革命和建设时期 [M]. 北京:中共党史出版社,党建读物出版社,2016:482-483.

结—批评—团结”的“公式”来解决人民内部矛盾，应该把正确处理人民内部矛盾作为国家政治生活的主题。①

1957年4月27日，中共中央发出了《关于整风运动的指示》，决定在全国范围内进行一次“开门整风”，以正确处理人民内部矛盾为主题，在全党普遍地、深入地反对官僚主义、宗派主义、主观主义，以适应新形势的需要。②

整风运动仅进行半个月，各方面人士在各种座谈会和报刊上，广泛而集中地对党的工作提出许多批评意见。这种局面是党执政以来未曾遇到过的。随后，所提的意见日趋尖锐，有的已经对“共产党的领导”“人民民主专政”“社会主义制度”置疑。鉴于这种形势，6月8日中共中央发出“组织力量反击右派分子的猖狂进攻”的指示，决定开展“反右派斗争”，同日的人民日报社论《这是为什么？》揭开了全国范围大规模反右派斗争的大幕。③

在整风过程中，极少数资产阶级右派分子乘机鼓吹所谓“大鸣大放”，向党和新生的社会主义制度放肆地发动进攻，妄图取代共产党的领导，对这种进攻进行坚决的反击是完全正确和必要的。但是反右派斗争被严重地扩大化了，把一批知识分子、爱国人士和党内干部错划为“右派分子”，造成了不幸的后果。④

全国各地建筑界的反右斗争大同小异，唯北京的声势最为浩大，8—10月，召开了百人以上的小会12次，2000~3000人的大会3次，一批建筑师和工程师等打成了右派。由建工部副部长、建筑学会理事长周荣鑫参加的“北京建筑界反击右派分子大会”，也许是规格最高的一次。会上点名批判了陈占祥和华揽洪两位比较活跃的建筑师。批判的文章是经过组织的，请一些平日与他们比较接近而了解内情的同行撰文。连篇累牍的批判文章，在《建筑学报》上持续发表了两期有余。

我们在这里所引用的言论，是在鸣放期间个人真情流露，那时没有压力，没有掩饰。因而也就成了被打成右派的“罪证”。这些言论或许可以体察中国建筑师的真正价值。

综合地看，陈占祥和华揽洪的主要“罪行”大致如下：

①否定北京市做远景规划的可能性和必要性，主张“新陈代谢、循环建设”；今日看来，这不失为一种有远见的规划思想。

②在房屋建筑方面，他们同样反对所谓“百年大计”“适当照顾远景”的设计思想，认为“当务之急”是建造简易的临时性房屋，而不是建造高楼大厦。这恰恰是符合中国国情的最实际的建设路线。

③国营的大设计院是“一架巨大的机器”，束缚了建筑师的创造力，建筑师成了“描图机器”，现在的建筑设计“赶不上旧水平”，到处是“呆板无味、死气沉沉”的“官方建筑”。

---

① 中共党史研究室. 中国共产党历史·第二卷（1949—1978）[M]. 北京：中共党史出版社，2011：428–431.
② 同上：439–440.
③ 中共中央党史研究室. 中国共产党的九十年——社会主义革命和建设时期 [M]. 北京：中共党史出版社，党建读物出版社，2016：490–492.
④ 中国共产党中央委员会通过.《关于若干历史问题的决议》《关于建国以来党的若干历史问题的决议》[M]. 北京:中共党史出版社，2010：75.

④反苏。

这是部分被说成是"罪证"的言论：

> "这多少年来我们设计了多少万的建筑平方米。速度是超音速，按理说这么多的设计实践早应锻炼出不少大师来，旧社会里即使是成功的建筑师一生的业务还可能勉强地抵上我们院内一组一年的任务。瞧瞧我们的作品，屈指算算向科学进军的日益在缩短着的期限，真是令人心寒。这些散布在美好大地上的官方建筑——这是上海某些同行送给我们的帽子，指我们设计的某些呆板无味，死气重重而言，看来这帽子很合适——群众看不上眼，亦用不惯，我们自己何尝满意。长此以往尽管平方米数足够吓倒任何先进国家，离开国际水平依然甚远，至于几十年赶上，我看休想。这么大的功绩应当归功于巨大的组织工作；居然把建筑师变成了描图机器！"

> "我希望不要给我们什么工时指标而是给我们创造更好些的工作条件……我希望院内管得少些，统得少些……我希望以政策作为创造的指导，让大家多修些人工纪念碑。让我们拿出全盘脑力来设计出适用、经济、可能条件下美观的建筑物。非但有纪念碑而且有奖——我是比较庸俗，认为钱非谈不可，错了的话，检讨受处分都是心服口服。"①

> "'结构主义'这个名词在欧美建筑家的词汇中是找不到的。有一段时期里，我们许多人都被扣上一个'结构主义'的帽子，但至今这些批评我们的人也没有说出他的确切含义。

> 旧社会遗留下来的劳动人民的恶劣居住情况还没有消除，随着工业化而来的城市人口急剧增加的新问题又摆到面前了。当前的急务是如何用最快、最省的办法来修建更多的住宅，然而今天我们却把大多数的资金和设计力量放在高楼大厦方面。像北京由于强调首都的'特殊要求'，不但修建了过多的特殊公共建筑和机关办公楼，并且修建了许多远超过实际需要的富丽大厦，北京一带头，各地自然也跟着走，造成一股歪风，带来了难以估量的损失。"②

华揽洪的这些话，几乎同建筑界领导人过去的一些正面报告完全一样，但在此时此刻，竟成为"右派分子"的"罪状"。

清华大学建筑系教师周卜颐，在"百家争鸣"时期是宣传现代建筑理论的代表，他和写出《我们要现代建筑》的青年学生蒋维泓等一大批活跃人物，也被打成右派，断送了美好的前程。

梁思成的情况显然比较特殊，在运动初期，正值第一届全国人民代表大会第四次会议召开，他在会上作了一次检讨性质的表态发言，题目是《我为什么这样热爱我们的党》，发表在7月14日《人民日报》上。

① 陈占祥. 建筑师还是描图机器？[J]. 建筑学报，1957（9）：42.
② 刘光华. 不能光盖高楼大厦[J]. 建筑学报，1957（9）：43-44.

建筑师打成右派，他们的作品也成了错误百出的劣等品。华揽洪的儿童医院再次被陷入围攻。1954 年建成的北京儿童医院，曾经被指为"结构主义"而受到批判。但是，外国建筑师异口同声地称赞这个建筑有国际水准，于是这座建筑开始被另眼相看。作者被打成右派之后，《建筑学报》上组织著名学者对儿童医院详加解剖，把它的基本使用条件说得一无是处，并结合对现代建筑的分析加以批判。

这种做法，开了一个恶劣的先例，即在政治运动中，利用这次不是运动对象的同行，把被批判者建筑作品中的一般问题或不同观点，不适当地与政治运动关联，以达到政治目的。这些同行的作品，在另一次政治运动中，又可能被另一些同行解剖。

第四章

技术初潮及理论高潮："大跃进"和大
调整时期，1958—1964 年

1956 年，离完成第一个五年计划还有 1 年多的时间，不但国内政治气氛开明，在社会改造和经济建设方面，洋溢着乐观的气息。全国绝大部分地区基本完成了对生产资料私有制的社会主义改造，不仅提前完成了"一五"计划的任务，而且还提前 11 年完成了过渡时期总路线规定在 15 年里完成的任务。这年的春天，"一五"计划的一些建设指标也都提前 1 年完成。

1956 年初，由于三大改造提前完成的压力，由于想利用国际缓和形势加快建设步伐，也由于缺乏经验和对客观规律重视不够，我国经济建设出现了忽视综合平衡，层层抬高计划指标的急躁冒进势头，导致市场供应紧张，人民生活受到一定影响，党中央、国务院及时作了反冒进的努力，确定了既反保守又反冒进的经济建设方针，初步遏制了冒进倾向。[①]

从表 4-1 中可以看出到 1957 年工、农业产值概况。

第一个五年计划（1953—1957 年）工、农业产值概况　　　　　表 4-1

	1957 年（亿元）	平均年增长率（%）	比 1952 年增长（%）
工农业总产值	1241		67.8
工业总产值	704	18	128.6
农业总产值	537	4.5	24.8
基本建设投资	五年内共：550		

从表 4-2 中可以看出第一个五年计划内基本建设投资的概况。

第一个五年计划内基本建设投资的概况　　　　　表 4-2

	亿元	占总投资额（%）	备注
基本建设投资总额	550	100	
生产性建设投资	418	76	重工业占 87%，轻工业占 13%
消费性建设投资	132	24	

第一个五年计划是中国大规模现代经济建设的开端，为社会主义工业化奠定了初步基础。

为了尽快改变中国贫穷落后的面貌，中共中央在 1957 年冬提出了 15 年赶超英国钢产量的发展目标，在 1958 年正式制定了社会主义建设总路线，并发动了"大跃进"和人民公社化运动。社会主义建设总路线、"大跃进"和人民公社，当时被称为"三面红旗"。工业建设、科学研究和国防尖端技术的研制，以及农田水利建设和农业机械化、现代化的许多工作，都是在这一时期开始布局和发展的。但是，由于对在经济文化落后的大国建设社会主义的长期性、艰巨性估计不足，对掌握经济规律和科学知识的必要性认识不足，搬用战争年代大搞群众运动的方法指导经济建设，加上党内领导层的民主生活不正常，党未经调查研究和科学论证，凭主观愿望和

---

① 中共中央党史研究室. 中国共产党的九十年——社会主义革命和建设时期 [M]. 北京：中共党史出版社，党建读物出版社，2016：473.

意志办事，提出了许多违背科学的高指标，结果事与愿违，给国家和人民带来了灾难性的损失，教训非常深刻。①

一、从"双反"到"双快"

"大跃进"中的建筑活动，是从强调阶级斗争和反浪费开始的，政府主管部门对建筑设计领域的一些指示，对设计思想的一些基本主张，与1956年之前几乎毫无差别。

（一）反浪费反保守

1958年的2月，在建工部召开的设计院院长会议上，建工部设计局局长关于1957年的工作报告中说：

> "长期以来，在我们勘察设计部门是存在着资产阶级与工人阶级的阶级矛盾的。1952年勘察设计机构的建立，就是一场阶级矛盾斗争的结果……1953年在学习苏联问题上曾经发生过两条道路的斗争；1955年反对形式主义、复古主义也是两条道路的斗争；1957年降低高标准和打破高框子也是阶级斗争的反映。"

在1958年2月28日出版的《建筑》杂志社论《反对浪费、反对保守、争取建筑事业的大跃进》中说：

> "整风运动进入第三阶段以来，从反对浪费开始，迅速转为反对思想、政治、经济各方面落后的现象的斗争，形成了一个广泛地比先进、比多快好省的高潮，使整风运动出现了一个新的洪峰……以反浪费为纲，纲举目张，带动了各方面的工作，形成全面跃进的交响乐。"

1958年3月4日，《人民日报》发布了中共中央决定《关于开展反浪费反保守运动的指示》说：

> "……只要发动起群众性的反浪费、反保守运动，就可以有力地揭露出一些干部思想作风上的主观主义、官僚主义和宗派主义的危害性，就可以迅速地打掉官气、暮气、阔气、

---

① 中共中央党史研究室. 中国共产党的九十年——社会主义革命和建设时期 [M]. 北京：中共党史出版社，党建读物出版社，2016：494、500.

骄气和娇气，就可以进一步密切干部和群众的关系，提高群众的觉悟和积极性，使干部和群众真正打成一片，就可以用同样的人数和同样的财力、物力，办出比原定计划多百分之几十以至数以倍计的事业。"①

经过了 1955 年那样严峻的反浪费之后，建筑界的浪费和保守还能出现在什么地方呢？1958 年 3 月 29 日《人民日报》社论《火烧技术设计上的浪费和保守》中说：

"现在反浪费、反保守的火焰正烧向技术设计部门……

为了贯彻多快好省的方针，扫除设计中的各种浪费现象，必须坚决地同各种落后思想作斗争。长期以来设计工作中强调保险系统和墨守成规的思想是十分严重的……他们只看到有了保险系统在工作中才有保证，而没有了解过大的保险系数，实际上就是浪费和保守的反映。

设计工作中另一种落后思想是个人"杰作"思想。这种思想在建筑设计部门最为突出，有些建筑设计人员为了追求个人杰作，树立个人纪念碑，个人欲望压倒一切，把国家建设方针置于脑后。

因此反浪费、反保守的斗争，在设计部门中，不能不是一场无产阶级设计思想和资产阶级设计思想的尖锐斗争。"②

4 月 15 日—23 日，建工部举行了全国地方建筑设计会议，会议明确了为"适应地方工业的大发展，地方建筑设计部门必须积极转向工业建筑设计的方针"。会议批判了设计人员轻视工业建筑设计的思想、树立个人纪念碑和因循守旧、墨守成规、技术保守等思想，并认为这"实际上是资产阶级设计思想和无产阶级设计思想的分歧，是多快好省和少慢差费两条建设路线的斗争。同时也说明了过去在设计领域中，政治思想挂帅不够。"③会议之后，从中央到地方的许多设计单位，在全国热烈"大跃进"的政治气氛里，也投入到许多中小型工业建筑设计的"大跃进"之中。广大的建筑工作者奔赴全国各地，为地方工业的填平补齐，进行设计和施工。

（二）快速设计快速施工

在"大跃进"运动中，建筑界同全国一样，遍响嘹亮的口号："破除迷信、解放思想""快速设计、快速施工""技术革新、技术革命"。这个时期，几乎所有的建筑工作者，在强大的政

---

① 着重号是引者所加。
② 着重号是引者所加。
③ 引自建工部有关地方建筑设计会议的档案文件。

治运动气氛中，进行着夜以继日的忘我劳动，赶制永远也做不完、永远也不够快的设计和施工任务。

1. 快速设计

设计单位的任务是快速设计。为此，他们首先改进和革新了许多设计手段和图纸。比如"图表设计"，运用预先制作图表的方法，减轻设计中的计算工作量；"活版设计"利用工业建筑中的一些标准化部位，像生活间、边跨和中间跨等，制作透明的活版，利用透明的活版进行平面组合，并可以直接晒图。

快，需要打破常规，打破原有的基本建设程序，打破设计和施工必须恪守的规范、规定和秩序。从这年起，原有的规章制度和工作程序，只要是影响速度的，常被破除。

起初，设计工作还制定周期，后来，一些基本设计规律也被打破。一些实例体现了"快速设计"的速度，例如，上海重型机械厂的建筑面积10万平方米，80多天就基本完成了全部的设计；一个年产60万吨的水泥厂，设计工作在8个多月的时间里即可完成。如果说这些设计还有点儿具体操作的周期，下面的例子就已经进入了非科学设计状态。镇江一个年产45万吨的耐火材料厂，投资为1500万元，6月10日设计人员进驻现场，11日决定厂址，12日决定厂房的室内外标高，下午决定工厂规模，12日晚11点半审查全厂的总体，13日施工队伍进现场开工。[①] 在这种状态下，实际上建筑设计被取消了。

2. 快速施工

为了达到"快速施工"的目标，施工单位改革了许多施工机具，提倡"放下扁担""消灭肩挑人抬"等，确实大大减轻体力劳动的比例和强度。可以说，建筑设计和施工方法的许多重要革新，是从这时开始的。有一些施工速度的实例，见诸媒体的报道。

1958年5月，哈尔滨市第一建筑公司101工地，采用快速施工的方法，18天建成一座3层的宿舍楼，以往的施工期相当于这个施工期的3.5倍。为了推广这一经验，在哈尔滨召开了5省1市的现场会议。快速施工的主要内容是：扩大预制安装、内外交错作业、外部分层循环流水、内部循环平行操作、按图表指示有节奏地组织快速施工。

1958年10月15日—11月6日，建筑工程部召开快速施工经验交流会，会议在包头开幕，易地太原、天津之后在北京闭幕。刘秀峰部长在总结报告中说，以快速施工为纲，大搞群众运动，大搞技术革命，大搞多种经营，强调快速施工是建筑施工上的一个革命。《人民日报》对此发表社论《大搞快速施工》。

12月，建工部和化工部在兰州开会，号召在安装工程中必须大搞快速施工，使安装和土建同时并进，保证新建的现代化企业尽快建成投产。

---

① 以上实例引自建工部有关档案。

也许北京的国庆十大工程是最令人瞩目的快速施工和快速设计的实例。这些工程采用了"边勘察、边设计、边施工"著名的"三边"方法，在 10 个月的时间里，全面完成任务。"三边"的方法，对于集中全国人力、物力的国庆工程来说，也许是不得已而为之的特例，但一经在全国遍地开花，肯定带有明显的和隐蔽的风险。

（三）技术革新技术革命

建筑中的技术革新和技术革命（当时简称"双革"），一般有两个出发点：一是提高速度，二是节约材料。1958 年这种政治运动式的"双革"运动，经常出现的是非科学性状态。

1958 年 3 月，《建筑》杂志第 5 期发表建筑工程部 1958 年的新技术计划，计划对新技术和先进经验推广、实验基地、技术交流、新机械设备制造、节约钢木水泥等各方面的工作，提出具体要求。在《推广新技术和先进经验计划》中提出，对成熟而行之有效的新技术和先进经验，经过认真总结后编入操作规程及技术组织措施计划内积极推行，并在现有基础上继续提高；对尚未成熟或尚未熟练的新技术，必须本着"积极研究，重点试行，稳步推广"的方针，积极进行研究、试制，经过重点试行取得经验后推广。列入土建、机械化施工和安装方面的新技术和推广项目，有预应力混凝土结构、钢筋冷加工等 20 项。这时的"双革"运动，尚能控制在合理的行进之中。

9 月 13 日，《建筑》杂志根据建工部的指示精神刊载了署名文章《产、挖、找、代、省，解决材料供应不足的困难》，主张自产、清仓、"抗旱"（即寻找废旧材料）、用替代和节省等方法，来解决由于"大跃进"而带来的材料不足。建工部还发出通报，表扬哈尔滨市一建公司、中国科学院土建研究所、哈尔滨市建筑设计院经过两个月的准备，以 10 天时间建成"四不用"新技术大楼，即不用钢筋、水泥、木材、红砖，改用硅酸盐制品，如大型砌块、楼板、梁和楼梯以取代红砖和水泥，用玻璃丝代替钢筋，菱苦土门窗代替木门窗；用陶瓷暖气片代替铸铁暖气片，用玻璃管代替金属管。这座实验楼共 3 层，建筑面积 1136 平方米。到 12 月，建工部副部长赖际发在《建筑》杂志上撰文，介绍用 12 种新型建筑材料代替紧缺材料的经验；哈尔滨则再接再厉，拟实验 1336 平方米的"十轻"（轻基础、外墙、内墙、楼板、楼梯、砂浆、屋面、地面、管材、电线）和"十不用"大楼（即不用钢筋、水泥、木材、红砖、钢铁管、铁暖气片、锅炉、加热锅炉烟囱、暗线配管、铜线及橡胶绝缘线）。

（四）半山钢厂警钟深沉

无限追求速度和数量，必然留下沉重祸患，留下一夜间立起、一夜间坍塌或被拆除的不良建筑。据 1958 年 11 月中旬的统计，各省市自治区以及建筑工程部所属的建筑安装企业，共发生重大伤亡事故 408 起，伤亡职工 1407 人，其中死亡 348 人，与 1957 年同时期相比增加 2.2 倍。因工程质量低劣而倒塌的建筑事故有 64 起，各地还有大量的火灾发生。

半山钢铁厂的事故触目惊心。该厂合金钢车间，在施工过程中发生了7榀钢筋混凝土拱形屋架倒塌的恶性事故，造成死18人、伤19人的惨剧，事故的原因是设计错误和施工质量低劣。这件事惊动了中央领导层，1958年12月26日，中央和建工部在杭州的半山钢铁厂召开了建筑工程质量问题现场会议。陈云在会上说："目前全国建筑工程的主要倾向已经不是保守和浪费，而是在各种类型的厂房建筑上降低了结构的质量"，民用建筑"标准降得过低"，"当前的主要倾向是注意多、快、省，而注意好不够"。刘秀峰同时指出，"规章制度破得多了，立得少"。12月29日，建工部党组在给中共中央的关于工程质量事故的报告中说：

> "造成事故的根本原因，首先是不少同志在思想上的片面性，对多快好省的方针缺乏完整的理解。注意了多快，也注意了省，这都是对的，但是在反对了浪费和保守以后，却出现了片面节约，忽视质量和安全的现象。不论设计和施工，保证多快和省的措施都得当，也很具体，而对于保证质量问题，却多是一般号召，措施也贫乏无力。"

由于直面血的教训，半山钢铁厂现场会议的与会者，基本上看清了"大跃进"运动在建筑领域的负面作用。此时人们虽对"大跃进"运动之破坏性有了初步认识，但也不能立刻扭转非科学性狂热风潮。

二、公社带来任务

在"大跃进"运动迅猛发展的同时，农村掀起了人民公社化运动的高潮。在1957年冬至1958年春的农田水利建设中，许多地方为了加强集体协作的力量，开始突破原有农业合作社的规模，实行并社。在各地争先建立人民公社的形势下，1958年8月，中共中央政治局北戴河会议作出《关于在农村建立人民公社问题的决议》。北戴河会议以后，全国农村出现人民公社化运动高潮，只用了1个多月就基本实现公社化。到年底，全国74万个农业合作社被2.6万个人民公社代替，全国农户的99%以上参加了公社。人民公社实行政社合一的体制，实行供给制和工资制相结合的分配制度，大力推行"组织军事化、行动战斗化、生活集体化"的劳动组织方式和生活方式。在农村开办农村食堂、托儿所、敬老院、缝纫组等公共福利事业，以便解放妇女，节省劳动力，并培养社员的集体主义、共产主义精神。到1958年10月底，全国农村建立公共食堂265万多个，在食堂吃饭的人占农村总人口的70%至90%。[1][2]

① 中共党史研究室. 中国共产党历史·第二卷（1949—1978）[M]. 北京：中共党史出版社，2011：498.
② 中共中央党史研究室. 中国共产党的九十年——社会主义革命和建设时期 [M]. 北京：中共党史出版社，党建读物出版社，2016：500.

（一）快速城乡规划

新型农村人民公社的成立，也对建筑界提出了全新的课题。在政治运动的驱动下，建筑界也把公社规划提高到政治原则的高度。

1958年10月举行的全国建筑历史学术讨论会上，特别对人民公社的规划和理论提出见解，认为"人民公社标志着社会主义建筑事业进入了一个伟大的新阶段，是今天建筑理论的起点，也是研究历史的中心"。许多城建设计规划部门，如山东、上海、黑龙江、四川等地的建筑工作者，高等院校的师生，像南京工学院、清华大学、同济大学、天津大学、华南工学院等，奔赴农村，不失时机地开展了对农村人民公社的规划活动。到1959年底，全国已对320个人民公社和472个公社居民点进行了规划。

山东省的城建部门组织规划人员赴重点建设的县镇，适应形势进行先粗后细的快速规划。由3个工作组（每组4~5人）于20天内，在胶东、鲁南、鲁西北等地，完成了26个规划。粗线条的规划是，先解决功能分区、工厂厂址、主要干道系统以及安排当前急需的建设项目等。试图把规划分成不同的阶段，各阶段有不同的内容和要求，以逐步达到由粗到细、由简到繁。这种"先粗后细"的结果，往往是粗线条之后没有细线条跟上。

在许多规划中，对未来共产主义生产、生活等问题作了梦想式的探索。如：

居民点高度集中化问题；发展地方工业，以消灭城乡差别问题；发展多种经济，解放多种劳动力问题；普及中学、设立大学以及开展集体文化活动等问题；全民武装对规划设计的影响；集中供热，综合利用燃料问题。

这些问题，都是十分难以有结论的难题，但是，不失为中国的建筑和规划工作者对未来规划和建筑设计的热情探讨。

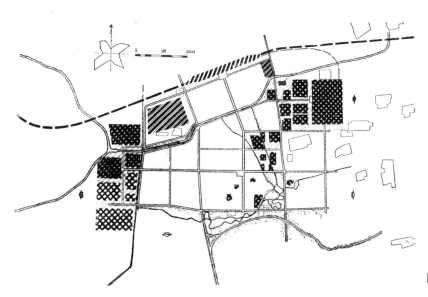

图 4-001 某城镇的粗线条规划

图 2 院内透视

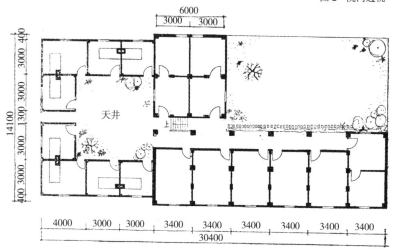

图 4-002 四川某地为农村人民公社社员设计的集体住宅

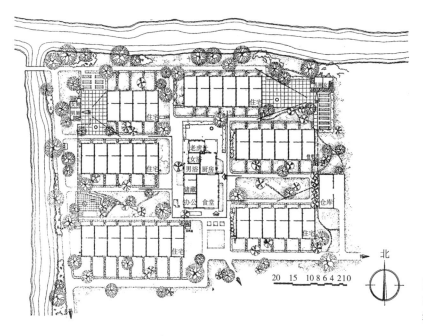

图 4-003 上海，郊区某地规划的农村人民公社居民点，住宅围绕着公共食堂

（二）城市人民公社

1958 年 6 月，刘少奇视察天津鸿顺里。当时的鸿顺里，在农村人民公社的影响下，有 42 户家庭妇女自发组织起简单的生产组织，办起了食堂和幼儿班等公共设施。刘少奇对这种做法加以称赞，并就鸿顺里的建设发表见解意图探讨城市人民公社的新模式。当时被称为"社会主义大家庭"的鸿顺里，规划设计成一个四周围合的大院，把住房、车间、食堂、托幼、幸福院组织在这个周边式的大楼里。就生产和生活打成一片、共产主义的生活方式等问题进行了探讨。大楼平面简单，有如集体宿舍。1960 年和 1962 年第一、二期工程相继完工交付使用。由于缺乏基本的生活设施，在楼道做饭，环境十分杂乱。

建立城市人民公社的高潮出现在 1960 年 3 月，中共中央要求各地采取积极态度，快速在全国推广。至 4 月初，各地办起 56000 多个工业生产单位，北京、上海、天津等地的街道工业星罗棋布。

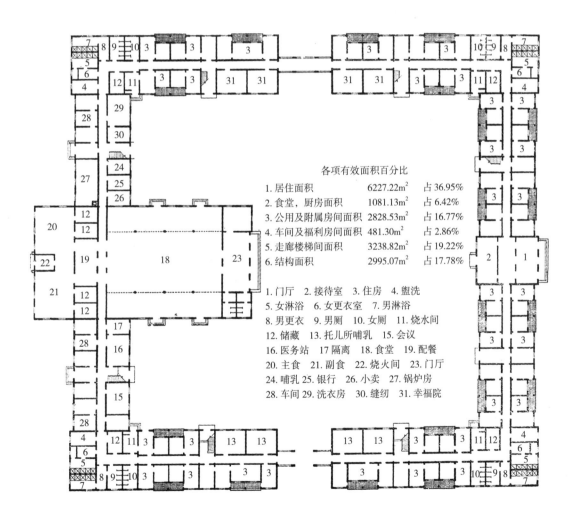

各项有效面积百分比

1. 居住面积　　　　　　　6227.22m² 占 36.95%
2. 食堂，厨房面积　　　　1081.13m² 占 6.42%
3. 公用及附属房间面积　　2828.53m² 占 16.77%
4. 车间及福利房间面积　　481.30m² 占 2.86%
5. 走廊楼梯间面积　　　　3238.82m² 占 19.22%
6. 结构面积　　　　　　　2995.07m² 占 17.78%

1. 门厅　2. 接待室　3. 住房　4. 盥洗
5. 女淋浴　6. 女更衣室　7. 男淋浴
8. 男更衣　9. 男厕　10. 女厕　11. 烧水间
12. 储藏　13. 托儿所哺乳　15. 会议
16. 医务站　17. 隔离　18. 食堂　19. 配餐
20. 主食　21. 副食　22. 烧火间　23. 门厅
24. 哺乳　25. 银行　26. 小卖　27. 锅炉房
28. 车间　29. 洗衣房　30. 缝纫　31. 幸福院

图 4-004　天津，鸿顺里城市人民公社大楼平面示意，1960—1962 年

建设城市人民公社的有些号召，所牵扯的问题过于复杂，特别在大城市，涉及旧区的全面调整和改造。加之，城市人民公社提出之时，国民经济也面临重大调整问题，城市公社已经难有新的建树。许多地方利用原有旧建筑或支起临时建筑，街道工业的出现，使得原本就不良的居住环境更大大地恶化了。

三、首都十大建筑

1959 年诞生的首都十大建筑是中国现代建筑史的一个里程碑式的事件。

（一）设计的群众运动

为迎接中华人民共和国成立 10 周年，中共中央决定在首都北京建设包括人民大会堂在内的国庆工程，由于这项计划大体上包括了 10 个大型项目，故又称"十大建筑"。与此同时，天安门广场的改建工程也全面展开。

1958 年 9 月 6 日，北京市副市长万里召集了北京 1000 多名建筑工作者开会，作关于国庆工程的动员报告。这些工程规模巨大、内容复杂、时间紧迫，因而要求"大搞群众运动，群策群力"。除了组织北京的 34 个设计单位之外，还邀请了上海、南京、广州、辽宁等省市的 30 多位建筑专家，进京共同进行方案创作。这是一个轰轰烈烈建筑设计的群众运动，建筑专家、教授、工人、市民都提出自己的建议。在这一过程中，人们对各项工程先后提出了 400 个方案，其中仅人民大会堂就提出了 84 份平面方案和 189 份立面方案，并结合工程对天安门广场提出了多种规划意见。这是一个设计的大合作，人民大会堂采用北京市规划管理局设计院（今北京市建筑设计研究院）方案；中国革命和中国历史博物馆的平面和立面分别采用清华大学以及北京市规划管理局设计院的方案，北京火车站由南京工学院与建工部北京工业建筑设计院（即后来的建设部建筑设计院，今中国建筑设计研究院）合作完成，建筑科学研究院和其他设计单位和院校，也为工程的实施进行了大协作。

所提方案可以说丰富多彩，反映出虽然经过多次设计思想批判，如果政府的态度比较开放，建筑师的思想依然能够比较活跃，把原来的思想顾忌搁置一旁。以人民大会堂的建筑造型为例，被批判过的"大屋顶"方案仍赫然出场（张镈）；曾被指为"资本主义的方盒子"竟不在少数（北京市规划管理局设计院、中南工业建筑设计院、华东工业建筑设计院等），有的发展成全玻璃的玻璃盒子（北京市规划管理局设计院、郑光复、蔡镇钰）；陈植、徐中的方案仍然在小式民居建筑方面探索；苏联式的尖顶也有方案（清华大学建筑系）；还有一些方案尽量采用新结构，以发挥新意（同济大学建筑系、戴念慈等）。中选方案有西洋古典建筑的意味，潜在地反映了经过对大屋顶无数批判之后，对建筑纪念性的必然选择。

党和政府最高领导层直接决策这些工程的立项，并反复审查而后定案。例如，对人民大会

图 4-005　人民大会堂立面方案，中南工业建筑设计院

图 4-006　人民大会堂立面方案，同济大学建筑系

图 4-007　人民大会堂立面方案，北京市规划管理局设计院、郑光复、蔡镇钰

图 4-008　人民大会堂立面方案，清华大学建筑系

堂的设计建造，选出 3 个方案，于 1958 年 10 月 14 日报送周恩来审查，经多次召集有关专家和领导对设计方案的指导思想乃至细部进行讨论，最后定案；北京站的立项和设计定案过程，也是周恩来亲自主持和过问的，毛泽东在竣工前夕视察了新车站，并为车站题写了站名，还以他特有的幽默在售票处对售票员说要买一张火车票。

（二）建筑史上的创举

1958 年 9 月 5 日确定国庆工程的建设任务，10 月 25 日陆续放线、挖槽开工，仅仅用了一年的时间，到 1959 年的 9 月，全部完成了人民大会堂、中国革命和中国历史博物馆、中国人民革命军事博物馆、北京火车站、北京工人体育场、全国农业展览馆、迎宾馆、民族文化宫、民族饭店、华侨大厦（10 月完工）共十座建筑，总面积达 67.3 万平方米。"十大建筑"是首都国庆工程的俗称，原先计划有国家大剧院、科技馆等项目，落成的项目有所变动。1959 年 9 月 25 日，《人民日报》以《大跃进的产儿》为题发表社论，盛赞这些建筑"是我国建筑史上的创举"。

无论对这些建筑持有什么观点，也不论这些建筑中有什么不足和缺欠，人们都不会否认十大建筑的建成是个奇迹，在仅仅一年的时间里，建设所投入的人力、物力、智力、财力无与伦比；建筑技术之复杂、施工之艰巨以及所遇到的难题无以复加；应当说，它是政治意志、民族自豪、群众力量的巨大胜利。

北京，天安门广场和人民英雄纪念碑。 天安门广场原是帝王宫殿大门的前院，本是狭长的"丁"字形空间，四周封以密实的红墙，既是重重保卫，也是帝威所在。但是，它所处的位置，恰是不准穿行的东城与西城之间的必由之路。1949 年之后，东西长安街之间的交通已经沟通，但遗留下东西三座门和红墙。由于天安门广场既是皇家历史文化遗迹，还是自"五四"以来的许多历史事件和学生爱国运动的场所，所以对它的改建十分敏感。规划排除了保留历史遗存建筑艺术格局的意见，并于 1952 年拆除了"两个拦路虎"。

在天安门广场规划的过程中，就其性质、规模以及周围建筑的高度等基本特征作了设想。在已经编制的 25 个方案中，总结为 4 个类型加以比较。广场为政治集会、欢聚歌舞和缅怀先烈的地方。规划中的广场 52 公顷，由高大建筑围合起广场空间。南北为主导方向深 1090 米，东西宽 500 米，呈长方形，第一期工程 40 余公顷。广场及两侧建筑都是对称格局，人民大会堂和对面的博物馆建筑高度约 30~40 米，其长度均在 300 米以上，两座建筑一虚一实、一轻一重，相得益彰。纪念碑立在广场中央，其高度以及同周围建筑的距离，权衡得当。纪念碑以南，设大片的绿化，气氛肃穆严整。由于广场在更多的情况下被认为是政治性的，所以规划中缺乏与人尺度相近的休闲活动设施，绿化面积也相对较少。

1949 年 9 月 30 日，政协第一届全体会议决议建立"人民英雄纪念碑"，当日奠基，于 1952 年 8 月正式动工，1958 年 4 月落成，5 月 1 日揭幕。纪念碑设计者为梁思成、刘开渠等所代表的一批建筑师和雕塑家。碑身通高 37.94 米，台阶基座分两层，围以汉白玉栏杆；碑身台座为大小两层须弥座，下层大须弥座束腰部分，四面镶嵌 8 块巨大汉白玉浮雕，浮雕高 2 米，

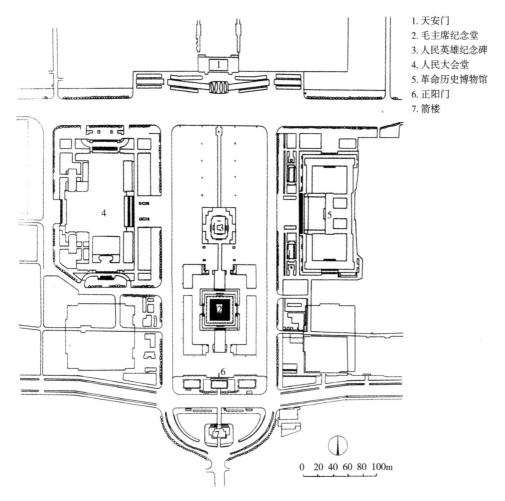

1. 天安门
2. 毛主席纪念堂
3. 人民英雄纪念碑
4. 人民大会堂
5. 革命历史博物馆
6. 正阳门
7. 箭楼

0　20 40 60 80 100m

图 4-009　北京，天安门广场总平面图

总长 40.68 米，刻画人物 191 个，记载自鸦片战争以来的重要历史事件。上层小须弥座镌刻花环，全部浮雕设计精美、石工精湛。碑身材料为青岛浮山花岗岩，碑心石高 14.7 米、宽 2.9 米，重达 60 余吨，正背两面分别有毛泽东和周恩来所题的碑名和碑文。碑顶冠以宽坡的盝顶，造型宏伟稳重。该碑的建成对各地的纪念碑设计有深刻的影响。

　　北京，人民大会堂，为北京市规划管理局设计院（今北京市建筑设计研究院）建筑师赵冬日、沈其方案，施工设计为建筑师张镈、朱兆雪等。建筑位于天安门广场西侧，占地 15 公顷，总建筑面积 17.18 万平方米，南北长 336 米，东西宽 174 米（总宽 206 米），由万人大会堂、宴会厅和全国人民代表大会常务委员会办公楼三部分组成。中央大厅宽 75 米，深 48 米，面积达 3600 平方米，四周有 10.5~12 米的回廊，中央空井 24 米 ×55 米，大厅面向广场，可举行各种仪式。大会堂的万人会堂宽 75 米，深 60 米，平面呈卵形，中央穹顶高 33 米；舞台台口宽 32 米，高 18 米，深 24 米，台上可容 300 人以上座席，台前有容纳 70 人的乐池。观众厅座席分上下 3 层，底层设带桌的固定座席 3670 个；二三层楼座分别设 3446 和 2518 座席。墙面与穹顶呈圆角相连，采用"水天一色、浑然一体"的手法，中央穹顶呈水波状，自中心向外层层推展，穹顶中央镶嵌五角红星和金色葵花光束图案。会场内除了声、光、电、空调装置外，还有当时的现代化设备，

图 4-010 北京，天安门广场鸟瞰，人民英雄纪念碑

如每个座席设小型扩音喇叭和即席发言设备，12 种语言的译意风等。宴会厅主入口面向长安街，首层中央交谊大厅宽 48 米，深 45 米，净面积 2500 平方米。通向二层宴会厅的大楼梯，宽 8 米、高 8.5 米，全部以汉白玉镶嵌。宴会厅东西宽 102 米，南北深 76 米，净面积 7000 平方米，可容 5000 人宴会。大会堂的平面对称，体量高低结合，台级、柱廊、檐口为中国传统建筑的基本格局。台级分两段，下部有 2 米高的台度，上部有 3 米高的须弥座，以花坛、大台阶、车道连接；柱廊既非传统西洋古典建筑也非传统中国建筑法式，而是独到的结合。大会堂的建筑艺术处理，充分考虑到与天安门广场和城楼的关系，既协调一致，又富于创新。建筑获"中国建筑学会优秀建筑创作奖"（1953—1988 年）。

人民大会堂的落成，对各地有强烈的影响，一是各地也竞相设计兴建会堂，二是各地许多会堂的形式模仿北京人民大会堂。不过，许多地方终归财力不支，或徒有其表，或纸上谈兵。

北京，中国革命和中国历史博物馆，位于天安门广场东侧，与人民大会堂相对，总建筑面积 65152 平方米，南北面宽 313 米，东西进深 149 米，高 26.5 米，立面中央部分高 33 米。展览馆为 3 层，二层和三层主要为展览厅，其展出面积 23472 平方米，可容 1 万人同时参观。

为适应展览路线的需要，采用了院落式布局，革命和历史两馆分别在两个院落，中间的院子有空廊通向广场，同时与南北两个院子相连贯，后部为中央大厅，是全楼的交通枢纽。整个建筑坐落在一个宽大的基座上，建筑主体分两段处理，底层以实墙为主，饰以花岗石。上部两层墙面类似法式柱廊处理，屋顶挑檐用黄绿两色琉璃砖饰面，以加强建筑的民族色彩。

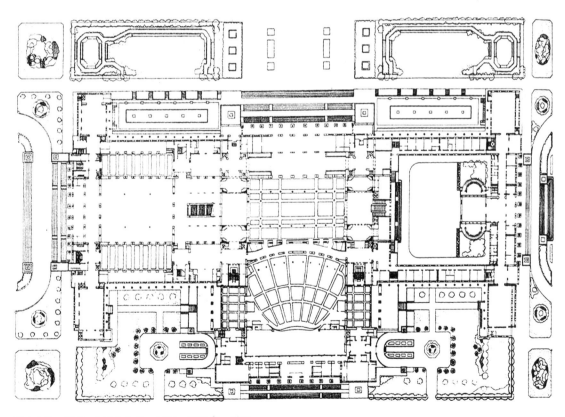

图 4-011 北京，人民大会堂，1958—1959 年，平面

图 4-012　北京，人民大会堂，1958—1959 年，建筑师：赵冬日、张镈等
图片提供：北京市建筑设计研究院，摄影：杨超英

图 4-013　北京，人民大会堂，1958—1959 年，礼堂

图 4-014　北京，人民大会堂，1958—1959 年，楼梯间

图 4-015　北京，中国革命和中
国历史博物馆，1958—1959 年，
建筑师：北京市规划管理局设计
院张开济等
图片提供：北京市建筑设计研究
院杨超英

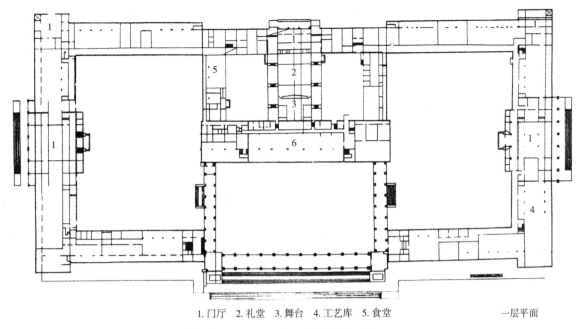

1.门厅　2.礼堂　3.舞台　4.工艺库　5.食堂　　　　　　　　　　　　　一层平面

图 4-016　北京，中国革命和中国历史博物馆，1958—1959 年，首层平面

博物馆的西面是 11 开间的空透柱廊，造型取意石头牌坊，是两个博物馆共用的大门，且与人民大会堂的圆柱实廊形成对比。廊上饰以五角星旗徽，廊柱为海棠角的方柱。

北京火车站， 位于建国门与东单之间，占地面积 12 公顷，总建筑面积 89843 平方米，最高客流量 1.4 万人 / 小时，20 万人次 / 日。

平面对称布局，首层安排旅客流程作业，如中央大厅外的各种服务口、行包房、出口厅、市郊厅等。二层大部分为候车面积和旅客餐厅等，通过高架候车厅到达各站台，二层的夹层设休息娱乐部分，成为一个亲切愉快的"旅客之家"。火车站是功能性比较强的建筑，兼有大空

图 4-017　北京站，1958—1959 年，建筑师：南京工学院建筑系杨廷宝，建工部北京工业建筑设计院陈登鳌等

间的需求，是应用新结构的适当类型。建筑的中央大厅采用了 35 米 × 35 米的预应力双曲扁壳，正立面将扁壳外露，用三个拱形垂直窗将其化成正常的尺度，与相邻的双重檐四坡攒尖的钟楼浑然一体，成为建筑的重点，并将总体统一在中轴上。高架候车厅用钢筋混凝土连续扁壳，与中央候车大厅的扁壳相呼应，从铁路方向来的旅客，可以看到新颖的壳体曲线。北京站是在新功能、新结构的条件下，探索民族形式的尝试。建筑获"中国建筑学会优秀建筑创作奖"（1953—1988 年）。

北京，工人体育场，位于东郊朝外大街以北，三里屯大街以南，占地面积 35 余公顷，东西长 520 米，南北长 693 米，四周有路环绕，总建筑面积 87080 平方米。总图设计考虑布局灵活、疏散迅速，有适当的停车设施，车流和人流互不干扰。中心体育场南北轴布置，轴向北偏东 5 度，以免眩光。椭圆形场地，其布置适应各种体育比赛要求。建筑充分利用了看台下的空间。建筑外观朴实无华，顶部悬挑使得建筑略显轻快。建筑配以体育题材的雕塑，有衬托作用。

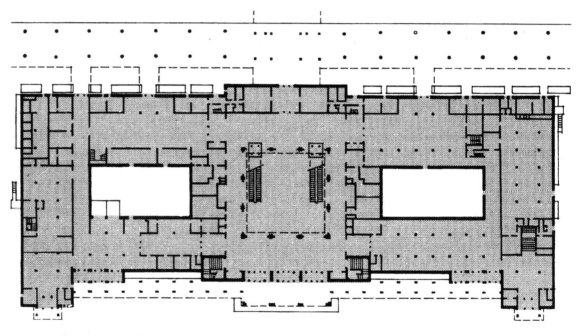

图 4-018　北京站，1958—1959 年，首层平面

图 4-019　北京站，1958—1959 年，室内及双曲扁壳

图 4-020 北京站, 1958—1959 年,
从铁路方向看车站的新结构形式

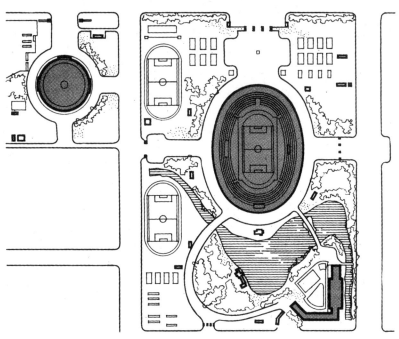

图 4-021 北京, 工人体育场,
1958—1959 年, 总平面, 建筑师:
北京市规划管理局设计院欧阳骖等

图 4-022 北京, 工人体育场, 1958—
1959 年

北京，全国农业展览馆，位于北京东郊东直门外环境优美的团结湖公园西部，占地50余公顷，面宽1700米。全馆包括新建展馆8个以及活牲畜展场，总计建筑面积28820平方米。由于建筑地点恰好位于东直门外城的轴线上，城市要求对准东直门处矗立一座纪念性建筑。建筑采取了有集中又分散的布局，把建筑按用途分类，结合现场地形进行合理布置。

总体以综合馆为主体，形成一个较为严谨的不对称轴线，把展览建筑的大体量和大空间，组织在中国传统的宫殿式和庭院式建筑的规划格局中，在综合馆的主要部位加以重檐亭阁，并

图 4-023　北京，全国农业展览馆，1958—1959年，主馆，建筑师：严星华等

图片提供：建设部建筑设计院

图 4-024　北京，全国农业展览馆，1958—1959年，气象馆

图片提供：建设部建筑设计院

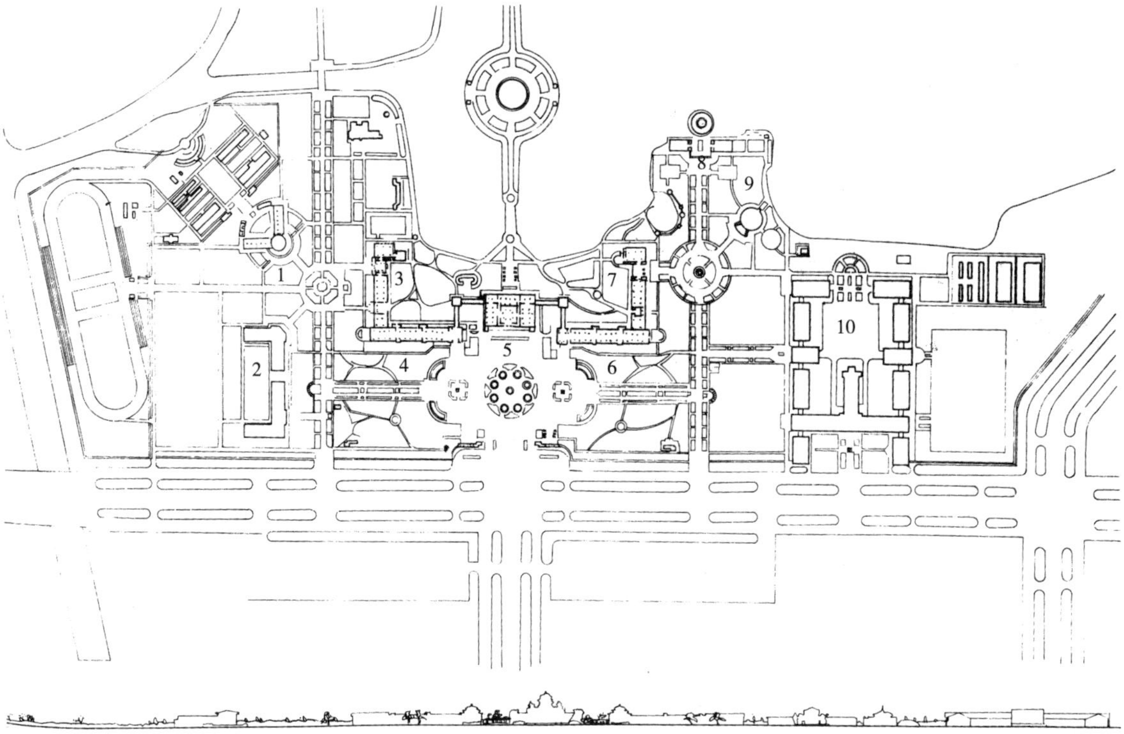

1.畜牧馆　2.拟建馆　3.物产馆　4、6.南北农作物馆　5.综合馆　7.科学馆　8.水产馆　9.气象馆　10.旧馆　　总平面

图 4-025　北京，全国农业展览馆，1958—1959年，总平面

把建筑饰以琉璃瓦屋顶、柱廊、栏杆。其他各馆多采用新型结构，亦是当时的设计潮流，取得了新的室内外造型，整个建筑群融中国传统规划和设计形式与现代化的功能与形式于一体，统一在优美的环境中。

北京，民族文化宫，位于北京西单以西复兴门内大街，用以展出各民族历史、文物、生产、生活情况，也是进行各项政治文化活动的场所。

建筑面积 30770 平方米，平面呈"山"字形，正面辟有绿化广场。全部建筑由 4 部分组成，①科学研究部分，含 7000 平方米展出面积的博物馆、藏书 60 万册的图书馆等；②1150 座席的礼堂，有多种演出功能的舞台设施以及活动室 10 余间；③文娱馆、舞厅；④高级招待所。

礼堂建筑中部的塔楼地上 13 层，高 67 米，中部主体的屋顶主次配合，与两翼盝顶相互对照。白色面砖、孔雀蓝色琉璃瓦顶，是传统建筑形式在高层建筑的成功探索，也是梁思成探讨高层民族形式的理想实证。建筑获"中国建筑学会优秀建筑创作奖"（1953—1988 年）。

图 4-026　北京，民族文化宫，1958—1959 年，鸟瞰，建筑师：北京市规划管理局设计院张镈、孙培尧等
图片引自：国家基本建设委员会建筑科学研究院编《新中国建筑》

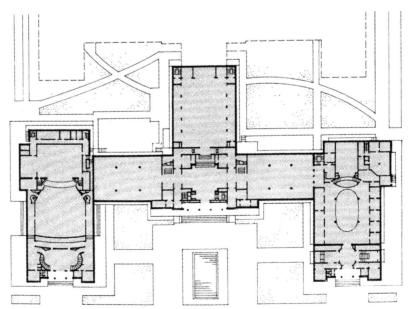

图 4-027　北京，民族文化宫，1958—1959 年，平面示意

北京，**民族饭店**，位于西长安街民族文化宫的西侧，基地面宽124平方米，面积约9920平方米。总建筑面积34145平方米，12层，高48米。共有客房597间，同时可住1200客人，是一座以接待国内少数民族为主的会议旅馆。

这是中国第一座大型预制装配式高层框架结构建筑，建筑造型的处理，紧密结合这种新结构的特点，大片的墙面有微微鼓起的线条，形成一种带有肌理的背景，突起的阳台使立面活跃起来，并点出了建筑的居住性格。二层有阳台出挑并联成一片，饰以勾片栏杆，点出民族装饰纹样。比较突出的是它的门头，与美术家合作设计了八幅镂空花饰，这是取自中国古代园林廊庑花窗，内容表现工业、农业、交通运输、文化科学等内容，具有现代装饰意趣。民族饭店在探索新结构与民族形式的结合方面，是成功的实例。

北京，**中国人民革命军事博物馆**，建筑面积60557平方米，11层。平面呈"山"字形，馆内有54米跨度的兵器馆和20个展厅。建筑构图为尖塔式，中央的顶部设圆锥形塔尖，上有考虑视差设计的"八一"军徽图案。

图 4-028　北京，民族文化宫，1958—1959 年，入口装饰

图 4-029　北京，民族饭店，1958—1959 年，设计：北京市规划管理局设计院
图片引自：建工部建筑科学研究院编《建筑十年》

图 4-030　北京，中国人民革命军事博物馆，1958—1959 年，建筑师：北京市规划管理局设计院欧阳骖、吴国桢

图 4-031　北京，华侨饭店，1958—1959 年，设计：北京市规划管理局设计院

北京，华侨饭店。 由于原计划的十大建筑中有些项目下马，完工的项目华侨饭店被列入其中。

（三）建国十年纪念碑

1958 年，在建筑方面留下了"十大建筑"这组中华人民共和国成立 10 周年的建筑纪念碑，尽管集中在首都北京一个城市，这也是一件可以称道的事。

"十大建筑"是特殊时代的特殊产物，由于它的政治意义，设计和施工都是精心进行，利用了被视为禁忌的"三边"工作法（边设计、边备料、边施工）和人海战术，终于使之如期完成，这本身就是一个壮举，将一种意志化为共和国 10 年的纪念碑。

建筑中的集体创作，注定了建筑作品的折中性而缺乏先锋性。由于集中全国的设计和施工精英，出现了在当时条件下最稳健、最优秀的建筑创作高峰，"十大建筑"的设计、施工和建筑内容都是当时最高水准。

在众所瞩目的建筑艺术方面，出现了多样化的局面，创作思路基本是自由的。例如，并不忌讳已经被批判过的"大屋顶"模式（全国农业展览馆），也不拒绝类西洋古典式（人民大会堂）或类苏联模式（中国人民革命军事博物馆），包含着对新结构和新形式下的中国建筑的探讨。

值得推崇的是，许多建筑暗合国际潮流，以新结构为切入点进行中国建筑的探索（北京火车站、民族饭店、全国农业展览馆的小型展馆等），还有一些作品方案，都有这样的出发点，像林乐义设计的电影宫等，这是在当时条件下具有进步意义的可贵探索。薄壳结构、预制装配结构以及其他地方悬索结构的应用，加上在应用这些结构时对民族形式的思考，构成了继国民经济恢复时期自然延续现代建筑理念之后，又一波探索中国现代建筑的高潮。在"大跃进"这个非常时期，中国建筑师在建筑艺术以及新结构方面的特殊努力，是中国现代建筑历史上的又一个亮点。

北京十大建筑在全国有广泛的影响，一方面在艺术上成为各地争相模仿的典范；另一方面各地也计划建筑自己的几大建筑，特别是会堂建筑，人民大会堂成为一时的楷模。

图 4-032　电影宫方案，1958 年，建筑师：林乐义

图 4-033　成都，锦江礼堂，建筑师：徐尚志

图 4-034　青岛人民会堂

图 4-035　大同大礼堂

（四）上海卫星城规划

1958 年后，全国的中小城市都将成为工业城市，具有一定规模的大城市将辟建卫星城镇发展工业生产。上海决定建设卫星城镇，分散一部分工业企业，缓解市区人口过分集中。限于当时的物力和财力条件，无法一次全面实现规划，因而采取了"先成街后成坊"的方法，这是一个花费较少但可以在城市景观方面立竿见影的方法。

上海，闵行一条街，即闵行一号路成街规划，上海市民用建筑设计院 1959—1960 年设计、建成。闵行是上海新兴的工业基地，远景规划为 30 万人口的卫星城市。闵行一号路全长 500 多米，成街工程有 13 个单体建筑，约计 4.3 万平方米，包括街坊内建筑面积 8.85 万平方米，其中居住建筑面积约 6.8 万平方米，可居住 1500~1700 人。路宽 44 米，中间 14 米为快车道，两旁为 2 米绿带，绿带旁再是 3 米的慢车道，再加 2 米的绿带，最后是 8 米的人行道。

沿街设置各种公共建筑，尽管都是平屋顶，但造型和色彩都比较清新、简洁，除栏杆和漏窗之外无装饰，比之以往常见的坡屋顶很有现代感，曾令当时的人们耳目一新。"先成街后成坊"的手法取得了效果，此后，曾作为一个成功的经验得到推广，限于条件，在很多情况下成街后迟迟不能成坊。

上海，张庙路大街，上海市民用建筑设计院设计，1960 年建成。这项工程也体现了"大跃进"的速度，用 12 天完成设计，仅 95 天全部完工。张庙路位于上海北郊，距离市中心人民广场约 12 公里。大街全长 700 米，路宽 50 米，沿街建筑上层为公寓式住宅，底层设商业和服务设施，与街坊内的公共建筑一起形成服务系统。

沿街建筑的平面，采取平红线和退红线的手法，后退较多的地方，点缀绿地花墙、画廊和小品等。建筑以 4、5 层为主，适当插入低层，使街景有所起伏。张庙路东段，作园林式街道处理，平顶建筑的山墙处理作马头墙，结合漏花围墙等手法，略显地方风格。

上海住房一贯比较紧张，在这个时期作了一些规划，依然限于财力、物力条件，无法圆满解决住房问题的梦想。

图 4-036　上海闵行一条街街景之一

图 4-037　上海闵行一条街街景之二

（五）拔白旗和插红旗

1. 教学改革：拔白旗、插红旗

1958 年 3 月 4 日，中共中央下达了《关于开展反浪费、反保守运动的指示》之后，全国范围展开了"双反"运动。在高等院校，"双反"运动很快发展成一场教学改革运动。

教改的内容，要求站稳无产阶级立场，打掉"骄、娇二气"，批判教育中"脱离政治""脱离实际""脱离群众"（即当时所谓"三脱离"）的资产阶级教育思想，展开"拔白旗、插红旗"的运动。"白旗"和"白军"一样，是敌对的资本主义营垒的代名词，是"红旗"的对立面。

1952 年院系调整后所建立起来的中国建筑教育体制，是以苏联建筑教育模式为蓝本的体制，虽不完善，结合中国的国情加以改革亦属合理之举。但是，特殊的时代背景使得这场教学改革的主力军——教师和学生，在"拔白旗、插红旗"的口号中，抛弃了课堂，走出了校门。

1958 年 4 月和 6 月，中共中央召开了教育工作会议，研究了教育方面的理论和实践；9

月 19 日，中共中央和国务院联合发出"关于教育工作的指示"，正式公布了党的教育方针是"教育为无产阶级政治服务，教育与生产劳动相结合；为实现这个方针，基层工作必须由党来领导"。

广大建筑院校的师生，在进行批判活动的同时，走向社会，走向社会的热点——村镇。一方面在各种体力劳动中锻炼自己，同时也帮助农村人民公社进行规划和建筑设计工作。例如已经提到的，清华大学、同济大学、南京工学院、天津大学、华南工学院等院校的建筑系师生，在短短的时间内，在各地做了许多公社的规划和设计。为了进一步贯彻教育方针，许多建筑院校成立了设计院或设计室，上述高等院校的建筑设计院，大多数是在这次教学改革中成立的，其中的设计人员包括教师和工程技术人员。以学校设计院为教学基地，师生能够以经常的方式，探讨解决建筑教育与设计生产实践相结合的问题。这些设计院一直发展至今，它们成为教育系统独特的设计单位。由于紧张的劳动和教学改革，1958 年的当年课堂教育基本停止。作为教学改革的措施之一，正在学习的学生还参加了教材编写活动，终归因为不符合教育规律，不了了之。

2. 建筑历史与理论：也拔白旗、插红旗

1958 年 10 月 6 日—17 日，在北京召开了一次"全国建筑历史学术讨论会"，针对建筑的思想领域和学术研究，展开了一次"对资产阶级学术思想的批判"。这次会议本是建筑工程部建筑科学研究院根据国务院科学规划委员会的指示，总结民间优秀建筑传统，总结十年建筑成就和经验的会议，达到为社会主义建设服务，特别是为正在兴起的人民公社服务的目的。

全国十所高等院校、规划设计和其他单位的代表 60 余人以及该院建筑理论及历史研究所的人员参加会议。会上听取了 19 篇民居调查和人民公社的规划报告，决定于 1959 年 10 月 1 日前编写完成《建国十年来的建筑成就》《中国近代建筑史》和《简明中国建筑通史》三部史书，统称写"三史"。

要撰写封建时代、资本主义时代的历史，以及社会主义时代、共产主义的人民公社的历史，当然首先要改造写史人员的思想，拔掉他们思想上的资产阶级白旗，插上无产阶级红旗，这是写"三史"之前首先要解决的立场问题，而首当其冲的就是对中国营造学社的批判。

会议认为，中国营造学社的研究思想和方法是，厚古薄今、脱离政治、繁琐考证、个人单干。作为中国营造学社的负责人并参与领导建筑理论及历史研究所的梁思成、刘敦桢，从政治上和学术上作了检讨，其他部分代表也进行了自我批评。此外，会议还认为调查报告和建筑史大纲中，"有脱离社会生产实践、脱离生活内容，单纯研究建筑艺术手法的形式主义观点"。会议批评了"轻视劳动人民建筑、强调建筑本身的发展、主张不要把建筑史写成社会发展史的注释等错误思想"。

建筑科学研究院院长汪之力作了总结发言，他说，"人民公社是今天建筑理论工作的起点，也是研究建筑历史的中心""现在不搞通人民公社而谈建筑理论，是舍本逐末""因此，第一点也是我谈的根本点，是建筑理论，建筑科学与技术，建筑历史研究——一切都要为当前的人民

公社的建设服务"。[①]

在谈到社会主义建筑的特点时，他指出：

"（1）整个社会结构、社会性质和资本主义社会有根本的不同。（2）是大规模的建筑。要看到社会主义建设大规模高速度的特点，'正规思想'的概念要改变，边设计、边施工、边备料。'游击作风'常常是大跃进作风，要具体分析。（3）有计划有组织的建设，单体必须与整体相结合。（4）技术进步，机械化，半机械化，工业化逐步提高，高低级并用。（5）经济问题。节约是社会主义原则，好省必须统一，能好而能省的，多花了钱就要批判，但省必须服从好。（6）对待历史传统与艺术的态度和资本主义有根本区别。（7）因地制宜，因工制宜，根据地方特点具体考虑。"[②]

这是一个"务虚"会，力图在全国"大跃进"的形势下，把建筑学术研究的思想纳入"大跃进"的轨道，以适应"左"倾政治的需要。所幸的是，建筑理论和建筑历史研究人员，依然恪守研究工作的基本信念和方法，在全面调查研究的基础上，写出了代表当时水准的"三史"。今日看来，《建筑十年》这本画册和两册简史，尽管其中不免有那个时代的用语印迹，依然是比较充实的历史著作。

四、放谈建筑艺术

（一）建筑艺术情结难解

1959年5月18日至6月4日，建筑工程部和中国建筑学会在上海召开了"住宅标准及建筑艺术座谈会"。尽管所讨论的问题很大一部分是过去几年的常谈，然而这是一次不平常的会议，把"建筑艺术"这个敏感的词赫然作为会议的标题，就足见举办者的勇气。会议几乎集中了我国全部资深建筑专家，会上的学术气氛以往少有，而且有一个大家都比较满意的结论。

1958年突如其来的首都国庆工程任务，建筑师和主管部门都没有思想准备，除了既定的建筑方针之外，并没有应对这一形势的具体策略，所以国庆工程客观上宽容了多元局面的出现。但是，在设计任务告一段落之际，有必要对思想加以整理，特别是对建筑艺术这个解不开的情结，还需要统一认识，以利于未来的创作。

国庆工程的集体创作，淡化了个人的作用，作品的成功或失误，模糊了个人的责任，这就使得建筑师能够更超脱地对待刚刚过去的工作。除了对这一轮建筑艺术的追求作出评价外，大

---

① 汪之力.汪之力院长在全国建筑历史学术讨论会上的总结发言 [J]. 建筑学报，1958（11）：04.
② 同上。

家还需要对过去进行再认识。

与此同时，建筑理论的作用已经越来越被人们重视，特别是与建筑艺术相关的理论，人们期望在建筑理论的研讨中，能够帮助建筑师找到出路和方向。建筑艺术座谈会的召开已是水到渠成。

建筑工程部部长刘秀峰参加了国庆工程设计和施工的领导工作，对于建筑创作的甘苦有着直接体会，更是了解自 1949 年以来中国建筑师在建筑创作方面所遇到的种种坎坷，当他得知建筑学会和建工部设计局要在上海召开有关住宅建筑标准的会议时，就倡议同时召开建筑艺术座谈会，并把会议升格为建筑学会与建筑工程部联合举办，成为最高规格的学术座谈会。

会议之后的 8 月 12 日，刘秀峰就建筑艺术座谈会的情况，向中共中央和毛泽东主席作了"关于建筑艺术座谈会情况"的报告：

> "在设计人员的思想上，也存在着不少的糊涂观念，觉得资本主义的东西是不能要了，但又有点留恋；苏联的经验当然要学，可又不能照搬；批判了'大屋顶'，心里不很服气，如梁思成说'破了没有立起来'，再设计简单的'方盒子'人们又不喜欢。究竟怎样办？不知如何是好，'举笔踌躇，左右为难'。高等院校的建筑科系，在教学中也感到为难，建筑艺术课许多人不敢讲，有的甚至不开这门课。也有些学校仍然迷恋于所谓'现代派'的西方建筑，实际上否定民族传统，也不愿真正学习苏联的经验。正确地解决这些问题，已经成为当前设计人员和教学人员的普遍要求。而首都国庆工程的建设，又引起了大家讨论建筑艺术理论问题的很大兴趣。"

这个报告比较真实地反映了会议的背景，值得注意的是其中所说"有些学校仍然迷恋于所谓'现代派'的西方建筑，实际上否定民族传统，也不愿真正学习苏联的经验"，还反映了中国建筑师追求现代建筑的理想和对苏联经验的怀疑。同时，也看出一位开明领导者立场的历史局限。

（二）旧题新谈

经过周密的准备，上海"住宅标准及建筑艺术座谈会"于 5 月 18 日开幕，有各地学会、设计单位以及高等院校专家、学者和建筑师等 120 余人参加了会议。与会人包括梁思成、杨廷宝、刘敦桢、林克明、陈植、王华彬、哈雄文、吴景祥、戴念慈、林乐义、徐中、殷海云等。会议用了 4 天的时间讨论了住宅的标准问题，从 23 日开始，讨论建筑艺术。与会人员基本做到畅所欲言、自由争论，是一次热烈而舒畅的会议。苏联专家组组长罗曼诺夫也发了言。

这次会议从学术报告开始，由同济大学教师罗小未作了"资本主义国家建筑"的报告，葛如亮作了"苏联革命初期建筑理论上的争论"的报告，冯纪忠作了"介绍社会主义国家的建筑"

的报告。以后汪坦、吴景祥和杨廷宝等对资本主义国家的建筑、金瓯卜和吴良镛对社会主义国家建筑分别作了补充。这个开端，不同以往，全面介绍国际建筑的发展概况，使得人们有了比较全面的参照。与会者在不同的场合以不同的方式发表了论文或意见，此后结集出版，并在《建筑学报》上重点发表。

1. 住宅标准

会议对当时的住宅问题作了总结，对于先出现的"一条街"式规划进行了讨论，如闵行一条街、张庙一条街的设计和规划。提交会议的论文有 15 篇。会议主要的议题是：

（1）对于 1958 年降低住宅标准的情况进行了反思。

（2）确立了制定和掌握建筑标准的一些原则。如"必须认真地全面贯彻'适用、经济、在可能条件下注意美观'的设计方针"，以及"在住宅建筑方面，必须注意使房屋适宜于每个家庭的男女老幼的团聚的精神""必须根据中央关于在发展生产的基础上逐步改善人民生活的指示来制定当前合适的住宅建筑标准""在制定住宅建筑标准时，必须采取分区、分等、远近结合的原则有区别地对待"。

（3）将住宅的技术经济指标，如居住面积定额、户室比、平面系数、造价、层高以及住宅建筑的艺术问题进行了较合理的定位；并带动全国建筑界对住宅问题投入更多的关注。

2. 旧题新谈

在建筑艺术座谈会上，所讨论的议题，是建筑界一直在讨论的老问题，其实也是不难认识的一般问题。

（1）再论"适用、经济、在可能条件下注意美观"

与会代表认为，建筑方针是正确的，它指出了适用、经济与美观的辩证关系，有效地遏制了形式主义和复古主义的错误思想。但是片面强调经济的反浪费运动，在实践中出现片面降低建筑标准的情况，以至"谈美色变"，甚至连适用也从属于经济，这就走向了另一个极端。

代表认为，在理解建筑方针的时候，要注意适用、经济和美观此三者的主次关系，也要注意在不同社会生产力条件下会有不同的标准，在不同性质的建筑物上，也有不同的比重，必须根据当时、当地的具体条件，恰如其分地处理。

对于建筑方针的类似讨论，显然在为建筑艺术正名，实践表明，在执行方针的过程中，如果对经济特别偏重，在建筑创作活动中就难以找到建筑艺术的地位了。

（2）关于中国建筑艺术的定位

代表们普遍赞同走"新而中"的道路，认为"新"是时代的要求，"中"是民族的要求，中国建筑应该在继承传统的基础上，吸收一切建筑的精华，发展出自己的新风格。虽然"新而中"的提法没有严格的定义，但却两全其美地表达了既有民族性又有时代性的概念，是当时建筑界理想的中国新建筑的概念。

有少数意见认为"新而中"的提法不妥，建筑师哈雄文提出："所谓'新而中'的风格，严格地说，是否能概括风格的全部内容，是值得商榷的……'新'与'古'之间和中与西之间是不能划一道线的，不能认为'中'则必'古'，亦不能说'西'不能'中'。建筑师陈植亦提出同样的看法……中外古建筑乃至近代建筑中，除了那些落后的，反映剥削阶级利益，反映旧意识、旧技术、旧方法的东西外，也存在一些不违背新社会内容和现代科学技术的，而又符合适用经济的原则的东西，都可以用来作为新风格的借鉴。不能因其'古'而抛弃它。"①

这种意见含蓄地表达了希望拓宽中国新建筑内涵的宽容态度。

（3）关于"继承与革新"

"新而中"的命题必然引来"继承与革新"的老话题。多数意见认为，对古典建筑的设计原则和具体手法要批判地继承，即继承中国建筑传统中的那些具有科学性和符合人民生活习惯的东西。例如广州临街建筑的骑楼，造园艺术的基本法则，成熟的平面形式和造型经验，就地取材、因地制宜的手法，人民喜闻乐见的地方风格等等。同时要努力革新，注意对新技术、新结构和新施工方法的研究和利用，用来发展创作。

这类意见强调指出，如果只吸收古代建筑的若干原则，而不吸收一些具体的方法，那么新的民族风格就很空洞了。个别意见认为，对古代优秀建筑经验的继承，应立足于建筑的基本原则。哈雄文提出："向'古'学习，不是它的形式，而是形式之所由来，亦不是具体手法，而是手法之所以运用。亦即在当时的内容和条件下，通过怎样的思考规律来解决当时的具体问题的。古为今用的意义就在于此……民族形式不是大屋顶，也不尽是形式。"②

这类意见，进一步松动了原有民族形式的概念，使之远离大屋顶的束缚。

（4）关于建筑形式与建筑美

代表们不断提到，烦琐的装饰和昂贵的材料并非产生建筑美的必要条件，应该继续从功能要求出发，表达建筑物的用途和内容，从而体现生活的美；建筑形式应该从建筑规划出发，在空间、层次、色彩上下功夫，从而体现群体的美；建筑形式应该从结构和施工方式出发，在适当艺术加工的基础上表达真实的美；建筑形式应该从自然环境出发，依山顺势，灵活舒畅，从而体现自然的美；建筑形式还应该表现民族风格，只有民族的东西才能为人民所接受所理解……

（5）关于苏联建筑

除了葛如亮等学者介绍苏联早期建筑外，金瓯卜以最近访苏的见闻，介绍了苏联建筑的转向。

①工业建筑中的交通、工艺改革和超大型车间的兴起（如某人造纤维车间面积达 11.4 万平方米）使得苏联建筑出现了新面貌。

②民用建筑一改过去比较严谨的布局而灵活多变，"过去的尖塔、柱廊和烦琐的装饰已极少采用；很多新的建筑中采用大块的玻璃、鲜明颜色的墙面以及局部精致的装饰。如莫斯科的

---

① 哈雄文. 对建筑创作的几点意见 [J]. 建筑学报，1959（6）：09.
② 同上。

9号街坊、全苏展览馆的设计方案、布鲁塞尔国际展览会的苏联馆、新建的全景电影院等都给人一种开朗、简洁、新颖、大方的感觉，在建筑形式上体现出一种新风格"。

③关于住宅建设，"苏共二十一次党代表大会决定在七年内要大量修建住宅来改善人民的居住条件，仅莫斯科一地就要盖起1900万平方米的住宅，即平均每年要盖270万平方米的住宅。我们知道，上海自解放以来就大力建筑住宅，到去年为止，也只建了450万平方米。"庞大的住宅建设任务，促进了苏联建筑的标准化、预制化、机械化和工厂化。

④关于创作方法，苏联十分重视建筑科学研究和学术讨论；重视国际技术情报的搜集和交流，扩大设计竞赛和实验工程，特别注意对新结构、新材料和新施工技术的发展。

从以上情况可以看出，苏联建筑已经确实摆脱了斯大林时期建筑的阴影，登上新的路程，特别是对老百姓服务的住宅，下了真功夫，尽管有人说这是赫鲁晓夫为了巩固自己的政权所采取的政治性措施，尽管这些建筑看上去质量有些粗糙。

（6）解放思想，大胆创作

由于这是建筑界的行政领导、学术团体和设计单位的高层人物所参加的一个真正的建筑高峰会议，所以会议发言的质量较高，不但言之有物，而且发自肺腑，可以说这是一个全面学习、见解自由、统一思想、鼓励创作的会议。在当时的条件下，有个统一的思想也是众人之企盼，许多人在发言的最后对未来充满了希望。

> 梁思成在发言的最后说，"自从建筑学会成立以来，我们已经开过不少次会了，我也得到机会参加建工部所召开的一些会议。当然，那些会议都给我们很大的鼓舞。但是总的说来，就有这么个问题，在过去的历次会议中都没有得到很好的解决，那就是建筑艺术创作的问题。但从这次会议看来，每一位代表都解除了顾虑，解放了思想，摆出自己的观点，畅所欲言。我们之间也有争辩，也有分歧，但是每个人都是心情舒畅的。经过几天的座谈，我感觉到最基本的问题是解决了。"[1]
>
> 陈植在发言结束时说，"让我们坚决接受党的领导，正确地贯彻党的方针政策，坚决走群众路线，刻苦钻研，解放思想，独立思考，大胆创作，密切地结合实际，真实地反映生活，为实现近代化的、生动、活泼、富有生命力的民族形式，进行创造性的劳动。"[2]
>
> 吴良镛和汪坦在发言结束时说，"……我们应看到我们的工作有党的领导，有全民的支持，有伟大的实践，这是建筑艺术创作繁荣的根本保证，这是中国建筑师的幸福，我们的创作道路是无限宽广的，关键在于我们是否努力学习和创造。"[3]

① 梁思成.从"适用、经济、在可能条件下注意美观"谈到传统与革新 [J].建筑学报，1959（6）：04.
② 陈植.对建筑形式的一些看法 [J].建筑学报，1959（7）：04.
③ 吴良镛，汪坦.关于建筑的艺术问题的几点意见 [J].建筑学报，1959（7）：11.

这次会议最具有影响力的，还是刘秀峰的总结报告《创造中国的社会主义的建筑新风格》，这是中国现代建筑历史上一个内容重要而性质独特的文件。

（三）对建筑风格的预设

1. 一场重要的学术报告

早在座谈会开始之前，刘秀峰就在图书馆借了不少中、英文的建筑书籍，并请建筑科学研究院整理有关建筑理论的资料。他是一位对建筑学颇有认识的主管领导，就在热火朝天的1958年，他支持建筑科学研究院加强了城乡规划和建筑研究室，建立了建筑理论和历史研究室，逐步集中了100余名研究人员,对于中国古代建筑史、中国近代建筑史、建筑理论和外国建筑、民居、园林及建筑装饰等6个方面进行调查、测绘、分析、研究等基本工作。这次会议的学术气氛与他的参与直接有关，他参加了大部分大会议和小组会，倾听意见参加争论。6月3日，他亲自准备总结报告，列出提纲要点，附上大小纸片组成的资料，并没有成稿。6月4日，他作了一整天的发言，既整理了与会的议题，又对有争论的议题提出自己的见解,听众对此发言高度认可。会后，根据录音整理成文，这就是著名的《创造中国的社会主义的建筑新风格》（以下简称《新风格》）的由来。

2. 创造、中国的、社会主义的、建筑新风格

这个报告题目,可以拆成4个关键词,既是报告的内容,也是它的目的。报告分为6个部分：

（1）研究建筑问题的几个基本观点；

（2）建筑的特点及构成建筑的基本要素；

（3）建筑艺术问题；

（4）传统与革新；

（5）学习与创造；

（6）对建筑师的几点希望。

报告一发表，即引起了国内外的广泛关注。分析此报告，有3个基本特点：

（1）《新风格》对于10年以来建筑创作的曲折历程进行了总结和评价，对中国建筑创作现状的判断比较冷静、客观。"过去的十年，我们走着曲折的道路，但曲折使我们取得了丰富的经验。拿标准来说，我们有过过高和过低的经验，现在就有可能做得比较恰当一些。拿建筑风格来说，我们也是有创造的。是有一些符合新内容的新形式出现，有一些比较适用、经济而又美观的建筑物。但是要说中国的社会主义的建筑风格就已经系统地形成了，恐怕还为时过早。今年在北京修建的一批重大工程也只是在建筑设计的道路上打开了一个新的门径。"

对屡屡挨批的中国建筑师来说，出自行业最高行政长官之口的这种说法，比较容易接受，特别是在举国关注的十大建筑即将完工、赞歌四起的时刻，对于这些建筑创作做出"仅仅是一个新的门径"的判断，无疑是难能的清醒。

《新风格》还诚恳地号召大家拿出不同的主张和意见来，认为"怕错误不说、不写、不争辩，就不可能前进"。

（2）《新风格》全面涉及了中国建筑界长期以来最关注的各种理论问题，并在当时的认识水平上给予全面的回答。这正是广大建筑师所期望的。这些回答不但反映了当时的认识水准，论及了一些敏感的问题，而且态度比较坦诚。

如承认"功能主义者强调建筑物的功能，反对学院派的复古主义，这一点在建筑史上是起了进步作用的"；承认"结构主义者指出结构的重要性，说明现代建筑同机械和工业技术的关系，反对学院派为艺术而艺术的理论，反对复古主义、折中主义、打破旧的形式主义框框，对促进建筑结构的发展有一定作用"。

由于作者的主管领导身份，客观上使得这些问题的答案和这些判断具有举足轻重的官方权威性质，因而可以成为今后工作的依据。这在当时的工作条件下也是十分必要的。

（3）由于历史的局限，《新风格》中依然延续了建筑阶级性的说法，这个问题虽然是可以争论的，但在政治方向一直向"左"转的社会气氛中，对建筑创作的发展无疑是不利的因素。

在对待西方现代建筑运动的基本观念方面，并没彻底摆脱盲目对立的态度，而且也有相当的误解。比如依然把结构主义和勒·柯布西耶的"房屋是居住的机器"联系在一起，这就有些苏联建筑理论的遗风了。

这是写作背景和社会作用都极其复杂的报告。它是学术报告，但又具有行政文件的性质；它活跃了学术气氛，但又局限了未来的思路。但是，人们还是热情称颂这个报告，它毕竟是一篇有价值的建筑理论论文，它几乎总揽了十年间有关建筑创作的所有问题，并有清晰的语言和明确的观点，特别因为它出自行政长官之手，更加难能可贵。

五、澎湃技术初潮

（一）暗合国际大潮流

1950年代末，世界各国基本完成了战后的恢复和重建，先后进入了新的发展时期，特别在亚洲，许多国家和地区，出现了经济建设的奇迹。如日本的经济起飞、亚洲"四小龙"的腾起等。中国的"大跃进"也恰恰是在这个时期，与国际的建设大潮流相当吻合。

世界各国在新的建设回合中，掀起了探索新结构和新技术的热潮，1958年布鲁塞尔世博会，不论是在展品上，还是在展览馆的建筑设计和结构设计的水准上，都是20年间国际科学技术、经济建设、文化艺术成就的大检阅。这是自1851年在英国伦敦举行第一次世博会以来的第30次，第29次是1939年在纽约举行的。

博览会的中心建筑是比利时的原子馆，庞大的构筑物象征放大到1600亿倍的铁分子，球体之间一部分可以由楼梯连贯。一些中小型展览馆各显特色，例如：德国馆由 8 个钢结构玻璃盒子随着原始地形不同标高布置，其间用天桥连接，形成庭园，展览馆拆回国内，可建成一所学校。西班牙馆以外径 6 米的伞状结构单元为基本模度，沿自然起伏的地形起伏，排列成体形奇特的建筑，伞状单元的圆形中间支柱兼作落水管，体现了单元的定型化和装配化的灵活性。巴西馆为悬索结构，在平面中有一椭圆形坡道围绕着热带植物园，上空屋面留有孔洞，设一个可以升降的大气球防雨，气球升起时，阳光自顶部射入。菲利浦馆是勒·柯布西耶的抽象梦幻之作，运用预应力负高斯曲率建成的混凝土薄壳，被称为"电子诗篇"。

　　最令中国建筑师感兴趣的是，三个大型展览馆的悬索结构：苏联馆、美国馆、法国馆，原理相同的三个结构竟然有如此不同的造型，似乎给中国建筑师的困惑提供了明确的答案：同样

图 4-038　1958 年布鲁塞尔世界博览会，比利时馆（左）

图 4-039　1958 年布鲁塞尔世界博览会，美国馆（右）

图 4-040　1958 年布鲁塞尔世界博览会，菲利浦馆

的现代结构，也可以有完全不同的形式，甚至不同的"民族形式"。

苏联馆平面为长方形，主要承重结构是由两排特殊结构的柱子组成，外墙为大片玻璃，造型轻快。美国馆平面为一大一小的圆形，直径为92米的大圆为主馆，悬索屋盖，屋盖内环做露天圆形天井，正对地面圆形水池，围绕水池布置展品，造型明快。法国馆由于基地地质条件所限，只能由一个支点支起1200平方米的建筑，结构工程师采用由一个支点出发的巨大悬臂梁和平衡杠杆，支撑起两个双曲抛物面悬索屋面，造成了有力而轻巧的奇特建筑，再一次显示出法国建筑师的先锋姿态。

这些建筑不是短暂的孤立现象，而是一个时期国际建筑对技术在建筑中的创造力所作的答案，是基于建筑本体的探索，并非玩弄风格流派哗众取宠。中国建筑师1958年以来的技术革新和技术革命的方向，暗合了这一国际潮流。

（二）希望之光是技术

提高速度和节约材料，是技术革新和技术革命的具体目标，但非科学态度，会把本属于科学的工作推入绝境。不过，更应该看到，许多中国建筑工作者的科学精神始终不泯，在那个特殊的社会条件下，依然倾心于开发新结构、探索新形式，作出一定的科学贡献。

这个时期所诞生的一些以新结构为特色的新建筑，其意义远远超过事情本身，它是中国现代建筑史上的又一闪光的章节，是经历十年曲折道路之后的一个很有希望的方向。对建筑结构的新探索，主要有四个方面，一是标准化与装配化，二是薄壳结构，三是悬索结构，四是构筑物的新结构。

建筑师和工程师们从探索新结构伊始，就自发地注意到了现代结构形式的中国化问题，如十大建筑里民族饭店的预制装配结构，北京火车站的双曲扁壳和全国农业展览馆的各个新结构的陈列馆等对新结构的艺术处理。

还应该看到，这是一个全国性的运动，是中国现代建筑冲破技术关口的初潮，在此之前，还没有这种独立的精神和成就。应该赞扬在那种环境中的科学研究精神，因为新结构的新建筑，往往伴随着反复的科学实验。西北工业建筑设计院的工程师徐永基等人，在薄壳计算方面做出的努力和成果具有一定的代表性。

（三）建筑结构纪念碑

重庆，山城宽银幕电影院，位于两路口繁华的商业区，用地6937平方米，建筑面积3400平方米，观众厅1514座位。观众厅跨度30米，由三波11.78米×30米的筒形薄壳构成30米×35.3米的钟形平面。适应山地地形，采取跌落手法，使各主要空间建立在不同标高的平台上。休息厅屋盖为五波6米×8米筒壳，新型结构全部外露，入口的连续拱壳加以艺术处理，体现新型结构所带来的新的建筑艺术特色。这座建筑已经在1998年的大建设中拆除。

图 4-041　重庆，山城宽银幕电影
院，1958—1960 年，建筑师：重庆
建筑工程学院设计部建筑师黄忠恕、
吴德基、梁鼎森、秦文钺等
图片提供：吴德基

图 4-042　重庆，山城宽银幕电影院，
1958—1960 年，观众厅
图片提供：吴德基

上海，同济大学学生饭厅，位于同济大学校院内，建筑面积 4880 平方米（大厅部分 3350
平方米），容 3300 人就餐，5000 人观看演出。饭厅由大厅和厨房组成，之间有廊子相连，紧接
大厅有化妆室，供演出使用。

饭厅跨度 40 米，钢筋混凝土联方网架，外跨 54 米，建筑造型密切与结构相结合，如落地
拱结构带来的张力感，室内拱顶和侧墙天窗，均以结构杆件组成富有韵律的图案而不加任何装
饰，取得了简洁有力的现代感，是探索新结构、新技术和新造型的代表性作品。

北京，工人体育馆，位于北京东郊，与工人体育场组成一座体育公园。建筑面积 4.2 万平
方米，平面为圆形，1.5 万座位，国内首次采用圆形双层悬索结构屋盖，圆形屋盖直径 94 米，
略大于布鲁塞尔世博会直径为 92 米的美国馆。钢结构内环直径 16 米，高 11 米，钢筋混凝土
外环圈梁断面 2 米 ×2 米，上下各 144 根钢索组成，具有良好的结构性能和用钢量节约指标（比
同样跨度的网架节约 600 吨）以及良好的排水性能。建筑在满足体育比赛和各项活动的前提下，
采用新型结构，既节约了钢材，又得到了新颖的室内外建筑造型。建筑于 1993 年获"中国建
筑学会优秀建筑创作奖"（1953—1988 年）。

杭州，浙江省人民体育馆，位于杭州市中心，是一座以体育比赛为主、集文艺演出与群众
集会为一体的多功能建筑。建筑用地 3.4 公顷，建筑面积 1.26 万平方米。包括 5420 座位的椭

图 4-043　上海，同济大学学生饭厅，1961，建筑师：同济大学设计院黄家骅等

图 4-044　上海，同济大学学生饭厅，1961，落地拱的侧面

图 4-045　上海，同济大学学生饭厅，1961，天窗处钢筋混凝土网架的结构杆件图案

圆形比赛大厅（轴长 80 米 ×60 米）、矩形平面练习房（24 米 ×66 米）、附属用房等。主体建筑平面南北长 125.24 米，东西 103.8 米，最高外檐 20.4 米。

这是中国第一座采用椭圆形平面和马鞍形预应力钢筋悬索屋盖结构的大型体育馆，结构用钢量不到 18 公斤 / 平方米。椭圆形比赛大厅使多数观众有良好视听效果的座位。东西长轴方向两端布置门厅和休息厅，室外有四部疏散直楼梯，交通便捷。独特的屋盖呈双曲抛物面形状，体态轻盈、流畅。建筑于 1993 年获 "中国建筑学会优秀建筑创作奖"（1953—1988 年）。

高等院校对于新结构比较敏感，早在 1958 年就实验了马鞍形悬索结构建筑的天津大学风雨操场，在该馆旁又设双曲扁壳的游泳池更衣室，它们是为大型建筑所做的小型实验性建筑。双曲扁壳为 "顶升法" 施工，在地上用土做扁壳的模板，浇注成型后，用器械提升，边提升边砌墙。

图 4-046　北京，工人体育馆，1959—1961 年，建筑师：北京市建筑设计院熊明、孙秉源等
图片提供：熊明

图 4-047　北京，工人体育馆，比赛大厅，1959—1961 年
图片提供：熊明

图 4-048　杭州，浙江省人民体育馆，1965—1969 年，建筑师：浙江省建筑设计院唐葆亨、
沈济黄、宋德生等，原国家建委建筑科学研究院负责悬索屋盖结构设计
图片提供：唐葆亨

图 4-049 杭州，浙江省人民体育馆，1965—1969 年，比赛大厅
图片提供：唐葆亨

图 4-050 天津大学风雨操场和用顶升法施工的游泳池更衣室，1959 年，天津大学设计院

福州火车站，位于福州市东北郊，建筑面积 5600 平方米，东西最大长度 116 米，南北最大深度 30 米。平面略呈凹字形，对称布局，中部设置候车大厅。大厅覆盖 5 波 20 米跨钢筋混凝土筒壳组成的屋盖，屋盖面积约 1200 平方米，净高 13 米，最大容量 1000 人左右。新结构的采用，获得了新颖轻巧的轮廓，加以大片的玻璃，显示了交通建筑的性格。

成都，双流机场航站楼，位于成都双流机场，建筑面积 8728 平方米，营业厅所在的主楼 5049 平方米，指挥调度部分所在的副楼 3679 平方米。主楼两层，二层设营业大厅、候机室、餐厅服务等设施，底层为附属部分。

西向面临停机坪的候机室，开大片玻璃窗并挑出阳台。候机室三开间为一单元，每开间 4.8 米，每单元屋顶覆盖钢筋混凝土筒形薄壳，单元之间由平顶相连，立面波起平复，具有新结构的轻快和明朗。

图 4-051　福州火车站，1959—1961 年，
建筑师：福建省建设厅设计院黄孝修

图 4-052　成都，双流
机场航站楼，1960—
1961 年，西南工业建
筑设计院、四川省建
筑设计院合作设计
图片提供：中国建筑西
南设计院

　　新疆维吾尔自治区在运用新型结构和技术革新方面有许多实例，其中固然有节约钢材的迫
切需求，但新技术给建筑师带来了活跃建筑体量、内部空间的改进以及丰富艺术形式，也是吸
引建筑师的原因。

　　乌鲁木齐，建筑机械金工车间，采用了 60 米直径的圆形薄壳屋盖，建筑面积 3280 平方米，
其中主厂房 2920 平方米。平面为圆形，沿周长按圆心角 6 度等距设置砖柱，柱间以大玻璃采光。
柱顶钢筋混凝土连系梁上，覆盖 60 米直径的椭圆旋转曲面薄壳。钢筋的耗量约为 12 公斤 / 平
方米。新型结构获得了巨大的空间，节约了大量钢材。

　　乌鲁木齐，新疆维吾尔自治区展览馆，建筑面积 1.2 万平方米，平面为 "山" 字形，中部
3 层，两翼 2 层，共有 6 处相对独立的展厅。两翼主要展厅为低侧窗采光，柱网开间尺寸为 7.2
米，进深为 6+9+6 米。中部综合馆为 18 米 ×18 米钢筋混凝土双曲扁壳单层展厅。正面中段两
角高耸，以墙面敦实的 "拱门" 形成重点，配以檐部宽厚的两翼，是有新意的成熟之作。

图 4-053 乌鲁木齐,建筑机械金工车间,
1960 年,中国人民解放军新疆建筑工程
第一师设计院设计

图 4-054 乌鲁木齐,新疆维吾尔自治区
展览馆,1964—1965 年,建筑师:新疆
建筑设计研究院孟昭礼、孙国城等
图片提供:孙国城

图 4-055 乌鲁木齐,新疆维吾尔自治区
展览馆,1964—1965 年,展厅
图片提供:孙国城

乌鲁木齐,新疆团结剧院,用地面积 6210 平方米,建筑面积 2760 平方米,观众厅设 1139
座位,覆盖 30 米 ×24 米的双曲抛物面钢筋混凝土扁壳。建筑的外檐有折板装饰,与大厅配合。

乌鲁木齐,东风电影院,建筑面积 2695 平方米,观众厅设 1110 座位,大厅覆盖以
22 米 ×28 米的钢筋混凝土双曲扁壳,每平方米耗钢量为 11.6 公斤。门厅部分,为钢筋混凝土
连续筒壳,具有曲线变化。

以上这些新结构的中小型建筑,经济适用,演出方便,且声学效果良好,收到预期的效果。
其他的建筑如乌鲁木齐体育馆、新疆医学院的食堂等不胜枚举。

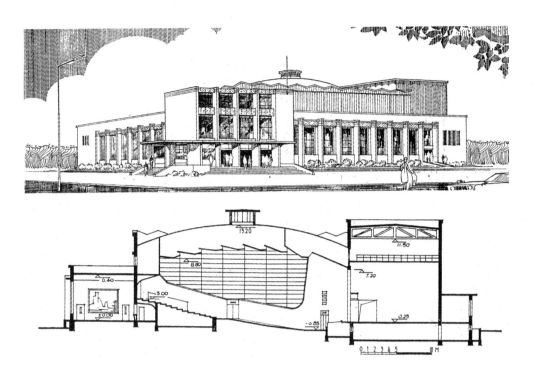

图 4-056 乌鲁木齐，新疆团结剧院，1965 年，透视和剖面，建筑师：新疆维吾尔自治区建筑勘察设计院黄为隽

图 4-057 乌鲁木齐，东风电影院，建筑师：新疆维吾尔自治区建筑勘察设计院黄为隽

图 4-058 乌鲁木齐体育馆，钢筋混凝土筒壳结构

图 4-059 新疆医学院的食堂，钢筋混凝土扁壳结构外观

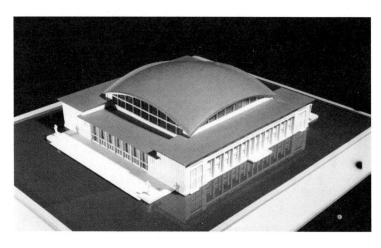

图 4-060 山东体育双曲扁壳方案，建工部设计院设计，约 1960 年代
图片提供：张广源

在这个结构革新的年代，除了遍及各地已经实现的薄壳、悬索结构建筑之外，还有许多大型公共建筑的设计方案，也采用了比较先进的结构，并且取得了新颖的建筑形象，这些建筑虽然没有实现，但是影响巨大，是一个时代建筑师的理想凝固。如山东体育馆、广州火车站等建筑，都采用了双曲扁壳屋盖结构。

1959 年前后，许多建筑师和工程师从技术道路追求中国建筑现代化，这是一个可贵的开端。这些建筑规模不大或不完善，也许今天已经破败或拆除，但它们是建筑师和工程师开创建筑现代化的纪念物。

（四）不同方向的努力

除了技术的初潮之外，1958—1964 年间，还有多方面的探索，代表了一个时期建筑师在不同方向上的努力。除了一批大型公共建筑如中国美术馆之外，在结合地域自然条件进行建筑创作方面，也有比较突出的成就。

北京，中国美术馆，位于五四大街东端北侧，占地面积 3 公顷，建筑面积 1.6 万平方米，其中展出面积 7000 平方米。展出部分有大小展厅 17 个；公共活动部分有美术家集会的大厅和国际交谊活动的接待厅、贵宾室等；办公部分包括管理用房和美术家协会用房等。展览厅布置在最显要的部位，与其他部分既有方便的联系，又避免了交通流线的相互干扰。

图 4-061 北京，中国美术馆，1960—
1962 年，建筑师：戴念慈、蒋仲钧
图片提供：建设部建筑设计研究院张广源

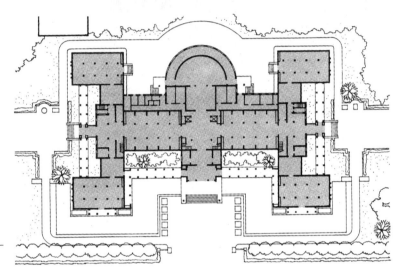

图 4-062 北京，中国美术馆，1960—
1962 年，平面示意

在建筑形式方面，建筑师考虑了：①反映鲜明的民族风格；②形式丰富多彩以反映美术创作的繁荣；③和附近的故宫景山等环境相呼应，要适当地处理好实墙面。中部突出的四层部分（美术家之家），采用中国古典式阁楼屋顶，其他部分均为平顶，以利于展览馆的顶部采光。在正面门廊及个别几处休息廊，亦采用中国式屋顶加以点缀，从整体上烘托出民族风貌和文化气息。建筑 1993 年获"中国建筑学会优秀建筑创作奖"（1953—1988 年）。

北京，中央高级党校主楼，地处北京环境优美的绿化地带，建筑群布局基本对称，中轴正对颐和园后山主要景点景福阁。主楼集教学、办公于一体，平面组合采用莫斯科大学式的宏大布局，两翼有过街楼连接其他部分。立面采取三段式构图，严整稳健，是一个时期教学建筑的主要模式。

在全国"大跃进"的气氛中，各地也有一些大型公共建筑建成。

兰州，甘肃省博物馆。兰州在第一个五年计划期间有十几个大型工业项目，但在市区很少有大型公共建筑建设，该博物馆是国庆十周年献礼工程，主要展示省内工农业建设成就，不论在规模和内容上都备受瞩目。建筑面积 1.8306 万平方米，重工业厅为 18 米跨度的门式钢架，

图 4-063 北京，中央高级党校主楼，1958—1962 年，建筑师：戴念慈等

图片提供：建设部建筑设计研究院，张广源摄影

图 4-064 兰州，甘肃省博物馆，1958—1959 年，建筑师：甘肃省建筑工程局设计院于典章

中部 5 层是构图中心，其余为 3 层。建筑比例严谨，檐口、门头有精致的装饰，整体建筑造型雄浑，使人感到有西部建筑的厚重朴实。

成都，锦江饭店，位于城市中轴干道人民南路西侧，总建筑面积 5 万平方米，主体 9 层。建筑后退红线 40 米，有比较安静的休息环境。建筑的体形和艺术处理，有旅馆建筑的性格，很好地考虑了周围环境，如与周围道路和桥梁有良好的关系。

西安，邮电大楼，建筑面积 1.08 万平方米，6 层，平面呈"八"字形，正面朝向著名的古建筑钟楼，建筑高度为 24 米，不超过钟楼，以维护建筑环境。建筑的造型平稳，顶部有平顶的空廊，两端结束处有重檐方亭，与钟楼略有呼应，使得大楼与钟楼有着和谐的关系。

图 4-065　成都，锦江饭店
1959—1961 年，建筑师：徐尚志

图 4-066　西安，邮电大楼，1958—
1960 年，建筑师：洪青、杨明根

　　广州，中国出口商品陈列馆，位于海珠广场，是中国对外贸易的窗口。建筑面积 4 万平方米，主楼 10 层，两翼 8 层。由于建筑位于路口，平面采用"八"字布局，主楼面对广场，视野开敞。建筑处理简洁，仅以开窗的组合取得虚实效果，靠近门头及其上部略施装饰，属于批判"大屋顶"之后有探新性质的建筑。

　　南京长江大桥桥头，1958 年 9 月经国务院批准成立大桥建设委员会，1960 年南京长江大桥开工，铁路桥、公路桥分别于 1968 年 9 月—12 月通车。大桥全长 6722 米（公路桥 4588 米），桥梁跨度突破 160 米，桥墩深达 70~80 米。

　　南京长江大桥工程指挥部委托中国建筑学会，就桥头建筑造型等组织设计竞赛。1960 年各单位共提出 58 个方案。经修改综合，形成 3 个推荐方案：①南京工学院红旗方案；②南京工学院拱门方案；③建筑科学研究院群雕方案，最后为红旗和群雕的组合方案，由于是 1958 年提出的任务，"三面红旗"成为主题。红旗高 5 米长 8 米，上下收分，朝向江面。南岸的小塔顶部，设手持毛泽东著作的群雕，预示了"文革"时期的政治性建筑。

图 4-067　广州，中国出口商品陈列馆，1958—1959 年，建筑师：林克明、麦禹喜等　　　　图 4-068　南京长江大桥桥头

　　红旗式桥头的建成，影响了南京市很多工厂的大门和其他建筑，到处可以看到大大小小的"三面红旗"大门。

六、全面调整时期的建筑界

　　受到国民经济和人民生活严重困难的教训，中共中央决心认真调查研究，纠正错误，调整政策。1960 年 11 月，中央发出《关于农村人民公社当前政策问题的紧急指示信》。1961 年 1 月，党的八届九中全会正式决定对国民经济实行"调整、巩固、充实、提高"的八字方针。此后，我国国民经济建设由"大跃进"转入调整时期。[①]

　　毛泽东在党的中央工作会议上作了关于大兴调查研究之风的讲话，号召全党大型调查研究之风，要求 1961 年成为实事求是年、调查研究年。[②]

　　1961 年 10 月，建筑工程部设计局根据《工业七十条》拟定颁发了《设计工作条例》，该条例包括总则、设计原则、设计程序、计划管理、技术管理、技术责任制度、设计方法、设计技术、配合协作、领导制度、群众路线、政治思想工作等 12 章，共 80 条。条例规定："设计工作必须按照基本建设程序进行，没有勘察不能设计，没有设计，不能施工。""要使每一个技术人员，都有明确的职责和相应的权利，真正作到有责有权，充分发挥技术人员的积极作用。"党和行政的领导人员"不要包办代替他们的工作，不要轻易否定他们的意见，更不要在技术上瞎指挥"。条例还确立了院长领导下的总工程师全面负责制。条例还提出，设计单位不搞群众运动，努力创造建筑的新风格，并提出较大的建筑要在适当的地方标明设计单位等。

① 中共中央党史研究室. 中国共产党的九十年——社会主义革命和建设时期 [M]. 北京：中共党史出版社，党建读物出版社，2016：511.
② 中共党史研究室. 中国共产党历史·第二卷（1949—1978）[M]. 北京：中共党史出版社，2011：756.

1963 年 4 月 3 日，建筑工程部副部长杨春茂，以"设计工作两年来的总结"为题，在全国建筑工程厅局长扩大会议设计专业会议发表讲话，以比较冷静的态度对"大跃进"之后的建筑设计工作进行了回顾，他以比较详细的数据论证了设计工作的主要成绩。人们注意到，他对建筑方针有明显的修正，在谈到建筑方针时他说：

"经验证明，过去我们在建筑工程设计上，采取适用、坚固、经济及适当注意美观的原则，在工业企业设计上，采取技术先进、经济合理的原则是完全必要的、正确的。这些年来，我们的设计单位就是在这些原则的指导下，设计了许多适用、坚固、经济而又美观的建筑物……

怎样才能正确地实现适用、坚固、经济、美观和技术先进、经济合理的原则呢？

第一，要正确地理解这些原则之间相互统一、相互制约的关系。对于一切建筑来说，适用是首要的，坚固是起码的要求，必须根据工程的需要和我国目前的技术经济条件，力求适用、坚固和经济的原则下，适当注意美观……"

在这段不长的引文里，"坚固"一词频频出现，建筑方针的表述也脱离了原有的规范。它充分反映出领导层对建筑质量问题的切实关注，同时也正在对建筑界最大的政策作深切的回顾。

各种"条例"也罢，对"坚固"的强调也罢，是建筑设计中必须恪守的"条条"，也是符合设计工作基本规律的举措，在整顿"大跃进"以来设计领域中的混乱秩序方面，起到良好的作用。

在全国进入整顿的日子里，建筑界显得十分平静。设计任务不多，建筑师可以考虑在忙碌的过去所无暇顾及的理论或学术问题。整顿本身有回顾和反思的任务，政治气氛相对温和，似乎又是一个建筑界的春天，正是开展学术活动的独特机会。

（一）1961 新风格讨论年

新风格的讨论，是准官方发动的一次建筑理论学术活动，可以说是对"建筑艺术座谈会"所反映问题的落实。刘秀峰在座谈会后给中共中央和主席的报告中写道：

"从这次会议反映的情况来看，很多建筑师的理论知识相当贫乏。对于许多基本理论原则，如传统与革新，内容与形式，学习与创造，以及适用、经济、美观之间的关系等等，缺乏全面的理解。对于建筑史上的许多流派，如功能主义、结构主义、复古主义、唯艺术论等等也不能正确给予分析批判。思想上存在很大的片面性，往往只注意这一面，而忽视了那一面。这是几年来在设计工作中发生偏差的思想根源。为此，加强集中力量研究，提高设计人员的思想水平，是今后的一项重要任务。"

当时建筑界的理论水准应该是被低估了，产生这些偏差的根本原因也被忽视了，但是从推动建筑理论研究这一结果来看，作用是积极的。

1961 年 4 月 10 日，中国建筑学会成立领导小组，制定计划在全国开展关于建筑风格的学术讨论会，当然，刘秀峰关于"新风格"的话题，就成了核心。1961 年《建筑学报》第 3 期发表了一个题为《开展百家争鸣 繁荣建筑创作》的社论，既提倡自由而充分的讨论，又要用阶级分析的观点来看建筑问题，这就从宏观上显示出，这次讨论有限范围内的积极意义。

北京、广州、上海、天津、陕西、辽宁、四川、山东、黑龙江、吉林、江苏、河北、内蒙古、福建等 14 个省（自治区、直辖市）的学会，先后多次组织了规模不同的 70 余次讨论会，有些学会还组织了参观，邀请了美术家参加讨论。仅上海在 4 月份就举行了 7 次关于建筑风格的座谈会。这期间还组织了 100 多篇论文，并结集发表。全国的知名专家、教授几乎都参加了这个活动，同时也举办了各种群众性的研讨活动。可以说，中国建筑界无意之间展开了一场由准官方领导的群众性建筑理论自我普及教育活动，这是中国现代建筑史上的一次有意义的理论活动。

这次争鸣活动的主要论题包括：什么是建筑风格；建筑风格的决定因素；新材料、新技术和建筑风格的关系；中国的社会主义的建筑新风格的创作原则和方法；建筑的基本特征；建筑艺术问题，其中包括建筑的双重性、思想性、美观；建筑的内容和形式等等建筑基本理论问题。

（二）求而不得的新风格

讨论的论点显然受到刘秀峰"新风格"讲话的影响，也可以说具有鲜明的时代特征。

1. 关于建筑风格

认为建筑风格是指一定历史条件下，表现在建筑形象上的共同艺术特征。在"风格"前面冠以不同范围的定语，将构成风格的不同层次。例如，一个国家的建筑风格，一种社会制度下的建筑风格，一个地区的建筑风格，一个民族的建筑风格等等。其中，社会的、民族的建筑风格是最基本的。至于有没有个人风格，则有颇大的争论。一些人提出，今后的创作应该提倡集体创作，不应有个人风格；另一些人则认为，不同的个人风格是客观存在的，但这不意味着提倡个人创作。对风格意义的讨论，也反映出对集体创作的倡导和对个人创作的抑制。

2. 关于建筑风格的决定因素

第一种意见提出，建筑风格主要决定于社会思想意识。因为建筑风格的形成，是多方面因素的综合，各种不同的要求充满矛盾，怎样去认识并统一这些矛盾，取决于建筑师的思想意识。

第二种意见提出，建筑风格决定于社会经济基础。认为必须承认世界的物质性，物质产生意识，意识作用于物质，不可能有离开物质而独立存在的意识。人的思想意识作为上层建筑要随社会生产方式的变化而变化。建筑风格决定于社会经济基础，但反映着社会的意识形态。

第三种意见提出，风格是由单个建筑形式的共性所构成的，而建筑形式则由建筑的内容（功能）、材料和结构、美的法则与社会的审美观三个因素决定。其中任何一个因素的变化，都会导致风格的变化。

前两种意见针锋相对，争论激烈，重心落在存在与意识的关系这个大哲学概念上，反映出当时全国学习马列主义哲学和毛泽东思想的"哲学热"。第三种意见更多地表达了对专业问题的关注，但未能引起广泛的注意和进一步探讨。

3. 关于新材料、新结构与建筑风格的关系

一种意见认为，新材料、新结构对风格的形成虽有影响，但不是主要的。因为材料、技术仅仅是达到目的的一种手段，它们对建筑风格能起什么作用，关键在于技术和材料掌握在谁手里，为谁服务。同样的材料和结构，可以因人而有不同的建筑形式和风格，所以利用新材料、新结构创造民族形式是可能的，也是必须的。

另一种意见认为，材料、结构变化了，建筑形式和风格必然随之变化，我们不能无视已经摆在我们面前的新材料、新结构这样一个现实，不能否认新材料、新结构已经在为风格的创造开辟新领域。我们反对形式主义，就应该反对利用新技术搞旧形式。说结构就是美，这种论点是错误的；说结构没有美，不能美，同样是错误的，我们要沿着时代的方向前进，就必须承认先进的材料和结构形式已经出现，更新的还要出现，我们必须接受它们。

对新材料、新结构问题的讨论，反映了两种不同的态度，一种是怕强调新材料、新结构会对建筑形式造成新的影响，从而使中国的创作走向资本主义国家的建筑道路；另一种则认为，新材料、新结构已经在不可避免地影响创作，与其恐慌不安，不如承认现实而主动处置。

4. 关于中国的社会主义的建筑风格的创作原则

讨论认为，"新风格"的创造主要应符合下列原则：

（1）建筑师必须具有无产阶级立场、观点，具有劳动人民的思想感情，具有对社会主义制度与社会主义建设事业的热爱；

（2）必须以马列主义毛泽东思想作指导，依靠党的各项方针政策，特别是"适用、经济、在可能条件下注意美观"的建筑方针进行创作；

（3）要继承传统，努力研究中国民族建筑的遗产，取其精华，剔除糟粕；

（4）要具有大量生产的可能性，以体现建筑为人民服务的本质。

这些原则，与其说是建筑创作原则，不如说是中国建筑师政治立场的宣示，它距建筑创作的距离，比建筑观、建筑哲学还要远得多。

这次活动波及地域达20余个省和城市；参与人员涉及画家、工艺美术家和工程技术界；讨论问题范围几乎囊括建筑基本理论的全部。作为建筑理论大普及的意义是肯定的，但它的局限也不容忽视。

第一，刘秀峰《创造中国的社会主义的建筑新风格》的讲话，成了讨论问题的基本框架，议题的范围和观点，无形地限定在这个框架之内，没有基本的突破或超越。

第二，"风格"成为这次理论活动的中心话题，例如，建筑学会的《建筑理论争鸣论文选集》中，一共收入了41篇论文，在题目上出现"风格"二字的论文就有26篇，其余的论文主要也是以风格为主题，客观上抑制其他问题的提出。

第三，在建筑的创作中，预先设定风格，客观上会束缚建筑师的创造性。风格的实现，实际上是一个水到渠成的积累过程。

第四，"中国的、社会主义的、新风格"，是个过于宽泛的概念，注定了概念的不定性，实践中难以起到具体的指导作用。

后来的事实说明，理想的新风格并没有出现，1977年后，摆在中国大地上的文学、艺术、建筑等所有创作领域的总风格是"千篇一律"。

（三）"三史"天书"早春二月"

在调整时期，建筑界完成了十分有意义的学术工作，这就是"三史"的出版、建筑设计资料集的编纂以及建筑画的展出。其中《建筑设计资料集》成为建筑师不可须臾离开的手册，大家称之为"天书"。

1. 史的奠基，三部建筑历史

前面提到1958年10月在北京召开的"全国建筑历史学术讨论会"，决定编写《建国十年来的建筑成就》《中国近代建筑史》和《简明中国建筑通史》三部史书。在完成《建筑十年》这部反映建国十周年建筑成就的画册之后，在国民经济调整时期，广大的作者认真编写出版了后两部著作：《中国建筑简史·第一册·中国古代建筑史》《中国建筑简史·第二册·中国近代建筑史》，两者成为中国建筑教育的第一套全国通用的教学用书。

这些教材的编写是全国的大协作、集中全国学术力量的可贵历史研究成果。它的发起虽然在"大跃进"的年代，但它的成书却在全国处于冷静思考的调整时期，因而真实反映出学术界的实际水准。如《中国近代建筑史》的编写，自1958年发起并开始收集资料，1959年5月有19个地区编成了地方近代建筑史稿，27种专题及资料，经第三次建筑历史学术会议讨论之后，在上述资料基础上写出21万字的初稿。1959—1960年着手编辑《中国近代建筑史图集》，1960年8月召开了第四次讨论会，1961年4月在南京进行教材编写，经反复研究、讨论、审查、最后定稿。如同一切学术著作一样，虽然这套著作也有可以讨论之处，但应该对这一工作给予高度评价。

2. 设计天书，建筑设计资料集

1962年4月，建筑工程部北京工业建筑设计院成立了《建筑设计资料集》编委会，计划编写一部供建筑设计使用的大型工具书，在国际上也仅仅是美国、日本等少数几个国家才有的工具书。

参加调查研究和编写的，除了本院的设计人员之外，还有建筑科学研究院、高等院校建筑系等16个设计、科研和教学单位的支持。同时，还邀请了以梁思成、杨廷宝为首的十多位专家提出意见。经过两年多的努力，于1964年1月出版了第一集。这是建筑界通力合作的产物，在实践中也成了建筑师在设计过程中使用极为频繁的"天书"。第二集出版前，正值"文革"前夜的设计革命中，在"左"倾思想指此书为"大、洋、全"的情况下，改为内部出版，但没修改具体内容，因而维持了此书的学术水准，于1966年出版。第三集由17个单位协作编写，1978年出版。

这部工具书，积中国建筑师十几年工作之经验，同时选用适合中国使用的外国资料，把建筑设计之中普遍的、常用的数据和其他资料，用图画、图表、辅以简明的文字，表达出来。此书绘图精美，编排悦目，是一部有高度学术水准的工具书。书籍的出版几经停顿，提议编写本书并对此付出艰巨工作的金瓯卜等人，被斥为"一本书主义"。

3. 拙匠随笔，让社会了解建筑

早在1961年的7月26日，梁思成就在《人民日报》上发表过题为《建筑和建筑的艺术》一文，深入浅出地向全社会介绍建筑艺术。1962年4月开始，梁思成开始在《人民日报》上发表"拙匠随笔"系列文章：

4月8日，《建筑⊂（社会科学∪科学技术∪美术）》；

4月29日，《建筑师是怎样工作的？》；

5月20日，《千篇一律与千变万化》；

7月8日，《从"燕用"——不祥的谶语说起》；

9月9日，《从拖泥带水到干净利落》。

对建筑界而言，梁思成是仅有的特例。只有他的文化底蕴，他的社会影响，才能在中国共产党的机关报上连篇累牍地介绍建筑。这些文章以轻快的笔调，浅显的文字，向广大的读者宣传了建筑师和建筑学，甚至包括建筑师的一些苦衷。这些文章，对于党政官员或黎民百姓，都留下了深刻的印象，只有在比较平静的调整时期，才能有这样的学术氛围。打开建筑界的学科大门，使建筑学走向社会，具有深远的意义。可惜的是，做这种工作的人太少，持续的时间也太短。

4. 诗情画意，建筑工作者绘画展

1962年7月20日至8月6日，北京土木建筑学会在北京劳动人民文化宫举行第一届"建筑工作者绘画展览会"，展出了在京的建筑设计、科学研究和高等院校13个单位250余幅绘画作品，历时18天，观众达2万余人，是一次传播建筑文化的盛会。展出期间，北京土木建筑学会组织了两次座谈会，讨论了绘画方法、建筑透视和建筑渲染等技术和理论问题。第二次讨

论会有梁思成、张镈、郁风、钟灵等 20 余位著名的建筑师和美术家参加。美术家们认为，这个展览是建筑界绘画技法的百花齐放，绘画、雕刻和建筑自古以来就是一家，今后应当加强建筑界与美术界的合作，使建筑更加完美。

1963 年 11 月 1 日至 12 月 1 日，北京市土木建筑学会与中国美术家协会联合，在中国美术馆举办了第二次"北京建筑工作者建筑绘画展览会"，参加单位 17 个，作品 135 幅，同时还展出了北京工业建筑设计院设计的家具、小五金及卫生设施。观众达 3 万人，并接受了 250 位观众对家具等实物的订单。

1964 年 2 月 28 日至 11 月 8 日，中国建筑学会精选了北京土木建筑学会举办的"北京建筑工作者建筑绘画展览会"的展品，先后在沈阳、昆明、广州、武汉、成都、西安、乌鲁木齐、洛阳等 8 个城市，进行了巡回展出，历时 9 个月，观众 7 万人。

这个活动既有益建筑师的业务水准，也使社会进一步了解建筑师及其工作，收到了良好的社会效益。不久来临的"文化大革命"，将这场活动指为建筑界的"早春二月"。

（四）地域建筑孕育春色

如果说，在那个非科学的年代里，中国建筑在总体上取得的成就，除了"十大建筑""技术初潮""放谈建筑艺术"之外，应该还有这个时期并不起眼的小型地域性建筑。

"大跃进"之后的经济衰落，大规模建筑活动已力不从心。一些规模不大的地域性建筑，利用地方材料、拆除旧建筑的旧料，结合当地自然条件，发挥设计技巧等，可以在花钱不多的前提下完成比较有品位的作品。大部分作品为建筑师的自发行为，并没有相应的号召。

其中一些建筑有特殊的使用要求，如各地兴建的招待所，尽管资金不缺，但都不事豪华而与当地条件结合。这个时期的地域性建筑，上承民族形式后期的地域性倾向，下启"文革"中地域建筑的高潮，成为中国现代建筑历史中地域性建筑发展重要的一环。

青岛，一号俱乐部小礼堂，位于青岛市美丽的海滨疗养区八大关路一带，原是专供国家领导人使用的综合性会议场所。建筑面积 1.0615 万平方米。疗养区是德国占领时期设立的，有各种形式的低层小别墅，掩映于绿化茂密的优美环境之中，在此建设如此庞大的建筑，是对原有环境的一项严重的挑战。

建筑师把建筑体量化小，把距离拉开，使得建筑也能像周围建筑与环境一样，掩映于绿丛之中。屋顶采用多种薄壳结构，并覆盖与周围建筑相同的红瓦，造型新颖且能同环境融合在一起。建筑大量地采用地方材料青岛石材，显示出新结构与地方材料和特定环境密切结合的努力。建筑手法简洁，造型多变，是探索地方性现代建筑的实例。建筑 1993 年获"中国建筑学会优秀建筑创作奖"（1953—1988 年）。

武汉，东湖梅岭招待所一号楼、三号楼，坐落在武汉著名风景区武昌东湖旁的坡地上，原为湖北省委接待党政最高领导的招待所，现已对外开放接待参观。这个项目具有特殊优越条件：它用地宽绰且风景美丽，标准高，造价几乎没有限制。但是作者在设计中几乎没用贵重材料，

图 4-069 青岛，一号俱乐部小礼堂，1961年，鸟瞰，建筑师：林乐义等

图 4-070 青岛，一号俱乐部小礼堂，1961年，树丛中的局部（下左）

图 4-071 青岛，一号俱乐部小礼堂，1961年，石头连廊（下右）

完成了有地域性又有新创意的作品。

建筑群由高级接待用房梅岭一号（2000平方米）、梅岭三号（多功能小会堂及室内游泳池等4360平方米）、水榭（340平方米）、长廊（450平方米）四部分组成。建筑群依山就势展开，各个房间均可以领受不同的湖景，体形密切联系功能。精心运用普通地方建筑材料和设备设计，外观简朴，室内无华。

韶山，毛主席旧居陈列馆，是广州建筑师探讨园林式建筑群的先声。建筑位于距毛泽东旧居500余米的引凤山下，建筑面积4980平方米。建筑背负群山，掩映于山林之间，与旧居的自然环境融为一体，保持了韶山的原有风貌。平面布置采取内庭园、单廊式，结合地形利用坡地，形成高低错落、大小各异的内部庭园。全馆有14个展室，流线明确而无交叉，室与室之间以开敞的庭园和单廊过渡。建筑采用当地常见的小青瓦，挑出轻快而刚劲的屋檐，外墙是较大片的实墙，下部砌筑石头勒脚，局部贴预制面砖。

建筑师莫伯治，在探索岭南地域建筑方面取得丰硕成果。他的作品，结合当地气候、地形等自然条件，把建筑融入自然环境之中，甚至看不到巨大的体量。同时，又能沟通地域的历史和建筑文化，融入建筑空间之中。可贵的是，作品具有明显的现代性，这在当时是难能的创新。中国建筑师最高的学术奖"中国建筑学会优秀建筑创作奖"（1953—1988年），莫伯治先后有7件作品获得此奖，如广州泮溪酒家（1960年）、广州白云山山庄旅舍（1962年）、广州白云山

图 4-072　武汉，东湖梅岭招待所一号楼，1958—1963 年，
主要首长客房，建筑师：同济大学建筑系吴庐生、戴复东等
图片提供：戴复东

图 4-073　武汉，东湖梅岭招待所一号楼，1958—1963 年，
随行人员客房
图片提供：戴复东

图 4-074　武汉，东湖梅岭招待所一号楼，1958—1963 年，
会议室
图片提供：戴复东

图 4-075　武汉，东湖梅岭招待所三号会堂，1958—1963 年，
入口
图片提供：戴复东

双溪别墅（1963 年）等，可谓中国建筑师之最。

广州，**北园酒家**，创建于 1920 年代末，为园林式酒家。1957 年政府投资扩建，用地扩至 2100 平方米，建筑面积 2700 平方米。

设计保持了用地原有绿化、河道和园林风格。建筑大量利用旧料、废料翻新，保持了民间工艺古旧建筑部件，整体赋予新的园林建筑风貌。建筑造价仅每平方米 60 元，是国家指标的 75%。

广州，**泮溪酒家**，位于环境优雅的荔湾湖畔，将原有的破旧危险建筑拆除，利用旧料重新建筑。占地面积约 4000 平方米，建筑面积 2700 平方米。在扩大使用面积和充分合理安排功能的基础上，恰当地运用了传统园林建筑手法，使堂榭山池的布置和设计，洋溢着大众使用者的亲切喜悦气氛，在淡雅朴素中求精美，与旧时园林截然有别。由于酒家是荔湾湖的组成部分，在风景线方面能与湖面结合起来，互相因借。建筑尽量利用地方拆除建筑的旧有材料，既符合节约的原则，又可以保存流散于民间的建筑工艺精品。

广州，**白云山山庄旅舍**，位于白云山脚，为扩大对外交流而设立的高标准招待所。建筑结

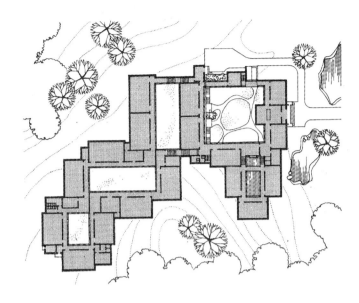

图 4-076 韶山，毛主席旧居陈列馆，1964 年，入口；建筑师：黄远强等主持设计，广州市规划设计部门和华南工学院建筑系合作设计

图 4-077 韶山，毛主席旧居陈列馆，1964 年，平面示意

图 4-078 韶山，毛主席旧居陈列馆，1964 年，鸟瞰

图 4-079 韶山，毛主席旧居陈列馆，1964 年，庭院

图 4-080 广州，北园酒家，1958 年，建筑师：莫伯治、莫俊英
图片引自：岭南建筑丛书《莫伯治集》

图 4-081 广州，泮溪酒家，1960 年，庭院，建筑师：莫伯治

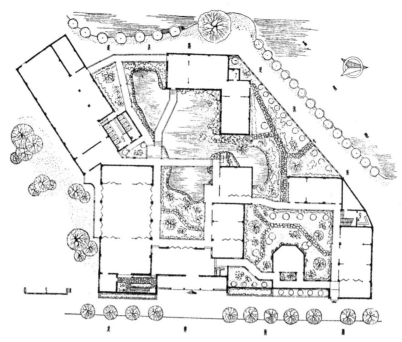

图 4-082 广州，泮溪酒家，1960 年，平面示意

合山地地形，布局沿着山的纵轴展开，空间组合灵活多变，树木、山石、水面穿插其中。值得称道的是它的现代建筑品格，钢筋混凝土构件轻巧挺拔，玻璃天窗和侧面漏窗，大大地丰富了空间的变幻效果，是岭南园林艺术和现代建筑艺术结合的模范之作。

广州，友谊剧院，位于人民北路，坐东朝西，与中国出口商品交易会相邻。该剧院可用作戏剧、歌舞、电影、开会等多功能使用。占地面积 1.5 万平方米，总建筑面积 6370 平方米，1609 座位。

这是在国民经济调整后期的作品，虽然建设条件比较困难，但与中国国情和地域特点相结合的设计思想已经成熟。平面设计紧凑，既满足观众对声、光、视线及空调的多方要求，又处处因地制宜节约造价。根据南方气候特点，在室外组织庭院，作中场休息活动场所，大大缩减了观众休息厅的面积。

结构选型经济合理，除观众厅、舞台的大空间部分外，其余采用小空间及简易结构，如屋盖用大型槽板。为了高效地使用建筑材料，建筑师提出"高材精用、中材高用、低才广用、废材利用"的用材理念，既降低了造价，又精心地处理建筑细部节点，提高了设计水准。广州友谊剧院是具有现代功能的大型公共建筑与国情结合、与地域结合的建筑范例。1993 年获"中国建筑学会优秀建筑创作奖"（1953—1988 年）。

桂林，伏波楼，位于桂林风景点伏波山上，伏波楼又名"涛阁"，既是众所注目的风景点，又是观赏周围胜境的好去处。桂林的山体尺度较小，在这种位置的设计，很难处理与山体之间的关系。建筑师采用了尽量小的体量，同时又采用钢筋混凝土结构，使得建筑可能有较大的空虚部分，使之在小体量之中又透着轻巧。建筑立面由石头的蹬道、台基和石砌外墙组成，建筑融入了山体。是将现代建筑手法与地域传统结合风景建筑的成功实例。

图 4-083　广州，白云山山庄旅舍，1962年，建
筑师：莫伯治、吴威亮（左）
图片引自：岭南建筑丛书《莫伯治集》
图 4-084　广州，白云山山庄旅舍，1962年（右）
图片引自：岭南建筑丛书《莫伯治集》

图 4-085　广州友谊剧院，1964—1965年，建筑
师：广州市建筑设计院：佘畯南、朱石庄、黄浩、
谭卓枝
图片提供：广州市建筑设计院

图 4-086　广州友谊剧院，1964—1965年，观众厅
图片提供：广州市建筑设计院

　　桂林，月牙楼，是风景城市桂林七星岩公园中较大的主要风景建筑。从园林的整体布局
出发安排建筑位置，考虑了主要游览路线、园林对景、历史传承和节约用地等因素。月牙楼
是公园的饮食供应点，有供应地方特色食品的餐厅、茶室和休息大厅。建筑为钢筋混凝土结
构，这就有条件把空间处理得比较通透、轻快。歇山屋顶参考了当地民居的做法，坡度平缓、
轻巧。建筑处理与山石结合，并使用地方材料虎皮石墙，使得建筑的空间和体量都与自然环
境融汇在一起。建筑科学研究院在桂林的工作，为风景建筑在现代建筑的原则下发展作出了
重要贡献。

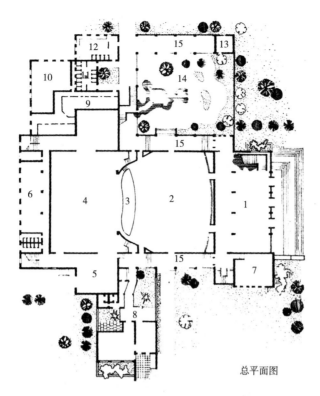

1. 门厅
2. 观众厅
3. 乐池
4. 舞台
5. 副台
6. 化妆室
7. 办公室
8. 贵宾休息室
9. 冷冻机房
10. 空调室
11. 女厕
12. 男厕
13. 小卖部
14. 休息院
15. 休息廊

总平面图

图 4-087　广东，广州友谊剧院，
1964—1965 年，平面示意

图 4-088　广州友谊剧院，1964—1965 年，庭院（左）
图片提供：广州市建筑设计院
图 4-089　广州友谊剧院，外观改造之后（右）

图 4-090　桂林，伏波楼，1964 年，建筑师：莫伯治、吴威亮等；引自岭南建筑丛书《莫伯治集》（左）
图 4-091　桂林，伏波楼，1964 年，细部（右）

图 4-092 桂林，月牙楼，1960 年，建筑科学研究院建筑理论及历史研究室园林组设计

图片引自：国家基本建设委员会建筑科学研究院编《新中国建筑》

图 4-093 兰州，白塔山公园，1958 年，重重层台的全景，建筑师：任震英

图片提供：任震英

兰州，白塔山公园，位于市中心黄河北岸的白塔山上，1958 年 8 月开始利用山下坍塌的古建筑遗址和废墟，经精心设计陆续建成。建筑面积约 8000 平方米。

建筑师任震英曾任兰州市长，1957 年被打成"右派分子"。1958 年当时的市长对戴着"右派帽子"的任震英说，"你有能耐把土山变成公园？"，任说，"当然，但要听我的"。8 月开始，任与工匠一道上山，利用遗址的遗物和西关大寺寺门等古建筑拆除的木料，重新设计组合，仅投资 48 万元建成公园。

建筑群分为三台，利用对称的石阶踏步、石壁、砖雕、亭台和回廊等贯连一体，上下通达、层次分明。一台回廊两侧各有重叠交错的重檐四角亭，又称"错角亭"，上部转角 45°，是处理中国传统建筑极为罕见的手法。循回廊往北，有错综杠杆结构梁架的八角亭。二台牌厦是二台的重点建筑，檐下的"七级云斗"，层层上叠、玲珑剔透，在中国现存的古典建筑之中罕见。三台大厅是主峰衬托下的严整古典建筑，格外壮丽。一、二、三台东侧是露天剧场和其他建筑，如展览馆等亭台楼阁，形成有机整体。建筑小品，如三角形的东风亭，也是古建筑中之少见者。建筑师本人认为，白塔山公园是建筑师、匠人和人民的共同创作，并戏称旧建筑构件重新组合利用的做法是"回锅肉"。

图 4-094　兰州，白塔山公园，1958 年，爬山廊
图片提供：任震英

图 4-095　兰州，白塔山公园，1958 年，七级云斗
图片提供：任震英

图 4-096　兰州，白塔山公园，1958 年，错角亭
图片提供：任震英

图 4-097　兰州，白塔山公园，1958 年，东风亭
图片提供：任震英

（五）老百姓住房怎样了

第一个五年计划期间，由国家投资建设住宅 9454 万平方米，至 1959 年底，又投资建设 6846 万平方米。

1957 年国家建委颁布的民用建筑设计参考指标中，每户住宅的平均建筑面积为 49.5 平方米，建筑系数按 $K=52\%$ 计，居住面积为 23.9~27.6 平方米 / 户，平均 25.8 平方米 / 户。

（1）一室半户占 45%，居住面积 20~24 平方米；

（2）二室户占 35%，居住面积 26~30 平方米；

（3）三室户占 15%，居住面积 34~40 平方米。[①]

这个标准尽管不高，但依然可以满足起码的生存需求。

然而，1959 年以来，住宅问题日益严峻，许多省市不断提出城市住宅问题，要求中央帮助解决。

---

① 参见：国家建委．民用建筑设计参考指标 [S]. 北京：基本建设出版社，1957：46-53.

1. 并非一日之寒

中国住房紧张由来已久，造成城市居住房屋紧张的主要原因有以下几个方面。

（1）和平时期人口飞速地增长。进入1950年代以来，人民生活安定，人口自然增长速度很快。

（2）自1958年"大跃进"以来，工矿企业只顾发展生产而忽视生活，职工成倍甚至几倍地增长，而住宅却增加不多。后来又有"先生产，后生活"的口号，很多企业，先建工厂，后建住房甚至未建住房，新增职工无处居住。

（3）城市人民公社兴办的小型工厂和文教福利事业，占用了不少居住房屋。如1958年南京市占用了80万平方米，广州市占用了51万平方米。

（4）在城市建设中，新建、扩建工厂或大型公共建筑，拓宽道路，拆除了房屋，一般是先拆后建、或拆而未建，使居民住房相对减少。

到了经济困难的1960年，住宅缺乏问题已经相当紧迫，各地对此做出急切的反应。1960年10月15日，中共中央批转建筑工程部党组《关于解决城市住宅问题的报告》，报告提出，要动员国家的、地方的、工矿企业和广大群众的力量，分批分期地建设住宅，力争在三五年内基本缓和居住紧张的局面。应该说，这一报告及时但不逢时，一是经济困难已使住宅建设有心无力，只能做些调研和设计工作；二是待到经济调整初见成效之际，"文革"开始了。

2. 城市住宅：调研和方案先行

上海在1956年进行了规模比较大的居住区规划和住宅设计，其中有9种住宅设计和闵行一条街的规划设计。这些设计在注意到平面布置适用的同时，注意了立面的美观，特别是具有一定的现代感，展开了住宅的新面貌。

1960年，全国各地20多个设计单位组织了住宅设计，在比较短的时间里，设计了近50套方案，方案在面积指标比较低的情况下，呈多样化趋势。其中有"旅馆式"住宅设计，设有公用厨房、食堂和其他服务设施，以适应"大跃进"以来产生的集体生活观念，不过这类设计引起了一些争论。在此期间，住宅技术方面也进行了一些研究，如建筑工程部建筑科学研究院对横墙承重大开间住宅的研究等。

1960这个"大兴调查研究之风"年，也是住宅的调查年，为了解决中国当时住宅建设的一些基本前提和使用中的各种问题，各地对住宅进行了调查。例如，北京工业建筑设计院对北京、广州和上海等地的调查。这些调查，反映出中国的住宅建设数量相对较少，居住水准很不乐观。北京的情况表明，人均建筑面积3~4平方米，厨房、浴室合用的情况比较普遍；广州小巷水上居民人均建筑面积2.0~2.5平方米，新居设置公厕，2~3家合用厨房，"居民很满意"。上海1959年住宅标准设计人均建筑面积5平方米，厨房、浴室近期2户合用。1960年住宅有些方案利用门厅兼作厨房。从调查报告的这些数据与几户合住的现实来看，这些住宅不能算完整意义的住宅，建国10年之久的城市住宅压力，依然难以缓解。

1961年12月15日—24日，中国建筑学会在湛江召开了第三次代表大会，与会代表93人，会议选出了新一届理事会107人，选举建工部副部长杨春茂为理事长。会议以住宅建设为中心议题，分住宅区规划、住宅经济、住宅类型与平面布置、住宅标准化和装配化4个小组，对住宅的各项问题作了深入讨论，并举办了住宅建筑图片展览。杨春茂在会议讲话中，对住宅设计中的几个问题提出了几点意见，可见当时的居住水准。

"（一）是不是每户都要独门独户，独用厨房和厕所？从住户适用方便来说，每家都有一套住宅，独门独户，独用厨房和厕所，大家都会很欢迎。但是，全部独门独户，目前实际上是不可能做到的。

（二）房间大一点好，还是小一点好？从居住舒适来说，房间大一点自然好。从解决一家的分室居住和对住房的需要来看，房间小一点比较好。

（三）房间的室内高度高一点好，还是低一点好？从住得舒适来说，稍高一点比较好。"

从对这些基本问题的提出和简单的回答可以明白，这个时期讨论的住宅问题，是解决有无的起码生存条件问题。从展出的方案来看，的确只是提供起码的生活条件，须知，这样的方案分配到住户的手中，大部分还要变成"合住"。

1963年12月10日—20日，中国建筑学会在江苏无锡举行了年会，与会代表100余人，提出论文129篇。会议显示，1962—1963两年来，建筑设计工作者提出了900多篇论文、1000多个设计方案。这次会议着重讨论了：①城市居住区规划中合理利用土地、合理提高密度和层数、创造安宁、方便的居住环境、居住区规划的组织结构；②城市住宅的标准、提高设计质量、标准化和工业化以及住宅的经济评价等；③农村住宅的构造、节约木材、掌握设计标准和降低造价等问题。在国民经济调整时期，把建筑设计研究的注意力集中向住宅，无疑是一项有长远意义的安排。

可惜的是，对住宅的这些研究是在建设低谷之中进行的，研究方面的热情和成就，大大高于实际建设可能，中国住宅紧缺的局面并无缓和，接踵而来的"十年文革"，使得住宅局面雪上加霜。例如广西壮族自治区首府南宁，在1990年代依然保留的居住条件十分恶劣的旧住宅，有的一层楼上只有一个自来水龙头，居室四壁是没有抹灰的勾缝红砖。

待到国家的局面平静到又可以处理住宅问题的时候，住宅紧缺问题已是积重难返了。

3. 农村住宅：技术支援

农村住宅也是建筑师关注的方面之一。公社化之后，人民公社的规划和住宅问题明显地受到地方政府和建筑规划设计部门的重视。农村住宅因地制宜、施工经济，但传统上多用木料。如果推广混凝土构件，则会面临造价的提高，同时也有施工难度问题。

1962年12月，建筑工程部设计局召开了农村住宅设计工作座谈会。中南、西北、北京、华东、东北、西北等工业建筑设计院和北京、河北、江苏、黑龙江等省市设计院参加了会议。会议主要总结交流各地采用钢筋混凝土构件修建农村住宅的情况。会议就如何降低造价、制订通用图、图纸的深度、建筑模数、结构选型等问题进行了研究，并把设计农村住宅定位成支援农村的任务。由于农村条件所限，加上经济困难，农村住宅依然停留在理想中。

1963 年 10 月 22 日——11 月 2 日，建筑工程部在北京召开了农村建筑设计工作会议，有 17 个省市区的 20 余个设计及科研单位参加会议，粮食部、农垦部等相关单位列席了会议。会议显示，1963 年的 1 月——10 月，各大区和省市设计院以及科研系统，调查了农村生产性建筑 222 个点，写成调查报告 37 份，完成设计项目 296 个；调查了农村住宅 181 个点，提出研究报告 69 份，完成设计项目 246 个。中共中央领导人刘少奇、周恩来、朱德、邓小平等接见了参加会议的代表。对农村建筑的重视，是调整时期政府对农村工作重点之一。

七、域外建筑初试

自 20 世纪初中国诞生第一代中国建筑师以来，就在海外留下了创作足迹。他们在留学异国期间，接受欧美建筑教育熏陶，在学习和实践中，积极参与设计竞赛和实际工程项目，取得了骄人业绩。如梁思成、洪深等人屡次在竞赛中获奖项。杨廷宝 1920 年代在美国保罗·克里特（Paul Cret）事务所工作时，参加了多项大型建筑物的设计。华揽洪 1937—1938 年曾在巴黎郊区的 Bievres 设计建成了一所当时法国也不多见的现代建筑兽医医院。第一代建筑师以自己扎实的设计功底和创造精神，第一次向世界展示了中国建筑师对西方古典建筑和现代建筑的认识和诠释。

（一）国际主义兄弟情谊

新中国成立后的建筑师在海外的建筑活动始于 1956 年，在援外工程中起步。中国政府一直把对外援助作为履行国际主义义务的重要内容，以无偿赠送或低息贷款的方式，向兄弟国家或友好国家提供经济援助。

1956 年，政府决定对蒙古人民共和国提供 1.6 亿卢布的无偿援助，帮助兴建 14 个成套项目，分别由纺织、交通、城建、轻工、水电、森林、建材、农垦等部担任总交货人部，并由城建部和建工部担任土木建筑设计和施工的协作交货人部。先后在宗哈拉、乌兰巴托和苏合巴托完成了多项工业项目，如制砖厂、毛纺厂和玻璃厂等。民用工程中首先进行了 5 万平方米住宅、乌兰巴托跨线公路桥的建造。到 1960 年，援助蒙方完成住宅 22 万平方米、百货大楼 2.2 万平方米，另有总工会疗养院、乔巴山国际宾馆、高级小住宅及政府大厦扩建工程等。

与此同时还开始了对越南、柬埔寨、朝鲜、尼泊尔、也门、阿尔巴尼亚等国的经援项目。

为健全和发展组织机构和施工队伍，1959 年下半年和 1960 年初，先后成立了对外建筑施工局和专业的援外施工公司——中国建筑工程公司。这一阶段所完成的民用项目，大多由建筑工程部北京工业建筑设计院设计，1960 年代初成立了专门设计室。1960 年，建筑工程部召开

图 4-098 巴黎郊区兽医医院，
1938 年，建筑师：华揽洪
图片引自：杨永生主编《中国百名
建筑师》，1999 年

图 4-099 法国马赛中学，1940
年，建筑师：华揽洪
图片引自：杨永生主编《中国百名
建筑师》，1999

了第一次援外工作会议。做出了若干决议，使本系统作为总交货人部的援外工作走上了正轨。
从 1961—1965 年，工程规模逐渐扩大，除建工部直属单位外，扩大到北京、上海，并成立了
中国对外建筑材料供应公司。至此，建工系统援外工作已形成了一个比较完整的体系，为以后
较长时期内援外工程工作的发展奠定了基础，积累了经验。

（二）现代建筑的国外版

相对于国内复杂的建筑创作背景，援外建筑受到的限制显得少得多。在国内没有走通的现
代建筑之路，在援外建筑中得到了发挥，尤其是初期，在经济实力不强、设计周期较短、受援
国较少干预的情况下，建筑师依然追求在国内已经遭到批判的现代建筑。建筑工程部北京工业
建筑设计院建筑师龚德顺等在蒙古乌兰巴托完成的百货大楼、乔巴山国际宾馆、高级小住宅等，
均具有现代建筑的典型艺术特征。

蒙古国，乔巴山，国际宾馆和乔巴山官邸等三幢高级住宅，这几座建筑都是用现代建筑手
法设计的，施工也都非常精心，其内部功能与外部体量统一，空间组合丰富，是国内当时已经
少见的现代"方盒子"建筑构图。

国际宾馆呈灵活而均衡的非对称构图，有简洁的通长大平台，饰以铜管栏杆和混凝土栏板；乔巴山官邸等三幢高级住宅，其形体组合更加大胆，其宽厚的檐口、上部收进的金属柱头，是国内1980年代才开始使用的手法。体量的线条划分、屋顶的结点处理、贴面砖的铺饰，均显示出建筑师龚德顺娴熟运用现代几何构成手法的能力。

蒙古国，乌兰巴托，百货大楼，是应蒙方要求为国庆而兴建的百货大楼。建筑面积2.2万平方米，主要功能有商场、仓库，顶部有一个小剧场。由于蒙方要求按照北京百货大楼设计，所以建筑的基本立面构图、比例及平面都很像北京市百货大楼，但建筑师作了更简化的处理，没有附加装饰，线条简洁挺拔，底层开大面积玻璃窗。

比较一下龚德顺等建筑师几乎同期在国内和国外建筑创作实践的不同，是很有意思的事，他们本人在国内外的设计，存在着观念和手法的巨大反差。同一时期龚德顺设计的北京建工部大楼，虽然也是平顶建筑，但还是在钢筋混凝土建筑上，塑造一些传统建筑构件的形象、装饰和纹样，而不是全盘的现代手法。如此反差，恰恰揭示了这一时期建筑创作思潮的深层特征。

越南，河内，国会大厦方案。1959年国庆，越南主席胡志明参观了北京人民大会堂，留下深刻印象，中方向越方赠送了大会堂的全套图纸。越南劳动党中央决定在河内建造国会大厦，并委托中国建工部承担设计任务。1960年初，中方派出专家组赴越进行设计。越南国会大厦的

图4-100 蒙古国，乔巴山国际宾馆，1960年，建筑师：建工部北京工业建筑设计院龚德顺
图片提供：龚德顺

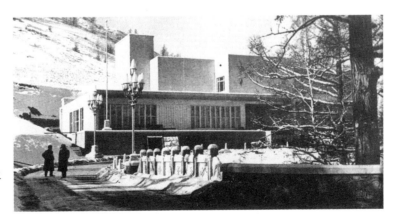

图4-101 蒙古国，乔巴山高级住宅之一，1960年
图片提供：龚德顺

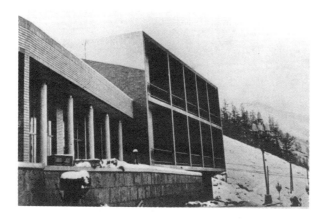

图 4-102 蒙古国，乔巴山高级住宅之二，1960 年（左）
图片提供：龚德顺
图 4-103 蒙古国，乌兰巴托百货大楼，1961 年，建筑
师：建工部北京工业建筑设计院龚德顺（右）
图片提供：中国建筑设计研究院，张广源

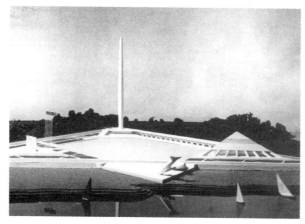

图 4-104 古巴，吉隆滩纪念碑设计方案，1963 年，建
筑师：建工部北京工业建筑设计院龚德顺、李宗浩
图片提供：龚德顺

规模较人民大会堂要小得多，但功能一应俱全。建筑面积 5 万平方米，主要包括 1500 人礼堂、500 人宴会厅及办公楼等。

为强调纪念性，立面构图严谨对称，顶部以重檐四角攒尖亭统领构图，带有一定的越南民族形式。与此同时，越南建筑学会主席（曾留苏）也作了一个方案，中间是高耸的尖塔。在审阅方案时，中方的方案被指责为"封建式的"。中方专家组组长袁镜身据理力争，他分析了塔楼式方案在功能上的缺陷，在形式上受到苏联帐篷顶风格的影响。并委婉表达出不要随意贴政治标签的意见。最终，中方的方案以其合理的功能和体现民族形式，被审阅通过。建工部设计院完成了全部建筑图和施工图设计。后因越战爆发，终未建成。

（三）国际竞赛初试锋芒

1950 年代，中国建筑师只参加了社会主义国家举办的极少数国际设计竞赛，如莫斯科新区和波兰华沙英雄第二次世界大战纪念物国际竞赛等。1957 年，在波兰华沙英雄第二次世界大战纪念物国际竞赛中，戴复东的方案获方案收买奖。

1963 年，为纪念古巴在吉隆滩反击美国登陆战役的胜利，在海湾现场建造纪念物。国际建协受委托举办此次竞赛。中国建筑学会组织了全国范围内的方案征集、筛选，提交了 20 个方案，这些方案大多数强调对胜利的纪念，通过宏伟的纪念物，来表现胜利的主题。

在这次国际竞赛中，龚德顺、李宗浩的设计方案获荣誉奖。一根挺拔的变截面纪念柱，统一了建筑的构图，地面建筑的连廊以及底部透空的金字塔形展览馆，造型洗练而新颖，是当时新潮的设计。

在各个国家送交的272个方案中，波兰的一个方案获一等奖，该方案海面上设置指向陆地的巨石，靠岸处石块形体逐渐破碎，象征入侵者的来势与失败。前几名获奖方案的构思均注重历史客观地反映当时的战斗状况，保持原有自然环境。中国方案反映出我国建筑师在相对封闭的创作环境中，对课题的独立思考。

第五章

革命性、地域性和现代性："设计革命"
和"文化大革命"中的建筑，1965—
1976 年

1966 年至 1976 年的"文化大革命"，是一场由领导者错误发动，被反革命集团利用，给党、国家和人民造成严重灾难的内乱。这场全局性、长时间的"左"倾严重错误，使党和国家的工作、社会秩序受到巨大破坏，给我国社会主义事业造成新中国成立以来最严重的挫折，教训极其深刻。[①]

在建筑创作领域，这场动乱从"设计革命"开始。

一、设计要革命的号召

1964 年，毛泽东提出了"设计革命"，1965 年全国"设计革命"工作会议的召开，就意味着全国设计界和建筑界的"文化大革命"已实际开始。

（一）"设计革命"的批示

1964 年 8 月起，毛泽东就经济领域，提出了"企业管理革命""经济管理革命"以及"设计革命"等一系列领域须要革命的问题。11 月 1 日，他就"设计革命"作了批示：

"要在明年二月召开全国设计会议之前，发动所有的设计院，都投入群众性的设计革命运动中去，充分讨论，畅所欲言。以三个月的时间，可以取得很大成绩。"

国务院副总理李富春也对"设计革命"作出指示：

"计划、设计、劳动工资等等问题，要坚决打破苏联框框是根本问题，不打破现代修正主义和现代教条主义的影响，我们就不能从中国实际出发，从群众的创造出发，而打破框框绝不是修修补补的改良办法可以做到的，必须'敢想敢干、破除迷信'，使我们思想和工作革命化。"

石油部设计院在炼油厂设计中，进行了肃清苏联影响的讨论，并将情况报告中央，李富春对此作了批示。可以看出，这个运动主要矛头是针对苏联"现代修正主义"的。

（二）打破苏修的条条框框

中国的设计体制、工作秩序乃至设计思想，都是在第一个五年计划时期，按照苏联的模式建立起来的，经过多年实践，且面对着新的形势，这种模式反映出许多不适合中国国情之处；

---

① 中共中央党史研究室. 中国共产党的九十年——社会主义革命和建设时期 [M]. 北京：中共党史出版社，党建读物出版社，2016：560.

赫鲁晓夫等苏联领导人在国内外实行的一系列政策，与斯大林时期颇多对立，对此，中国共产党认为苏联已经堕落成为现代修正主义。这样，"设计革命"所反对的苏联框框，一方面是指过去旧建筑体制的框框，实际上也针对当前现代修正主义的新危险。

自毛泽东发出"设计革命"的号召之后，各大设计单位开始进行"打破设计框框"的运动。即发动群众，检查工程，揭发被认为设计上是少慢差费的旧框框。这些单位认为，无论是设计思想、规范定额、领导和管理制度、工作作风等都存在着一些严重的问题。

1964 年 11 月 14 日—18 日，建筑工程部召开的直属勘察设计院长座谈会认为：

> "这些框框，主要是从苏联搬来的，也有从资本主义国家搬来的和我们自己形成的。上下都按照框框办事。尤其在领导思想上，这几年脱离了党的方针政策，分散主义、官僚主义、教条主义严重，不认真执行甚至歪曲党的路线、方针、政策，特别是在建筑设计方面，过分宣扬建筑艺术的作用，把形式美观放在第一位，提倡'大'而'全'，'洋'而'新'，追求高标准的情况，在各设计单位非常泛滥。"

但是，建筑工程部主管业务的行政部门，并没忘记 1958 年以来设计中的教训，在 11 月为准备全国设计工作会议上报国家计委的资料里说："没有勘察，不能设计、没有设计，不能施工，是基本建设的客观规律"；在掌握设计标准方面，也记取了自 1950 年代之初就开始的忽高忽低、反反复复的局面；同时还要求提高技术，攻克技术的薄弱环节，提倡标准设计等。

然而，主管思想方面的部门，在 12 月 4 日发出的《关于设计革命的指示》里，说出了"设计革命"的基本目标。

> "这是一个从设计思想到设计内容、设计方法，从技术理论到技术规范、管理制度的设计革命，基本目的是打破阻碍我国设计工作发展的各种旧框框、洋框框，摆脱苏联的一套框框的束缚，克服资产阶级思想的影响，创造和摸索一条以毛泽东思想挂帅的，适合我国情况的，符合多快好省总路线的设计道路，使我国的设计队伍走向革命化，设计工作走向革命化。这也是在设计领域内多快好省同少慢差费两条路线的斗争，社会主义同资本主义两种设计思想的斗争，是兴无产阶级思想灭资产阶级思想的一场阶级斗争。"

这个运动在打破苏联框框的同时，要在设计领域进行阶级斗争。

（三）"解剖麻雀"和"下楼出院"

1. "三门干部"的"三脱离"

"设计革命"运动认为，从事设计工作的知识分子，大多数是从"家门"到"校门"再到"机关大门"的"三门干部"；这种干部存在着"脱离政治""脱离实际""脱离群众"的"三脱离倾向"。《关于设计革命的指示》里，列举了这些知识分子在建筑设计中具体表现出来的阶级斗争现象。

> "……在结构上不从实际出发，不区别对待，生搬硬套，为新而新；在工业建筑上贪大求新，把厂前区、福利区搞得富丽堂皇，不注意经济效果；在民用建筑上追求高标准，按照资产阶级生活方式的要求，搞豪华奢侈的装饰和设备，热衷于小桥流水，亭台楼阁；在城市建设上不考虑我国实际情况和城市发展方向，片面的贪大求全、追求标准，讲究宽敞、美观和'时代'风格；在勘察设计上不从设计实际需要出发，盲目增大测绘工作量，采用老一套的勘察手段，形成偏大、偏高、偏繁；有些设计人员争名图利，好大喜功，标新立异，为自己树立'纪念碑'；有些设计人员爱好按繁琐的不合理的'常规'办事，'只求合法，不顾合理'，对人民事业极其不负责任，还长期不自觉等等。这些，实质上都是资产阶级思想在设计工作中的表现，是修正主义思潮在设计中的反映。因此，遵照毛主席的指示，开展一次群众性的设计革命运动是非常必要的。"

2. 全国"设计革命"会议：确有两条路线的斗争

1965 年 3 月 16 日—4 月 4 日，由国家基本建设委员会主持的全国设计工作会议在北京召开。会议总结了自从毛泽东发出"设计革命"四个月以来，各地进行"设计革命"的情况和经验，提出"设计革命"的目标是培养一支用毛泽东思想武装起来的设计队伍，因此必须解决 5 个方面的问题：

（1）在设计工作中坚持政治挂帅的原则；

（2）树立深入实际、联系群众的革命化作风；

（3）改革不合理的规章制度；

（4）整顿设计队伍，选拔新生力量；

（5）健全设计工作的领导机构，加强对设计工作的领导。

1965 年 4 月 10 日，《人民日报》报道了全国"设计革命"会议，并发表了社论：《为设计革命化而斗争》。社论指出，"设计工作革命化，是一项长期艰巨的任务。设计工作革命化的两个基本问题，是设计人员的思想革命化和领导工作的革命化。"说到设计人员的思想，社论提出：

> "设计人员在前进的道路上存在着两个敌人，一个是个人主义。表现较多的是追求个人名利，计较个人得失，以雇佣观点和不负责任的态度来对待工作。另一个是'本本主义'。就是不调查不研究实际情况，不总结广大群众的创造，一切按照书本上的条条办事。设计人员要实现思想革命化，必须打倒这两个敌人，自觉地进行思想改造。"

虽然这场"设计革命"具有明显的"左"倾性质，但由于广大设计人员亲历过"大跃进"的灾难性后果，又经过近五年的全面调整，故对一些过去的教训存有警觉并进行了抗争。比如，在讨论薄一波和谷牧的报告时，有些代表就提出：“要防止片面节约的倾向”“不要丢了一个框框又不自觉地套上另一个框框”“设计革命不要从一个极端发展到另一个极端。现在强调反对建筑上的高标准，但要防止片面性，东北地区过去二层楼的宿舍，墙壁是两砖厚，现在只有一砖厚了。”对于现场设计，有的人认为不一定提为“方向”“是否要在现场设计，要看具体情况而定，因此现场设计，是一个方法问题。”①

又如，《会议简报》（8）期上刊登了代表提出的意见，在“设计革命”运动中，不可乱提口号，天津拖拉机厂现场设计中，领导曾经提过一些不恰当的口号。如“现场设计以工人为主，工人说了算”。这个口号在部分技术人员中引起不良影响，有的说：“工人说了算，技术人员谁都别说话了”。

3. “解剖麻雀”，“下楼出院”

“设计革命”经过了“揭发批判”阶段之后，开始“解剖麻雀”——把某个项目拿来具体分析批判。许多作品或细部，被认为是“高、大、洋、全、古”“洋、怪、飞”，其中“飞”的意思是，不能被接受的新奇建筑造型。

在“解剖麻雀”的过程中，几乎所有的设计单位都有一些无聊分子揭发自己的同行。他们牵强附会，罗织罪名，把设计中本来没有的事情指为罪证。比如，一位姓钟的建筑师在建筑的总平面里设计了一个钟塔，被指为自我表现；更有人在设计图案中找到了“双十”或“青天白日”，后果就更加可怕了。

在建筑设计中，设计人员难免有不同见解或失误，是学术问题抑或是工作缺点，以运动的方式提高到阶级斗争的高度解决这些问题，实难令设计人员心悦诚服。

解决“三门干部”的“三脱离”，具体措施是：“下楼出院”“三结合”“现场设计”。大部分设计单位派出了设计小分队，奔赴设计现场，在现场与使用单位和施工单位“三结合”，以求得正确的设计，有时设计人员常驻工地，以方便“为施工服务”，从而完成“设计革命”化的全过程。现场设计可以更周详地占有资料，也不失一种可行的设计方法，但客观上又使设计力量分散，工作条件恶化，眼光局限，不利于创作和新技术的探讨。

以这种思维模式和操作方法，代替技术和学术的正常运行，在建筑界乃至全国学术界一再重复。

1965年5月，建筑工程部设计局发布《关于把政治工作做到设计业务中去的意见》，意见要求在设计工作中应该：“发扬技术民主。要贯彻执行百家争鸣的方针，把设计方案、设计原则、重要的技术措施、重大的技术问题提交设计人员充分讨论，畅所欲言，允许发表不同见解，展开争论，而后按照技术责任制度由有关人员做出决定。反对只靠少数专家。反对自以为是，独断专行、故步自封、骄傲自满。”

---

① 引自《会议简报》（2），1965（3）：17.

在谈到知识分子时，文件说："正确贯彻执行团结、教育、改造知识分子的政策，充分发挥其专长，对知识分子的看法要一分为二，既要看到他们的缺点，又要看到他们的进步，既要划清阶级界限又要改正唯成分论，既要加强思想改造，又要热情帮助，既要反对无原则迁就，又要防止简单粗暴的做法。"

不过，总的方针还是很快地"左"倾，这个文件被指责为"谬论""二元论"和"折中主义"。

（四）贯彻"干打垒"

1. 革命圣地的革命会议

1966 年 3 月 21 日，中国建筑学会第四次代表大会在革命圣地延安召开。

参加会议的代表 130 人，列席代表 20 人，选举建筑工程部副部长闫子祥为理事长，梁思成、杨廷宝等 10 人为副理事长，花贻庚为秘书长，选出常务理事 40 人，理事 155 人。

除了一般的会务之外，这次会议主要有两个内容：一是要建筑学会"突出政治""革命化"；二是贯彻"干打垒"精神。

"干打垒"是中国东北地区农村一种用夯土打制的简易住宅。1960 年，大庆油田建设的初期，油田职工缺乏住房，他们学习当地农民用"干打垒"的方法建房，使几万职工在草原上立足。随着油田建设的发展，如何建设矿区的问题，被认为是社会主义和资本主义、修正主义之间的一场"两种思想、两条道路的尖锐斗争"。当时采取了坚决不建集中城市，不建标准福利设施，不建楼堂馆所的原则，而是根据油田的情况，分散设置居民点。1964 年，油田

图 5-001 大庆职工的"干打垒"住宅
图片引自：建筑学报，1966（04、05 合刊）

图 5-002 "能往地下钻井，能在地上盖房"，速写，1963 年，作者：邵宇
图片引自：建筑学报，1966（04、05 合刊）

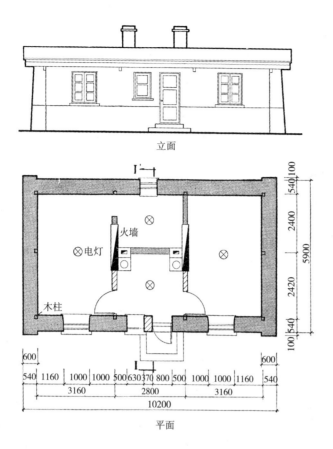

立面

平面

图 5-003　大庆，6503 型职工住宅，1965 年，大庆油田建设设计研究院
图片引自：建筑学报，1966（04、05 合刊）

的建筑设计人员，把当地民间"干打垒"的方法加以改进，并利用就地材料油渣、苇草以及黄土等，做成为一种新的"干打垒"建筑。当时正值经济困难时期，采取这些措施，不失为合理而令人感动的事迹。

　　在中国建筑学会第四次代表大会上，大庆油田建设设计研究院的代表介绍了他们如何执行"工农结合、城乡结合、有利生产、方便生活"的建设原则，如何用"干打垒"的方法建设新矿区。这些经验被提高到极大的政治高度，成为一种"干打垒"精神，并向全国推广。

　　　"会议认为，大庆'干打垒'精神，就是继承和发扬延安的革命传统。就是以毛主席著作为最高指示，以阶级斗争和两条道路斗争为纲，防止和平演变，防止修正主义，实行工农结合、城乡结合，逐步消灭三个差别。[①] 就是发扬自力更生，艰苦奋斗的优良传统，发扬理论与实际相结合的作风，发扬紧密联系群众的作风，发扬自我批评的作风。就是敢创敢超的革命精神与实事求是的科学态度相结合，坚持生产技术求新，生活设施从简的原则，做到技术为无产阶级政治服务，为社会主义革命和社会主义建设服务，全面实现多快好省，闯出一条我国自己的道路。"[②]

---

① 三个差别是指：工农差别、城乡差别以及体力劳动和脑力劳动之间的差别——引者注。
② 参见：突出政治，在建筑学会工作中更高地举起毛泽东思想的伟大红旗 [J]. 建筑学报，1966（4–5）.

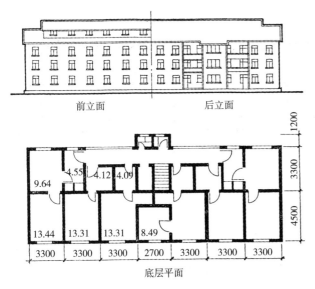

图 5-004　住宅方案 6，1966 年，平面和立面，江苏省建设厅勘察设计院
图片引自：建筑学报，1966（04、05 合刊）

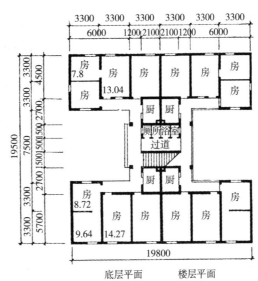

图 5-005　住宅方案 10，1966 年，平面，广东省建筑设计院
图片引自：建筑学报，1966（04、05 合刊）

图 5-006　住宅方案 10，1966 年，立面，广东省建筑设计院
图片引自：建筑学报，1966（04、05 合刊）

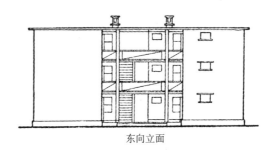

　　"干打垒"精神，已经成为一种无所不包的革命精神。不过它的实质却非常明确，那就是，动员设计人员，在资金缺乏、材料不足的情况下，也要做出设计来。所有的措施，无非是降低造价、节约材料以至"因材设计、废料利用"。在会议上展出的正规住宅方案里，可以明显地看出这些措施。

　　1964 年的住宅造价为每平方米 53 元，这次会议上展出的住宅造价平均每平方米 36 元：建工部建筑标准设计研究所的设计为 25.5 元，上海市规划建筑设计院 25 元，长沙市房地产管理局和湖南大学合作的方案 23.45 元。这还不是最低的数字。建筑的平面系数（使用面积/建筑面积）大幅度提高，平均 70.30%，江苏省建设厅勘察设计院、宁夏回族自治区计划委员会设计室的方案平面系数高达 80%，几乎没有辅助面积可用。

　　广大设计人员被迫使设计的思想"革命化"，以适应这种局面。

　　"干打垒"是具有强烈地域特色的农村建筑，在油田创业的初期，在缺乏正规建设条件的情况下，用以解决燃眉之急，不但合理也很必要。因地制宜、厉行节约，创造地方特色的建筑，原本也是建筑师乐道的事。

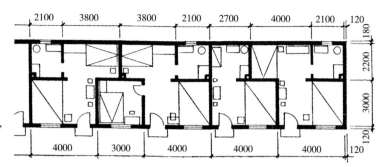

图5-007　住宅方案14，1966，平面局部，
包头市城市建设局勘测设计室
图片引自：建筑学报，1966（04、05合刊）

然而，推广"干打垒"的运动，不可避免地成为一个政治运动，此后的发展，基本上是非建筑的、非科学的。会议之后，各地在贯彻"干打垒"精神方面，做出了一些努力，如在第二汽车厂的建设中，现场命令一律采用"干打垒"；有些地方有红砖也不许使用，竟在锻锤轰击的锻工车间采用"干打垒"，以至在投产后不得不重新再建。四川资阳431厂采用的机制土坯砖，由于不能粘合而加入多种有粘结性能的材料，其造价超过当地红砖将近一倍。当时的激进言论曾经要求北京也应该搞"干打垒"。由于思想的偏差，这个运动实际成了推行土坯和简易材料的运动。"干打垒"精神难以贯彻，已经建成的"干打垒"建筑实物也难以久存。

（五）"设计革命"的尾声

1971年3月29日—5月31日，国家基本建设委员会又在北京召开了"全国设计革命会议"。这次会议是在周恩来1971年2月11日向中共中央政治局报告1971年全国计划会议的情况之后召开的，显然这是在"抓革命"的混乱中力图"促生产"的努力。

参加会议的有29个省市区、国务院工交各部以及各建设单位和设计单位的代表641人，其中工人代表110人，参加"三结合"领导班子的30多人。会议主持人提出这次会议要解决的问题是：

（1）继续狠批"大、洋、全"等资产阶级设计思想；

（2）要讨论研究设计体制和组织机构的改革，有步骤地解决设计工作中依靠什么人、采取什么组织形式和工作方法的问题；

（3）要总结交流设计人员接受工农兵再教育实现思想革命化的经验，实行"三结合"现场设计的经验，讨论如何加强设计管理工作等方面的问题。

1974年11月1日，是毛泽东发出"设计革命"号召的十周年，《人民日报》发表了《设计革命胜利的十年》的社论。在这个社论中，继承了十年"设计革命"以来的"革命传统"，但显然突出了"独立自主、自力更生、艰苦奋斗、勤俭建国"的内容，最尖锐的矛头指向"社会帝国主义"（苏联）。对于设计人员，态度有所缓和，看到了更多的成绩。在设计领域的阶级斗争、路线斗争方面，似乎已是强弩之末，此后浓烈的火药气氛逐渐消散。

二、全面停滞和局部前进

在贯彻"干打垒"精神不久，以中共中央下达《五一六通知》为标志的"文化大革命"正式开始。

"文革"期间，正常的建设基本停顿，全国的设计单位也基本瘫痪。广大的设计工作者，特别资深的技术人员和领导干部，被指为"反动学术权威"和"党内走资本主义道路的当权派"，受到了冲击。

在建筑界，首当其冲的是建筑学会和刘秀峰以及他的《创造中国的社会主义的建筑新风格》。1966年10月出版的第6期《建筑学报》上，新编辑部发表公告，对《建筑学报》之前发表这篇文章进行了致命的指责。

广大设计人员，在恶劣的条件下，为保证仅有的设计和施工质量，作出了不懈的努力。但是，这些在总体上收效甚微，只能在有限的局部起作用。

许多教学、科研和设计单位，把知识分子送往各地的干校去劳动改造。刘秀峰、梁思成、刘敦桢等干部和专家组建的建筑科学研究院建筑历史与理论研究室，在1965年被解散。

虽然明令要坚决贯彻"适用、经济，在可能条件下注意美观"的建筑方针，实际上只剩下两个最明确的内容：一是"突出政治"；二是"突出节约"。在这种状态下的建筑设计人员，如果不违背前面所说的一般原则，倒也可以在有限的条件下发挥作用，以至对地域性或领域性（特定的职能领域或部门）建筑作出特定贡献。

"文革"中的某些局部建筑现象，可以概括为：革命性建筑、地域性建筑、领域性建筑，以及从中所表露的现代性。地域性和领域性这两类建筑，都是反映某种局部范围的建筑现象，不过，前者的特征主要是通过自然条件形成的，而后者主要是社会或人文因素。

（一）革命性建筑的象征性

当时的革命性建筑有两个基本特征：一是建筑的功能是宣传"毛泽东思想"和中国共产党的"路线斗争"，二是让建筑设计表现具体革命内容。但是，建筑本身表现思想内容的能力有限，而且常常不易识别。"文革"中的革命建筑，把表现革命的手法推向了极端，显露出极不合理的一面。这类建筑虽然对建筑的基本功能没有决定性的妨碍，但在设计思想上造成的混乱不可低估，至今，一些甲方或行政长官经常让建筑师给建筑加上沉重不堪的"思想"负担。

革命性建筑的表现手法大体上分为两类：一是形象的明喻；二是数字的暗喻。

形象的明喻，是指在建筑设计中，将建筑的体量、局部、细部或装饰，处理成具有某种含义的具体形象，观者从这种形象中得到启示，产生对建筑含义的联想。

数字的暗喻是用特定有含义的数字，来确定建筑的体量、局部、构件或细部的尺寸，企图也将这个数字的含义包含在建筑之中。在建筑实践中，这种数字在大部分情况下不能认识，因此，观者体会建筑的意义有很大的局限。

"文革"的典型革命性建筑是毛泽东思想胜利万岁展览馆，群众称之为"万岁馆"；同时还有一些其他纪念性建筑。在不同的地区，对这些建筑的革命含义有不同的政治要求。

成都，四川毛泽东思想胜利万岁展览馆，是中华人民共和国成立20周年之际，为庆祝毛泽东思想的伟大胜利而建的"向毛主席敬献忠心"的"忠"字工程。为显示工程的重要，领导人将展览馆设置在成都市中心明代蜀王府（俗称"皇城"）旧址，为此，拆除了明代蜀王府城门以及清代做贡院时期所建造的明远楼、致公堂等古建筑5000余平方米，推倒明代城墙1500余米。

建筑由主馆、检阅台和毛泽东巨像三部分组成。主馆平面呈"中"字形，建筑的两侧原来建有省、市的办公楼再加上检阅台，略呈一个"心"字，毛泽东巨像就成为心字当中的一点。这样，建筑群的平面布局就是一个大大的"忠"字。建筑立面处理，寓意当时最响亮的口号"三忠于"（永远忠于毛主席、永远忠于毛泽东思想、永远忠于毛主席的无产阶级革命路线）、"四无限"（对我们的伟大领袖毛主席无限热爱、无限信仰、无限崇拜、无限忠诚）。建筑由四个巨大没有柱头限定的柱状体（"四无限"），把体量横向分成三段（"三忠于"）；中段有10根红色花岗石柱子把建筑分为9个开间，隐喻中共第九次全国代表大会的召开和中共中央下达的文件《解决四川问题的十条意见》（简称"红十条"）；检阅台有23级踏步，隐喻中共中央发布的《农村社会主义教育运动中目前提出的一些问题》（即二十三条）；台阶总高8.1米，隐喻"八一"南昌起义；毛泽东巨像底座高7.1米，隐喻中国共产党的诞生日；像高12.26米，隐喻毛泽东的生日12月26日。这是一个十分典型的用数字或文字暗喻的建筑实例，但人们很难察觉这些暗喻。

广州，广东展览馆，是用具体形象明喻的典型建筑。位于广东农民讲习所旧址旁边，建筑表现的主题是"星星之火可以燎原"，作者以火把作为母题也是明喻的具体形象。在主体建筑的中央，设一个方形的塔楼，塔顶设一巨大火把，四周设置四个小火把；在建筑的立面上，设置浮雕，上面有中国革命的历程；庭院路灯的灯罩，也采用了红色的火把图案；展览馆的铁围栏也使用了成排火把图案，共同加强了这一主题。

图5-008　成都，四川毛泽东思想胜利万岁展览馆，1969年，设计单位：西南建筑设计院

图5-009　广州，广东展览馆，正中有象征星火燎原的火把

图 5-010 广州，广东展览馆，门头；有象征遵义会议、井冈山、延安等历史阶段的图案

图 5-011 广州，广东展览馆，围栏的火把灯具和火把围栏图案

图 5-012 长沙，清水塘展览馆

图 5-013 长沙，清水塘展览馆，庭院中梭标形路灯

长沙被称为是"红太阳升起的地方"，这里的革命纪念地，多以农民起义使用的"梭标""红太阳"等形象来作为明喻的图案。

长沙，清水塘展览馆，是毛泽东等早期革命活动的地址，该馆立面上，一面红旗占据了最重要的位置，红旗上面有青年毛泽东的画像。庭院中的路灯，采用农民起义的武器"梭标"形象。

长沙展览馆，立面的两侧突起，圆形火把，中部有个镶着青年毛泽东画像的红太阳，以表达展馆的多层思想内涵。"文革"中各省多数建立了此类展览馆。

贵阳，贵州省毛泽东思想万岁展览馆，建筑的平面呈横"日"字形，四周的展室围绕着两个庭院，展室相互串通，流线组织灵活。建筑的立面长 140 米，高 15 米、进深 6 米的柱廊形成建筑的主要立面。立面使人想到北京的人民大会堂。

如今，这类展览馆多数已经易作他用，这不但证明建筑表现革命性的能力十分有限，而且

图 5-014　长沙展览馆

图 5-015　贵阳，贵州省毛泽东思想万岁展览馆，1968 年，设计：贵州省建筑设计院（左）

图 5-016　贵阳，贵州省毛泽东思想万岁展览馆，细部有北京人大会堂的影响（右）

图 5-017　南昌，江西省展览馆

图 5-018　福州，福建省展览馆

图 5-019　长沙火车站，1977 年，建筑师：
湖南省建筑设计院、湖南大学建筑系王绍
俊等

图 5-020　郑州，"二七"纪念塔，1971 年，
建筑师：郑州市建筑设计院胡诗仙（左）
图片引自：《中国百名一级注册建筑师作品
选》第三卷
图 5-021　郑州，"二七"纪念塔，1971 年，
平面（右）
图片引自：《中国百名一级注册建筑师作品
选》第三卷

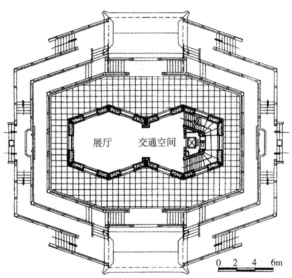

建筑的革命性是一时设定的，一旦情况变了，原来设定的含义也就烟消云散了。

长沙火车站，为线下型通过式车站，建筑面积 4.2064 万平方米，日发送旅客量 3 万～3.6 万人，最高积聚人数 6000 人。建筑严谨对称，中间大厅的上部设立高出屋面 35.1 米的钟塔，钟塔顶尖为 9 米高的红色火炬。在设计过程中，火炬飘向的方位成了问题：无论飘向何方都有政治上的不妥当，如向西，被认为"倒向西方"；如向东，则是"西风压倒东风"。最后决定向上，群众戏称"朝天辣椒"。这是在大型功能性建筑中运用明喻手法的典型实例。

郑州，"二七"纪念塔，是为纪念 1923 年 2 月 7 日京汉铁路工人大罢工牺牲的两位烈士而设立，位于当年悬挂牺牲者首级处，即今之"二七"广场上。纪念碑采用双塔型，在总体布局中，把交通中心引向塔北，塔南专辟游览广场。

两个塔体的平面各为不等边的六边形相互连接，一边为交通厅，一边为展览厅。总高 56 米，是当时河南最高的建筑。建筑大量采用了数字的暗喻手法：建筑面积 1923 平方米，喻 1923 年；两个塔原设计各 7 层，喻"二七"，后因比例不佳改为 9 层；应群众要求塔顶设两个钟亭，暗

图 5-022　延安革命纪念馆，1972 年，建筑师：陕西省建筑设计院顾宝和
图片提供：顾宝和

喻两位烈士。

延安革命纪念馆，与一些用明喻或隐喻的革命性建筑不同，在欠发达地区则采用朴素的形象表达革命传统，如延安革命纪念馆。建筑位于延安市东部王家坪，背山面河，环境幽静。

纪念馆是主要展示中国共产党 1935—1947 年在延安和陕北活动的专题馆，建筑面积 6200 平方米，平面为"日"字形，展览路线流畅，自然采光。主馆为单层，只有门厅为二层，做歇山屋顶，以突出主体。建筑采用当地的石材，砌筑 2 米高的基座和台阶，与环境浑然一体。朴实无华的建筑，反映当时艰苦奋斗的意境。

（二）自发自强地域性

"文革"期间各地的无形割据和对建筑设计的疏于管理，为分散在全国各地的建筑师留下了一线创作的缝隙。下放到地方的或有机会的建筑师，在自己的创作中，反映出所在地方强烈的地域性。这里所说的地域性，有双层含义：一是建筑反映当地的自然条件和风土人情；二是建筑师对国情有深刻的理解，真实地反映出当时当地建设条件。建筑崇尚纯朴，毫不铺张，留下一个创业时代的谨慎和清新。

1. 南国独秀

1960 年代之后，广州建筑师对地域性建筑的探索没有停止。温暖的气候和得天独厚的自然条件，注定广州有丰富的园林建筑文化传统，建筑师在探索新建筑的同时，新园林与之并肩而行。这种探索，并不是把园林和建筑作简单的组合，而是注入一定的使用功能，在美化环境的同时，改善环境和卫生条件。

例如，前庭绿化可分隔空间、阻隔噪声、减弱视线；利用庭园作交流空间甚至集会空间；可结合防火考虑庭园，如在高低结合的建筑中以庭园相隔，可避免低层火警对高层的威胁，水池的设置可结合消防储水；室内外的空间相互渗透，融为一体等等。可贵的是，园林的设置与现代生活、现代建筑材料和工艺结合，在当时，也可以被淡化为"过时"的情调。这样，新园林就自然地同新建筑结合在一起，取得了良好的效果，在全国有广泛的影响，甚至影响到北方。

广州，旷泉客舍，位于广州三元里，当地有温泉资源，是将原有仓库扩建、改建而成。总平面布置中有多个院落，建筑空间紧密结合自然环境，到处有精致的大小庭院与巧妙绿化，使原来没有观赏价值的平淡的仓库形成为具有自然魅力的场所。

主体公共活动部分，是敞开的支柱层，客舍的标准层不设会议室和会议厅，利用支柱层开会，减少了会议和文娱活动的使用面积。在这座建筑里，人们几乎感觉不到建筑立面的存在，简洁的立面处理成为园林环境的一部分，是传统园林与现代建筑相结合的良好范例。于1993年获"中国建筑学会优秀建筑创作奖"（1953—1988年）。

广州少年宫，是一组在条件十分简陋的情况下建成的极为朴实的科教建筑群。作者把流花湖畔某化工厂破烂的遗址变成绿草如茵、内容丰富的科学园地。建筑群的主要特点是：①善

图 5-023　广州，旷泉客舍，1972—1974年，建筑师：广州市城市规划局设计组莫伯治、陈伟廉、李慧仁等

图 5-025　广州，旷泉客舍，1972—1974年，室内处理

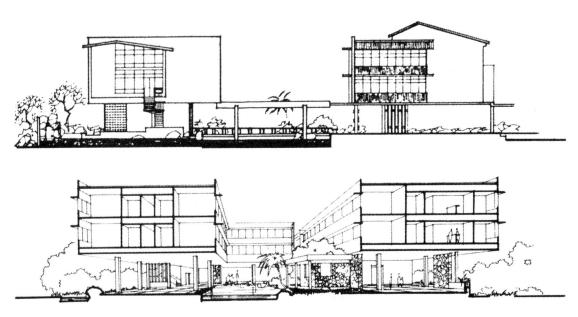

图 5-024　广州，旷泉客舍，1972—1974年，立面和剖面示意图

图 5-026　广州少年宫，
1966 年，建筑师：广州市
建筑设计院佘峻南（左）
图 5-027　广州少年宫，
1966 年，大门空间（右）

图 5-028　广州少年宫，
1966 年，活动室

于利用旧建筑和现有条件，以极为普通的地方材料和朴素的建筑做法，改造成为广大少年儿童
向往的"地道""航天馆""飞机库""天文台"等；②建筑创作中考虑国情国力的经济性原则，
以有限的资金新建科学馆、芭蕾舞厅和园林绿化；③设计手法简洁，追求建筑的现代性，创造
了令人感到十分亲切的现代建筑。作为创作过无数大型建筑的佘峻南总建筑师，曾把这项看来
"简陋"的项目作为自己最重要的设计之一，是作者胸怀对儿童爱心之作。

广州白云宾馆，为适应外贸需要，广州市成立外贸工程领导小组，下设设计组，建筑师林
克明为组长，建筑师莫伯治等主持设计。

位于环市东路，建筑面积 5.86 万平方米，33 层，高 114.05 米，客房 881 间，结构采用板
式剪力墙体系。低层为大跨度的公共部分，高层为客房。宾馆的前院，保留了山冈和树林，尽
量不破坏自然环境，不仅节约了土方，而且使主楼与交通干线之间有一个适当的隔离，保持了
主楼的安静。餐厅设内院，院内设水庭，以及各种园林设施。白云宾馆一方面又创中国高层建
筑新高纪录，同时也是现代建筑与传统园林相结合的先例之一。于 1993 年获"中国建筑学会
优秀建筑创作奖"（1953—1988 年）。

南宁，广西民族博物馆，位于民族大道文化建筑地带，场地开阔，环境优美。平面对称，
底层空灵，有干栏建筑的神韵。立面极为简洁，平坦的立面设垂直遮阳板，与当地湿热的气候

图 5-029 广州，白云宾馆，
1973—1975 年，建筑师：广州
市外贸工程设计组，林克明为
组长，莫伯治等主持设计（左）

图 5-031 广州，白云宾馆，
1973—1975 年，入口庭院（右）

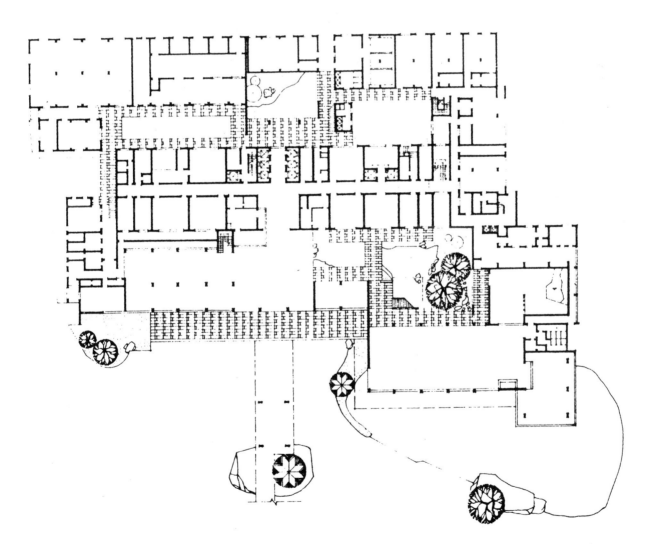

图 5-030 广州，白云宾馆，1973—1975 年，首层平面图

图 5-032 南宁，广西民族博物馆，1978 年，建筑师：广西建筑综合设计院高磊明等

图 5-033 南宁，广西民族博物馆，1978 年，门厅及休息厅（左）
图 5-034 南宁体育馆，1966 年，广西综合设计院设计（右）

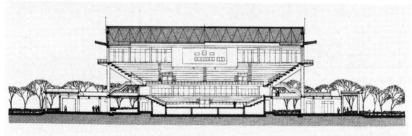

图 5-035 南宁体育馆，1966年，剖面

相适应。更能体现地域建筑特色的是室内外空间的设计，第一、二层为序幕大厅，后面设开敞式的休息厅与室外通透，同时又与上下层连通。室内有岩画式的壁画和植物配置，环境宜人、多变。在建筑立面上有少数民族的凤凰图案，富有装饰意趣。

南宁体育馆，位于广西南宁市邕江大桥附近，与南宁剧场遥遥相望。平面呈矩形，建筑面积 8210 平方米，容纳观众 5450 座。比赛大厅跨度 54 米，长 66 米，比赛场地 22 米 × 34 米，可供球类、体操、举重等项目的比赛，同时兼作文艺、杂技演出和集会场地。

南宁地处亚热带，气候炎热多东南风，且体育馆所处位置地势开阔、平坦，建筑采用了自然通风。建筑师将比赛大厅的大面作南北布置，使热天的主导风向垂直于大厅的长轴面，并将看台底之斜面外露，形成一个阴凉的兜风口；体育馆不作围护墙体，主体建筑的结构完全露明，加上轻巧的金属栏杆和细致的混凝土透花窗，建筑显得灵巧通透。建筑反映出亚热带地区体育建筑的明朗建筑性格。于 1993 年获"中国建筑学会优秀建筑创作奖"（1953—1988 年）。

图 5-036　南宁体育馆，1966 年，室内

图 5-037　桂林，邮电部桂林休养所，桂林市建筑设计院设计（左）

图 5-038　桂林，邮电部桂林休养所，庭院（右）

图 5-039　桂林，榕湖饭店国宾馆，桂林市建筑设计院设计

桂林，邮电部桂林休养所，设计十分注重建筑与桂林这座著名山水城市自然条件的结合，建筑轻巧明快，利用地方材料。休养所建筑以三层为主，组合成不同的庭院，亭廊加深了景观的层次，建筑取地方民居的元素，具有亲切的环境和尺度。

桂林，榕湖饭店国宾馆，运用地方民居建筑元素生成建筑，并将建筑融入城市环境，是桂林山水城市建筑的主要特色。即便像榕湖饭店的国宾馆，这样一个举足轻重的建筑，也是不事张扬的民宅气息。

图 5-040　桂林，芦笛岩接待室，1975 年，建筑师：建工部建筑科学研究院尚廓等

图 5-041　桂林，芦笛岩水榭，1975 年，建筑师：建工部建筑科学研究院尚廓等（左）

图 5-042　桂林，芦笛岩水榭，1975 年，室内（右）

桂林，风景建筑。 1959 年，桂林优美的芦笛岩发现岩洞后，即辟为风景区。建工部建筑科学研究院建筑师继续了过去的探索，由尚廓等人于 1970 年代在此规划设计了一批风景建筑，以建筑与风景的完美结合，以现代建筑与中国传统建筑的成功革新，获得了普遍的赞许。

建筑师通过一条曲折多变的环形旅游路线，展现出优美的时空风景序列，使桂林"山清、水秀、洞奇、石美"的风貌，在游程中得以充分展现。风景建筑除了给游人提供交通、饮食、休息等服务项目之外，还与旅游路线共同组织游览序列，控制空间，点缀风景和承转风景段落。

风景建筑采用民居常用的两坡顶，吸取南方及广西民居的楼层、阁楼、栏杆出挑等特点；借鉴"楼船"和园林建筑中的"旱舫"等体形处理水榭；运用令人感到亲切的小尺度和活泼的体形；体形通透，视线可以穿过建筑看到后面的景色。用钢筋混凝土取代木结构，以典型的现代建筑手法处理整体和局部，采用大大简化成现代建筑形象的南方民居细部，使之具有现代感和地方特色。

杉湖水榭， 位于市中心，也是一个具有现代精神的小型建筑，建筑与周围的环境结合完好，突破园林建筑中惯用的古典式亭榭，使人耳目一新，表现出作者在小型风景园林建筑上探索地域建筑与现代建筑相结合的功力。

云南，石林望峰亭。 在四季如春、山水如画的云南，风景建筑也有许多发展，如石林的望峰亭，立于路南石林风景区石峰群之巅，舒展的亭子如展翼飞鸟落于石峰之上，建筑与风景的结合默契，不露痕迹。

图 5-043　桂林，杉湖水榭，1978 年，建筑师：建工部建筑科学研究院尚廓等（左）

图 5-044　云南，石林望峰亭，1971—1972 年，云南省设计院设计（右）

图 5-045　十堰，第二汽车制造厂，1976 年，湖北省工业建筑设计院

2. 靠山分散

1964 年以来，中苏边境武装冲突不断，中国共产党内对国际形势做出"世界大战不可避免"的估计。毛泽东强调要"立足于大打、早打"。中共中央决定建立长城以南、京广线以西地区，即包括西南的四川、云南、贵州，西北的陕西、青海、甘肃的大部分，中原的豫西、鄂西，华南的湘西、粤北、桂西北，华北的山西和冀西在内的"三线战略大后方"，再次大幅度增加用于三线建设的投资。1966—1972 年，全国 50% 以上的基本建设投资用于三线建设，例如 1970 年国家预算内基本建设完成的投资额中，内地建设占 55%，内部抢建项目投资占全部抢建项目总投资的 80%。

虽然这一建筑现象是当时政治决策，但其结果是，在广大的西北"三线"地区，建立了大规模工业和民用设施，在短时期里把沿海的建设经验扩散到内地，使得工业建筑进行了地域化的尝试。

几年间，大批建筑工作者奔赴"三线"，支援内地建设。在很短的时间内，一大批高精度、高难度的工业建筑上马，配套建设了相应的民用建筑。此举涉及许多比较先进的技术和设备，在一定程度上促进了行业的进步。

由于当局要求以"靠山、分散、隐蔽"的原则来规划设计这些项目，所以在规划中更多考虑与地形和自然条件的结合，甚至有的要"进洞"，无形中促进了对建筑地域性的考虑；经济条件限制和建筑材料的缺乏，不得不大力节约，利用地方材料，甚至"干打垒"，这就促使大力考虑国情和具体建设条件，客观地说，这是一次工业建筑地域化的尝试。

也应该看到，由于一些项目的布局过于分散，给交通运输带来不便，且额外消耗能源，工厂的管理也增加了困难；由于建筑的标准普遍过低，速度要求过快，加上某些领导的指挥不当，埋下了使用中的隐患。

地域性建筑的发展呈现出一个有趣现象，建筑师自然流露出对建筑新目标的追求。这类地域性建筑不事张扬，节俭朴实，并带有现代气息，表露出一种真诚的现代美学气质。

（三）得天独厚几个领域

这一时期，不是所有的领域、部门和建筑类型很少发展，有些特定的部门、领域和建筑类型得天独厚，与地域性并行发展，并有明显的进步，可以说这是一类有特定领域的建筑，如体育、外事、援外以及其他领域的建筑类型。

1. 一专多用体育馆

体育馆是兴建较多的又一类建筑。与其说当时的体育馆主要进行各种体育比赛，不如说是为了适应各种室内的集会，特别是大型集会的需要，有一专多能的功效。体育馆一向是富于表现力的建筑，可以利用对大跨度新结构的要求，表现建筑的新艺术形式。但是，在当时的条件下，创新精神受到局限，艺术成就不及技术成果。体育馆设计在技术上的进步，奠定了中国体育建筑日后的发展基础和设计水平。

北京，首都体育馆，位于北京动物园西侧，建筑面积 4 万平方米，1.8 万座位，比赛大厅 99 米 ×112.2 米，比赛场地最大 40 米 ×88 米，场地活动木地板下设有 30 米 ×61 米的冰球场，屋盖结构为平板型双向空间钢网架，室内净高 20.3 ～ 20.8 米。体育馆有许多个"第一"：①首次采用百米大跨空间网架；②国内第一个室内冰球场；③第一次设计使用活动地板和活动看台；④第一次采用拼装体操台。馆内有空调、冷冻系统、扩声以及转播系统，是当时设施完备、技术先进的大型体育馆。这是一个外表比较简单的建筑，甚至属于"千篇一律"的一类，但由于创作环境的限制，建筑师只能在使用功能上力求完善，可以认为，这是一种被压抑了的建筑形象。建筑造价 1500 余万元，比计划投资节约 200 余万元。

南京，五台山体育馆，位于南京市区五台山，东面为容纳 5 万人的田径场，附近有练习场、游泳池、跳水池等体育设施。建筑面积 1.793 万平方米，比赛厅面积 5010 平方米，1 万座位。八角形平面的比赛大厅，科学地满足了比赛、视线以及声学等要求。建筑为三向空间网架结构屋盖，建筑造型与网架结构结合，如室内吊顶露出网架的杆件和结点。立面设计了少见的厚檐口，与柱子结合，形象挺拔。1993 年获"中国建筑学会优秀建筑创作奖"（1953—1988 年）。

图 5-046 北京，首都体育馆，1966—1968 年，建筑师：北京市建筑设计院张德沛、熊明等
图片提供：北京市建筑设计研究院

图 5-047 北京，首都体育馆，1966—1968 年，观众厅
图片提供：北京市建筑设计研究院

图 5-048 南京，五台山体育馆，1975 年，建筑师：南京工学院建筑系齐康等与江苏省建筑设计院合作设计（左）
图片提供：东南大学建筑设计研究所
图 5-049 南京，五台山体育馆，1975 年，比赛大厅（右）
图片提供：东南大学建筑设计研究所

上海体育馆，位于市区西南漕溪中路附近，占地 10.6 公顷，总建筑面积 4.76 万平方米，包括比赛馆、练习馆及其他辅助用房。为适应不规则的地形，比赛馆为圆形，直径 114 米，建筑面积 3.1016 万平方米，可容纳观众 1.8 万人，双层看台，设近 2000 座位的活动看台。把功能、结构融会构成统一完整的建筑轮廓，屋盖出檐深远，檐口下面内收，使屋顶显得轻快，力图反映体育建筑简洁明朗的性格。建筑于 1993 年获"中国建筑学会优秀建筑创作奖"（1953—1988 年）。

沈阳，辽宁体育馆，位于沈阳市青年大街，系综合性比赛馆。建筑面积 2 万平方米，双层看台，1.14 万座位，比赛场地 32 米 × 48.8 米，室内净高 18.1 米。平面为略成圆形的 24 边形，外接圆直径 91 米。建筑外檐高度 28.8 米，顶部为 6 米高的空间网架，由 24 根板

图 5-050 上海体育馆，1975 年，建筑师：上海市民用建筑设计院汪定曾、魏敦山、洪碧荣等
图片提供：上海市民用建筑设计院

图 5-051 上海体育馆，1975 年，比赛大厅
图片提供：上海市民用建筑设计院

图 5-052 沈阳，辽宁体育馆，1973—1975 年，建筑师：东北建筑设计院陈式桐、王罗、刘芳敏等
图片提供：中国建筑东北设计院张绍良

图 5-053 沈阳，辽宁体育馆，1973—1975 年，比赛大厅
图片提供：中国建筑东北设计院张绍良

图 5-054 郑州，河南省体育馆，1967 年，建筑师：中南工业建筑设计院黄新范、李舜华、王国修

型支柱支撑，使体量有力度感。为使馆内获得理想的人工环境，将四组通风机房设在馆体周围，中间有 6 米宽的天井，机房和四座出入口大台阶，构成直径为 115 米的 24 边形环绕基座，衬托主体建筑。

郑州，河南省体育馆，建筑面积 7800 平方米，比赛大厅 5500 座位。屋顶为钢筋混凝土碗形屋盖，上设环形气窗，构图整体感强。简单的立面处理反映崇尚节俭的风气。

2. 外交热潮新建筑

进入 1970 年代，中国重新开展积极的外交活动。1970 年先后同加拿大、意大利、智利等国建立外交关系；1971 年 10 月，中华人民共和国恢复在联合国的席位；1972 年 2 月美国总统尼克松访华，实现关系正常化；9 月日本首相田中访华，中日邦交实现正常化。中国的国际关系得到改善，到 1972 年底，同中国建立外交关系的国家已有 88 个，其中有 31 个是在近两年之内建交的。外交领域的发展，对建筑提出了具体的要求，一方面有使领馆的建设，一方面要有相应的涉外建筑设施。

北京饭店东楼（新楼），位于天安门东侧东长安街和王府井大街的西口，是 1949 年以来北京饭店的第二次扩建，1974 年 9 月建成。主楼建筑面积 8.85 万平方米，地下 3 层，地上 20 层，单间客房 485 套，双套间 84 套。考虑到新楼和旧楼之间的关系，较低的大厅部分在前，以连

图 5-055　北京饭店东楼，1974 年，建筑师：北京市建筑设计院张镈、成德兰

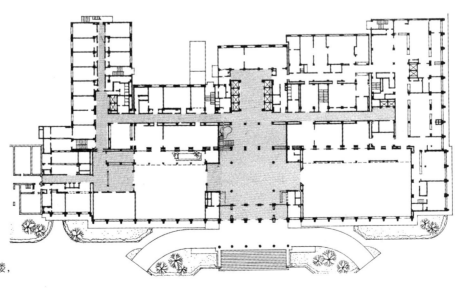

图 5-056　北京饭店东楼，1974 年，平面

图 5-057　北京饭店东楼，1974 年，门厅
图片引自：国家基本建设委员会编《新中国建筑》

图 5-058　北京，16 层装配式外交
公寓，1971—1975 年，建筑师：北
京市建筑设计院设计

廊与旧楼相接，主楼退后。立面的檐部贴黄、绿琉璃花砖，底部贴花岗石，中部及阳台处理简洁，为白色和浅黄马赛克贴面；室内设计具有中国古典建筑风格，如门厅设 4 根沥粉贴金圆柱，藻井天花，是当时比较高的装饰标准。在建筑艺术受到压抑的年代，具有深厚中国古典建筑修养的作者，赋予高层建筑古典建筑神韵，是难能可贵的探索。

北京，16 层装配式外交公寓，位于建国门外，基地面积 2.03 万平方米，建筑面积 3.4 万平方米，采用整体式钢筋混凝土双向框架结构，是北京较早出现的装配式高层建筑。建筑采用横向和半凹阳台相结合的手法处理大片墙面。建筑顶部，电梯间和水箱间结合，遮以大片玻璃和混凝土花格，形成一个瞭望廊，并将檐部作重檐处理。公寓具有工业化的简洁和居住建筑的性格。

北京，国际俱乐部，位于建国门外，建筑面积 1.3831 万平方米。俱乐部内设文娱、体育、社交和餐饮设施。采用庭园式布局，设有几个内庭园，前院作重点处理，使用了不同的标高，设亭、廊将庭园分成两部分，有平台、花架、荷花池、喷泉供室外活动。建筑的外观在当时属于新颖、活泼的造型，由于这组建筑体量差别较大，建筑处理高低错落，虚实有致。混凝土花格具有朴实的装饰效果，显出俱乐部建筑的开朗性格。

图 5-059 北京，国际俱乐部，1972 年，建筑师：北京市建筑设计院马国馨等
引自国家基本建设委员会编《新中国建筑》

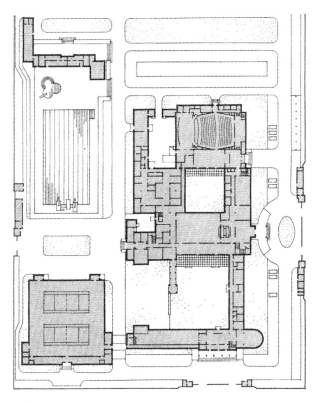

图 5-060 北京，国际俱乐部，1972 年，平面示意

图 5-061 北京，友谊商店，1972 年，建筑师：北京市建筑设计院马国馨等
图片引自：国家基本建设委员会编《新中国建筑》

北京，友谊商店，邻近国际俱乐部，也是同时期同一建筑师的作品，因此建筑风格相近，与国际俱乐部一起成为当时造型比较新颖的建筑。

南京，丁山宾馆，位于市区西北的丁山，地段绿树成荫、视野开阔，但用地有限。建筑面积 7600 平方米，客房 126 间，主要用于接待外宾和侨胞。由于地形限制，建筑的主要入口门厅打破常规设在山墙端。建筑设有两个内部庭院。公共活动用房设在底层，大型房间尽可能考虑多功能使用，如宴会厅可兼作小型演出、会议，也可以对外开放；卫生间可供门厅、宴会厅、餐厅共同使用等，反映了当时节俭的建筑思路。主楼的南面是整片的凹阳台，阳台隔墙上部有

图 5-062　南京，丁山宾馆，建
筑师：南京工学院建筑系齐康与
江苏省建筑设计院合作

琉璃空花格，它和突出的蚂蚱头排水孔一起，使横向划分的南立面更为丰富。组织在构图中的
消防楼梯活跃了山墙。

3. 应运而生候机楼

　　国际交往的增多，交通设施的需求就增多，显得机场的候机楼严重不足，特别是在一些外
宾活动频繁的重要城市，此时，候机楼建筑应运而生。当美国总统尼克松访华要经过杭州时，
杭州机场候机楼的建设成为当务之急。

　　杭州机场候机楼，为了迎接中美建交、美国总统尼克松访华而兴建，从勘察设计到建成使用，
不到两个月。

　　候机楼位于杭州笕桥机场，建筑面积 5800 平方米。平面为简单的"一"字形，流线简捷明确，
并有利于快速施工。建筑的框架外露，形成四周列柱，柱间衬以大片玻璃，形象开朗、朴实。
与北京首都体育馆相比，具有共同的时代特征。

　　乌鲁木齐机场候机楼，位于乌鲁木齐西北郊地窝铺民航原址，距市中心约 22 公里。建筑
面积 1.02 万平方米，包括候机室 5700 平方米，调度室（含指挥塔台）1700 平方米。由于候机
楼所在位置的空侧方向低，陆地侧方向高出约 3 米多，因此在机坪方向自然形成了一个基座层，
层内正好利用来安排行李房、空调机房、变配电以及机务外场工作间等。在总体设计上，为利
用地形，避免较大的土方，避免建筑正面向北，建筑垂直于跑道布置。候机楼简单的水平体量
和塔台的竖直体量形成对比，衬托在以天山博格达峰为背景的大漠绿洲环境之中。在内部空间，
餐厅设在陆侧夹层空间里，并以开敞的直跑楼梯和天桥与之相连，同时作为狭长的二层大厅空
间的自然分隔，旅客无需依赖指示标牌即能对进出港的流程一目了然。

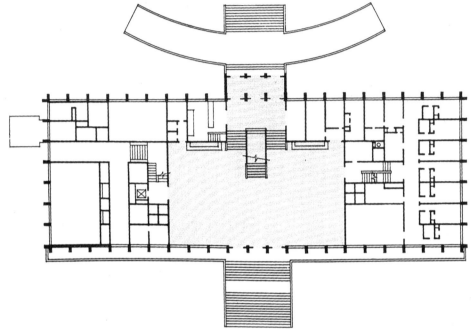

图 5-063 杭州机场候机楼，1971 年 12 月—
1972 年 2 月，外观和平面，建筑师：浙江省建
筑设计院张细榜、黄琴坡等
图片引自：国家基本建设委员会编《新中国建筑》

图 5-064 杭州机场候机楼，1971 年 12 月—
1972 年 2 月，候机大厅
图片引自：国家基本建设委员会编《新中国建筑》

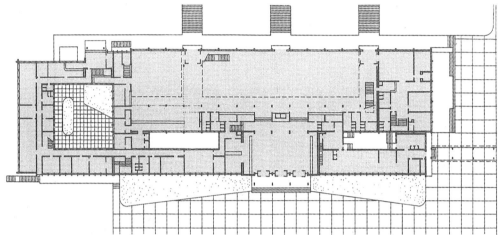

图5-065 乌鲁木齐机场候机楼，1972—1974年，外观和平面，建筑师：新疆维吾尔自治区建工局设计院孙国城等

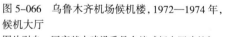

图5-066 乌鲁木齐机场候机楼，1972—1974年，候机大厅
图片引自：国家基本建设委员会编《新中国建筑》

图5-067 乌鲁木齐机场机库，51.5米预制装配钢筋混凝土柱面网壳，1974，建筑师：新疆维吾尔自治区建工局设计院孙国城等

4. 继续援外达高峰

1966—1979 年，是援外工作的第三阶段。1971 年 10 月，中国恢复了在联合国的席位，外交上的成功、国际关系的改善，也使援外达到高峰。援外项目在 48 个国家里，达到 213 个，形成项目分布广、类型多的局面。

援外建筑因其特殊政治意义，成为建筑创作的一块独特的国外"飞地"，一个面向世界的展示窗口，有的项目成为检验和提高中国建筑设计、施工技术、设备水准的契机，在一定程度上代表了本时期中国建筑设计的最高水平。

体育建筑是援外建筑成就突出的建筑门类，为表彰中国援外的体育建筑，国际奥委会曾颁发奖杯给中国政府，国际奥委会主席萨马兰奇也曾赞扬说，要看中国的体育建筑，请到非洲来。在体育建筑的设计中，建筑师做到：能适应不同国家的不同要求，采取国际上比较流行的"第二代体育馆""多功能"模式，如叙利亚体育馆，要求兼有会堂和宴会厅等功能，是"一馆多用"的体育馆。塞内加尔友谊体育场（1975—1985 年）、塞拉利昂西亚卡·史蒂文斯体育场（1979 年）等也是这个时期有代表性的作品。

会堂和观演建筑是援外项目的又一大类，这类建筑在体现与当地地方自然条件、地方建筑文化的结合方面做出了努力。中国援外项目，大多在非洲或东南亚地区，具有独特的气候特征。建在不同地区的会堂建筑，在总体布局和单体设计上，能采用迥然不同的手法，适应当地的条件，创造良好的人工环境。在表现地方传统建筑文化方面，能充分尊重民族情感，借助传统建筑手法或构件。

斯里兰卡国际会议大厦，以求实、创新，发扬受援国建筑文化，适应热带地区条件为原则，取得了极大成功。戴念慈提出的初步方案，吸取了该国康提古都的传统建筑形式，将会议大厅设计成八角形平面，40 根大理石柱支撑着向上倾斜的八角形屋盖，正门入口处理成传统雕刻艺术形式。舒展的屋盖、柱廊的韵律和精美的金属柱头，给予纯净、优美、庄严的形象。办公楼则是典型的现代风格，横向水平带窗，通长遮阳板，体量低缓、平展。

斯国合作建筑师华利莫利亚和派利斯，希望加上一个高塔形屋顶，以表达该国的民族风格，中国建筑师认为此乃蛇足，并阐述了对民族风格的看法。在中国国内，设计民族风格最方便的方法就是添加屋顶，此番排除屋顶，体现了中国建筑师原本的现代建筑思想。

图 5-068 塞拉利昂西亚卡·史蒂文斯体育场，1979 年

图 5-069　斯里兰卡国际会议大厦，1964—1973 年，建筑师：建设部建筑设计院戴念慈等
图片提供：建设部设计院，张广源

图 5-070　斯里兰卡国际会议大厦，1964—1973 年，会议大厅
图片提供：建设部设计院，张广源

图 5-071　几内亚人民宫，1967 年，建筑师：建设部建筑设计院陈登鳌

几内亚人民宫，位于首都科纳克里，建筑面积 2.4 万平方米，设 2000 座位大会议厅 1 个，300 座位国际首脑会议厅一个，40~100 座位的中小会议室 5 个，并设有民主党总部。适应当地的气候，开设了大片通风遮阳的花格，形成简洁的立面。

苏丹友谊厅，位于首都喀土穆，建筑面积 2.47 万平方米，设有国际会议厅、展览厅、宴会厅和 1230 座位的影剧院等。建筑的立面满铺遮阳的花格和线条，基本上没有窗户的概念，形成了整体的立面。

扎伊尔人民宫，位于首都金萨沙，建筑面积约 3.8 万平方米，有 3502 座位的大会堂，800 座位的电影厅。外部有大台阶和坡道直达二层，建筑竖向划分，立面坚挺明快。

阿拉伯也门共和国国际会议大厦（建设部建筑设计院建筑师陈登鳌，1979 年建成），采用高敞挺拔的拱廊适应了阿拉伯地区的普遍风格。

除了国家会堂、体育场馆、观演建筑之外，还有文化教育、办公、医疗、展览等其他公共建筑类型。例如阿尔及利亚展览馆（1960 年代）、毛里塔尼亚青年之家（1970 年）、毛里塔尼

图 5-072 苏丹友谊厅，1976 年，
设计：上海民用建筑设计院
图片提供：上海民用建筑设计院

图 5-073 扎伊尔人民宫，1979 年，
建筑师：北京市建筑设计院林开
武、单沛圻
图片提供：北京市建筑设计研究院

图 5-074 毛里塔尼亚青年之家，
1970 年，建筑师：建设部建筑设
计院刘福顺
图片提供：建设部建筑设计院.

亚文化之家（1971 年）、阿拉伯也门共和国塔伊兹革命综合医院（1975 年）、索马里摩加迪沙妇产儿科医院（1977 年）、坦桑尼亚达累斯萨拉姆火车站等。

毛里塔尼亚青年之家，位于首都努瓦克肖特，建筑面积 3435 平方米，设有 650 座位的会议厅，可兼作中小型演出和放映电影。另有青年训练班用房和其他活动用房，同时可供 50 人的食宿。

毛里塔尼亚文化之家，位于首都努瓦克肖特，建筑面积 4490 平方米，内设可藏图书 20 万册的国家图书馆，并有国家博物馆和全国研究中心。

图 5-075　毛里塔尼亚文化之家，1971 年，建筑师：建设部建筑设计院刘福顺
图片提供：建设部建筑设计院

图 5-076　阿拉伯也门共和国塔伊兹革命综合医院，1975 年，建筑师：湖北工业建筑设计院陈嵩林、李全卿
图片提供：中南建筑设计院杨云祥

图 5-077　索马里摩加迪沙妇产儿科医院，1977 年，建筑师：吉林省建筑设计院杜岩、王恒山、王念慈

　　阿拉伯也门共和国塔伊兹革命综合医院，位于塔伊兹市，建筑面积 9481 平方米，220 床位，每日门诊 500 人次。建筑的布局紧密结合地形，入口有个突起的门廊，设有当地建筑常使用的尖拱柱廊。建筑作竖向划分，最上部的窗户也作尖拱，造型统一和谐，且不失医院建筑的性格。

　　索马里摩加迪沙妇产儿科医院，位于摩加迪沙，建筑面积 1.3 万平方米，300 床位，每日门诊 600 人次。

　　坦桑尼亚达累斯萨拉姆火车站，位于首都达累斯萨拉姆市区西南，是中国援助坦、赞铁路的项目之一。建筑面积 6300 平方米，其中候车大厅为 1780 平方米，设计最高积聚为 500 人。

图 5-078　坦桑尼亚达累斯萨拉姆
火车站，1975 年，设计：铁道部
第三设计院建筑师主持
图片引自：建筑学报，1976（1）.

建筑平面为"工"字形，一层为广厅，二层为候车室，有坡道直接到达。候车厅顶部采用双曲扁壳，成为构图的中心，并取得新颖的效果。

5. 引进项目新途径

外交的成功，国际关系的改善，开创了对外贸易引进项目的可能。1973 年初，经毛泽东、周恩来批准，从日、美、法、意、联邦德国、荷兰、瑞士等国进口一批先进的成套设备和单机，其中包括 13 套大化肥，4 套大化纤，3 套石油化工、3 个大电站、武钢 1.7 米轧机等大型项目。中国的设计和施工力量参加了这些引进项目的基本建设，在厂区规划、工厂施工图、生活区配套等方面，做了大量的工作，取得了良好的效果。

（四）隔而不绝现代性

中国建筑师，接受过现代建筑的洗礼，并有着令人注目的表现。由于国内外政治和意识形态等原因，发源于欧美的现代建筑思想在中国一直受到批判。尽管与外界和现代建筑隔绝了约 20 年，中国建筑师心目中现代建筑的原则和理想不曾泯灭，一有适当的条件，就会表露出来。

现代建筑是建筑发展的客观规律，也是发展中国建筑的必然。例如，批判了复古主义之后的 1956 年，曾经出现过"我们要现代建筑"的呼声；1958 年开始，重技术的现代建筑思想，得到了广泛的发挥。1966 年后的特定领域，不但现代建筑思想再一次自发表现，而且能自发地与地域性相结合，并取得明显的局部成就。现代建筑思想在中国一再自发显现，说明中国的社会和建设需要注重功能、注重技术、形式简单、不尚装饰的现代建筑，是不发达的中国国情的实际需求。

作为外贸窗口的广交会，在这一时期始终没有中断。主管建设的广州市副市长林西，思想比较开明，在他的支持下，广州建筑不但在探索建筑的地域性方面作出了贡献，更加可贵的是，实际上正走着一条探索中国现代建筑正确之路。广东邻近香港，并且与南洋等海外国家和地区有密切交往，易于接受海外建筑及其技术，并不以外来影响为怪。

1. 高层建筑领先

广州宾馆，位于市中心海珠广场东北角，基地面积 4300 平方米，建筑面积 3.2096 万平方米，考虑到广场周边的群体建筑，结合使用功能，采用高低结合的手法。主楼 27 层，西楼 5 层，北楼 9 层，高 88 米，是当时中国最高的建筑。客房 451 套，布置在主楼，每套客房平均建筑面积 64.4 平方米，面向广场并争取南向。建筑立面处理反映了基本使用功能，大片的水平线条使得建筑朴实无华，窗上皮的水平遮阳板可防止渗水并考虑擦玻璃使用。

已经举例的白云宾馆、北京 16 层外交公寓、北京饭店东楼等高层建筑，是这个时期突出的建筑现象，中国还从来没有这么集中地发展高层建筑，客观上成为中国建筑现代性的先行。

2. 大玻璃横带窗

在勒·柯布西耶的新建筑五点中，自由立面之带窗，已经成为现代建筑的经典形式，正因如此，在当时就有人拿这些特征当作划分社会主义和资本主义建筑的标准，因而，大玻璃横带窗的使用，竟然具有开拓意义。广州建筑率先使用水平玻璃带窗，使用整片的幕墙，并把底层抬起，这在当时建筑师需要很大的勇气。

广州中国出口商品交易会展览馆，位于人民北路，南向东方宾馆，东面越秀公园，西临广州军区总医院，北靠广州火车站和机场，交通四通八达，是交易会理想用地。交易会占地 10 万平方米，建筑面积 11 万平方米，于 1974 年春季启用。

展馆由新建东、西、南、北楼、服务楼和改建原工业展览馆（即苏联展览馆）组成。各楼均设有独立的出入口，既独立成馆，也互相连通，来宾可以按各自需要，直接参观洽谈，不必遵循固定的出入口。东、西、南、北楼纵横连接，形成若干个大小庭院，利用这些空间作露天展场及布置附属建筑。庭院绿化，构成一个理想的休息观赏空间。建筑处理力求朴实大方，装

图 5-079　广州宾馆，1965—1968 年，建筑师：广州市城市规划局设计组莫伯治等

图 5-080　广州中国出口商品
交易会展览馆，1974 年，建筑
师：广州市建筑设计院陈金涛、
谭卓枝等
图片提供：广州市建筑设计院郭
明卓

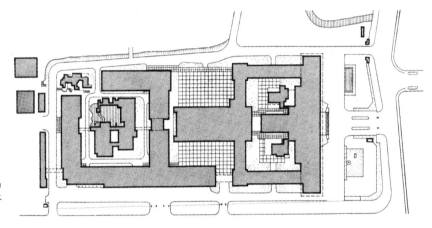

图 5-081　广州中国出口商品
交易会展览馆，1974 年，总平
面示意

图 5-082　广州中国出口商品
交易会展览馆，1974 年
图片提供：广州市建筑设计院郭
明卓

修及用料全部国产，外墙面以水刷石面为主，南楼南立面配以部分铝板垂直线条。特别值得注
意的是，采用了大片的玻璃，近于玻璃幕墙，这在当时是一种向往新材料的追求，令人感动。
可惜的是，由于没有真正的隔热玻璃幕墙材料，致使室内日晒严重。

　　广州，东方宾馆（原名羊城宾馆），位于流花路上，原有旅馆 1962 年建成，1975 年扩建，
建筑面积 7.5 万平方米，11 层，"工"字形平面，客房 776 间。整个建筑群广泛使用了现代建
筑的手法，如底层抬起、露天平台等。立面作对称处理，中部开流畅的带形窗，由两翼结束，

图 5-083　广州，东方宾馆，1975 年，设计单位：广州市建筑设计院

图片引自：国家基本建设委员会编《新中国建筑》

图 5-084　广州，东方宾馆，1975 年，庭园，设计单位：广州市建筑设计院

轻快舒展。建筑群之间设置了庭院绿化，环境优美宜人，是现代建筑和地域条件相结合的佳作。

3. 其他现代表现

　　广州火车站，位于市中心北之流花桥三角地带，建筑面积 2.86 万平方米，最高聚集人数 6800 人。由于铁路线比广场高，站房采取线下式。平面布置注意了建筑的合理功能设置、方便旅客。建筑对称布局，朴素无华，但具有开放的气氛。1960 年代曾经设计过钢筋混凝土薄壳方案，最终没有实施。

　　南宁，邕江宾馆，位于邕江大桥桥头重要地段，建筑面积 3 万平方米，钢筋混凝土框架结构，共三栋建筑组成。主体建筑 10 层，竖向划分。上部突起部位安排设备间，并设瞭望台，形成建筑群的构图中心。侧面的建筑为 8 层，作水平划分。这也是广州建筑师探讨现代性的作品之一。在相当长的一个时期内，这种建筑成为大型公共建筑的基本设计模式。

　　昆明，云南省农垦局招待所，为接待省外的知识青年而兴建，位于昆明市火车站旁北京路，建筑面积 1.0887 万平方米，1599 个床位，南楼垂直北京路，是当时所忌讳的"肩膀朝街"，但取得了南北朝向。西楼临街，底层商店。南楼是云南第一个采用装配式钢筋混凝土框架剪力墙结构的高层建筑，平面简单，利于抗震。两楼用连廊连接成"L"形，既分又合，使用方便。建筑高低错落，造型简洁，用料朴实，具有现代精神。

　　武汉，湖北省计量局恒温楼，这是在科教建筑中追求现代化的实例。位于武汉市武昌中北

图 5-085　广州火车站，1974 年，设计单位：广州市建筑设计院
图片引自：国家基本建设委员会编《新中国建筑》

图 5-086　广州火车站，1974 年，大厅
图片引自：国家基本建设委员会编《新中国建筑》

图 5-087　南宁，邕江宾馆，1973 年，建筑师：
广州市建筑设计院陈金涛、杜伯臣
图片引自：国家基本建设委员会编《新中国建筑》

图 5-088　昆明，云南省农垦局招待所，
1976 年，建筑师：云南省建筑设计院石孝测、
涂津
图片提供：云南省建筑设计院

路和东湖路路口，先后建造了第一恒温楼和第二恒温楼。第一恒温楼建于 1966 年，是一座综合计量楼。建筑面积 5800 平方米（其中恒温面积 900 平方米），包括长、热、力、电、无线电、物理化学等六大计量业务。恒温检定室常年恒温要求为 20℃ ±0.5℃，±1℃，±2℃ 及 ±5℃四档，湿度 5%~6%。防微振必须满足读数示值为 0.2 微米仪器的正常使用；防尘要求为空气含尘量不超过 0.5 微克 / 立方米，粒径不大于 10~15 微米；室内噪声声压级不超过 40 分贝。个别房间还有防腐蚀、电磁屏蔽等要求。

二期工程于 1976 年 6 月完成设计，1982 年 6 月竣工。包括低温试验楼及放射性实验楼等项目，总建筑面积 6733 平方米。分别有恒温、屏蔽、消声、隔声、防微振、防射线、防火、防爆等不同技术要求。第二恒温楼布置在距离城市干道 60 米的内院深处，以减少振动、噪声干扰及灰尘污染。同位素及低温试验楼分别设在与第二恒温楼有一定距离的边缘地带，布局合理，互不干扰。第二恒温楼采用双走道式，将有恒温、防微振及高精度要求的试验室集中于中间，用恒温走廊加空腔墙体保温，同层以 20℃ ±0.1℃ 房间为中心，按 ±0.5℃，±1℃，±2℃，

±5℃要求逐个包围。楼层则按恒温精度高低，由上至下，以"一般保精度"，既使温度稳定，又节约能源。

桂林，漓江饭店，位于杉湖北岸，东距漓江、西距市中心主要街道都不超过150米，距著名风景点象鼻山约200米，是桂林的"江山汇景处"，敏感的风景地带。选址的主观愿望是"观景适中""互不遮挡"，并从各个角度做了分析，基本达到设计意图。建筑面积2.1312万平方米，主楼12层。建筑立面采用水平带窗，设遮阳板有利于遮避风雨和擦窗，建筑的空间布局考虑到结合水面等环境，就建筑本身而言具有一定的现代性。然而，在风景如画的桂林风景敏感区建造高层建筑，毕竟是个危险的先例。

桂林，漓江剧院，位于杉湖路北，东临漓江，西距市中心不过200米，交通便利，四通八达。建筑面积7000平方米，观众厅1300座位。设计吸收了广州友谊剧院和南宁剧场等南方剧场的设计经验，有宽敞优雅的环境、良好的声学和视线条件，并有简洁明快的现代造型。设计者能坚持不贴政治标签，还剧院以本来的面貌，是"文革"后期有影响的剧院。

图5-089 武汉，湖北省计量局恒温楼，1963—1982年，建筑师：中南建筑设计院胡镇中、时传斗、赵进铎
图片提供：中南建筑设计院杨云祥

图5-090 桂林，漓江饭店，1976年，广西建筑综合设计院

图 5-091　桂林，漓江剧院，1976 年，建筑师：
广西建筑综合设计院高磊明、高雷、陈璜

图 5-092　1970 年代的桂林城市，新建筑基
本上保持了适当的尺度和色彩，与山水的恰
当关系

（五）建造毛主席纪念堂

　　1976 年 9 月 9 日，毛泽东主席逝世。9 月中旬，北京、天津、上海、广东、江苏、陕西、辽宁、黑龙江等 8 省市的代表和美术家，开始进行毛主席纪念堂的选址和方案设计。在前期的准备工作中，大多数设计者把建筑设计成陵墓形式，一般体形较小，外观较实，基本不开窗，无柱廊，瞻仰厅布置在地下。有的以延安窑洞或红五星为主题。有关领导提出，要设计一个纪念堂而不是陵墓，这就加大了体量和造型的可能性。

　　10 月 6 日，"四人帮"覆灭，不久，中共中央决定建立毛主席纪念堂，以长久瞻仰毛泽东的遗体。第一轮方案，纪念堂的建设地点有天安门广场、香山、景山等位置；建筑形式有柱廊式、群体式以及其他形式。10 月下旬，各种设计思路逐渐明确：纪念堂的位置设在天安门广场，不拆除正阳门，正方形平面，有柱廊，设台阶等。

图 5-093　北京，毛主席纪念堂香山方案
图片引自：建筑学报，1977（4）.

图 5-094　北京，毛主席纪念堂景山方案
图片引自：建筑学报，1977（4）.

图 5-095　北京，毛主席纪念堂红太阳方案
图片引自：建筑学报，1977（4）.

　　纪念堂位于天安门广场的中轴线上，平面为 105.5 米 × 105.5 米的正方形，高 33.6 米，其中心，距离人民英雄纪念碑第一层平台南台帮和正阳门城楼北边线各 200 米。纪念堂打破中国传统朝南的习惯朝向而朝北，与纪念碑朝向一致。平面布局严整对称，有强烈的中心感。路线通畅便捷，利于参观疏散。

　　纪念堂首层设瞻仰厅，二层设陈列厅，地下室布置设备和办公用房。建筑的立面，由时任中共中央主席华国锋确定，执行"古为今用、洋为中用"的方针。依照中国的传统，四周的柱廊开间不同：明间 8.7 米，次间 6.6 米，梢间明廊部分为 6 米。44 根白色花岗岩石柱，参考中西古典建筑的柱径高细比，外檐柱径为 1.5 米。重檐琉璃屋顶，琉璃平板挑檐，板上为万年青图案。纪念堂设台阶，高 4 米，分上下两层选用红军长征时经过的大渡河边四川石棉县红色花岗石做台帮，象征"红色江山永不变色"。建筑的总体色彩设置，如红、白、黄等色，与天安门广场现有的建筑浑然一体。

图 5-096 北京，毛主席纪念堂纪念塔
方案
图片引自：建筑学报，1977（4）.

图 5-097 北京，毛主席纪念堂，1976—
1977 年

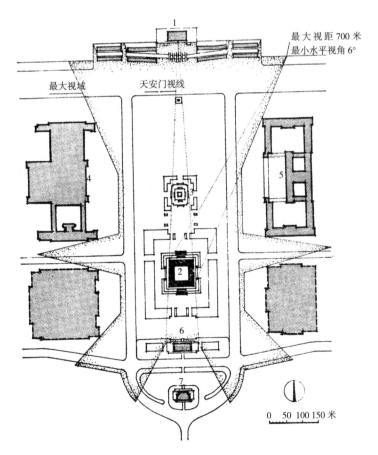

图 5-098 北京，毛主席纪念堂，1976—
1977 年，总平面
图片引自：建筑学报，1977（4）.

毛主席纪念堂的设计和建设，是改革开放以前官方领导的重大项目，也是改革开放之前设计思想最后总结，全面体现建筑设计政治挂帅、集体创作、领导审定的惯例，以及政治任务的不惜代价、设定工期的施工程序等。与常规不同的是，由于建筑性质的关系，没有过去经常要求的降低标准厉行节约。

应该看到，它是一个特定政治条件下的建筑现象，在这种条件下，建筑确实是为政治服务的。

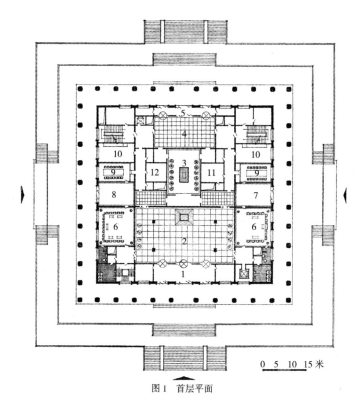

图 1　首层平面

1. 北门厅；2. 北大厅；3 瞻仰厅；4. 南大厅；5. 南过厅；6. 大休息厅；7. 西门厅（可兼做休息厅）；8. 东门厅（可兼做休息厅）；
9. 小休息厅；10. 服务间；11. 工作间；12. 设备间

图 5-099　北京，毛主席纪念堂，1976—1977 年，首层平面
图片引自：建筑学报，1977（4）.